Prof. Dr. HERBERT POPP
Prof. Dr. KLAUS ROTHER

HANS-JÜRGEN KLINK

Vegetationsgeographie

Mit einem Beitrag von RAINER GLAWION

westermann

Hans-Jürgen Klink, geboren 25. 10. 1933 in Neusalz/Oder, Niederschlesien; Schulzeit und Abitur (1953) in Traunstein/Oberbayern; Studium der Naturwissenschaften (Chemie, Biologie, Geographie und Bodenkunde) in München, Erlangen und Göttingen; Promotion mit einer Arbeit zur Landschaftsökologie in Göttingen 1964. Wissenschaftl. Referent an der Bundesforschungsanstalt für Landeskunde und Raumordnung Bonn-Bad Godesberg 1965-1970; Habilitation durch die Math.-naturwiss. Fakultät der Universität Bonn 1974; Studienprof. am Geogr. Institut Bonn; 1976-1979 Wiss. Rat u. Prof. am Geogr. Institut der Rhein.-Westfäl. Techn. Hochschule Aachen; seit 1979 o. Prof. am Geogr. Institut der Ruhr-Universität Bochum. Arbeitsschwerpunkte: Biogeographie, Landschaftsökologie, Mitteleuropa, besonders physische Geographie Deutschlands, Mexiko.

3. neu bearbeitete Auflage 1998
© Westermann Schulbuchverlag GmbH, Braunschweig 1996

1. Auflage Westermann Verlag GmbH, Braunschweig 1983

Verlagslektorat: Theo Topel
Satz und Layout: Sachsen-Typo, Wolfenbüttel
Druck und Bindung: westermann druck GmbH, Braunschweig

ISBN 3-14-**16 0282**-4

Inhalt

Vorwort

Die Vegetation weist vielfältige Beziehungen zu raumwissenschaftlichen Fragestellungen auf. So sind Pflanzen und Pflanzengemeinschaften ein wichtiger, oft bereits physiognomisch prägender Bestandteil von Erdräumen, sie sind Grundnahrungsmittel von Menschen und Tieren, bilden wichtige Wirtschaftsgüter und sind vor allem durch ihre energiebindende Wirkung das grundlegende Kompartiment von Ökoystemen. Andererseits zeigen sie durch ihr Vorhandensein oder auch Fehlen sowie durch ihre Vitalität den Zustand ihrer Umwelt an, d.h. sie können als Bioindikatoren dienen. Nicht zuletzt sind Pflanzen ein bedeutsames Gestaltungsmittel bei der Landschaftspflege und -planung.

Insbesondere ökologische Fragestellungen haben in den letzten Jahrzehnten durch die Veränderung und Belastung der Umwelt große Bedeutung erlangt. Ökologie, hier Pflanzenökologie, bedarf jedoch der Ergänzung durch weitere pflanzengeographische Arbeitsrichtungen wie Arealkunde, Vegetationskunde (Pflanzensoziologie) und Vegetationsgeschichte, die zugleich über die Entwicklung der Ökosysteme Aufschluß gibt.

Dieses Buch soll auch in der zweiten Auflage eine Einführung in die Pflanzengeographie sein. Es wendet sich an Geographen und Biologen in Hochschule und Schule, Landschaftsökologen und Landespfleger, an Land- und Forstwirte sowie an alle, die an den Beziehungen zwischen Vegetation, Mensch und Landschaft Interesse haben.

Die zweite Auflage stellt eine weitgehende Neubearbeitung dar. Der Autor entschloß sich dazu, weil der bewährte Band ‚Praktische Arbeitsweisen der Vegetationsgeographie' von Reichelt & Wilmanns, Westermann Verlag Braunschweig, 1973, keine Neuauflage erfuhr und damit Querverweise nicht mehr möglich waren. Jedoch benötigen gerade Anfänger, die ein vertiefendes Biologiestudium nicht betreiben, eine Hinführung zu den praktischen Methoden der Pflanzengeographie, die etwa eine ökologische Raumbewertung ermöglichen.

Eine weitere grundsätzliche Neuerung ist der Austausch des Regionalen Teils der 1. Auflage (Kap. 5, bearbeitet von E. MAYER) durch einen kurzgefaßten Erläuterungstext (Kap. 5 neu, bearbeitet von R. GLAWION) zur farbigen Vegetationskarte der Erde (S. 210/211). Der Verzicht auf den ausführlichen regionalen Teil und sein Ersatz durch eine gestraffte Überblicksdarstellung zur Vegetationskarte der Erde war notwendig geworden, weil der Umfang des Gesamtwerks sonst den Rahmen einer Einführung in die Pflanzengeographie gesprengt hätte. Da ökologische Fragestellungen seit Erscheinen der ersten Auflage vor 13 Jahren an Bedeutung wesentlich zugenommen haben, wurde insbesondere dieser Teil erweitert und um neuere Forschungsergebnisse der Pflanzenökologie ergänzt (s. Kap. 4). Erfahrungsgemäß nimmt die „Allgemeine Vegetationsgeographie" in den Grundvorlesungen zur Vegetationsgeographie an den Hochschulen den größeren Stellenwert ein, während die „Regionale Vegetationsgeographie" – meist in Zusammenhang mit den Landschaftsgürteln und Ökozonen der Erde – eher Gegenstand von Spezialvorlesungen des Hauptstudiums ist.

Der Hauptautor dankt zunächst den Herausgebern sowie dem Verlagslektorat für hilfreiche Anregungen und die Bereitwilligkeit, mit der sie auf meine Vorstellungen eingegangen sind. Besonderen Dank schuldet der Hauptautor seinem Mitarbeiter Dr. Martin Hütter. Er hat das Manuskript mitgelesen und die Unterkapitel Kationenaustausch, Nährstoffangebot und Nährstoffaufnahme durch Pflanzen verfaßt und ihn dadurch in persönlich schweren Tagen tatkräftig unterstützt. Frau cand. rer. nat. Andrea Stempelmann hat sich mit großem Einsatz der Textverarbeitung gewidmet und für ein druckfertiges Manuskript gesorgt. An den Schreibarbeiten war auch Frau Manuela Deckert beteiligt. Beiden Damen sei für ihre Mühewaltung herzlich gedankt. Herr Dipl.-Ing. für Kartographie Ralf Wieland hat sich dankenswerter Weise der Abbildungen angenommen und bestehende Vorlagen verbessert und zahlreiche neu erstellt.

Beide Autoren hoffen, daß auch diese zweite Auflage der Vegetationsgeographie eine freundliche Aufnahme bei Rezensenten und Benutzern findet und diejenigen, die durch sie Interesse und Freude an der Vegetationsgeographie gewonnen haben, zu vertiefendem Studium in der weiterführenden Literatur und im Gelände angeregt werden.

August 1996

H.-J. KLINK, Bochum
R. GLAWION, Freiburg

1 Einleitung

1.1 Aufgabenfeld der Vegetationsgeographie

Der Titel Vegetationsgeographie deutet an, daß hier in eine fächerübergreifende Wissenschaft eingeführt werden soll, die Fragestellungen der Geographie und der Botanik miteinander verbindet. Die Vegetationsgeographie geht von den verschiedenen Erdräumen aus und untersucht die darin vorkommenden Pflanzengemeinschaften hinsichtlich ihrer Verbreitung, ihrer Sippenzusammensetzung, ihrer Wuchsmerkmale, ihrer Entwicklung in der Erdgeschichte und ihrer Beziehungen zur landschaftlichen Umwelt. Ihr Forschungsfeld sind die Wechselbeziehungen zwischen den Pflanzen bzw. Pflanzengemeinschaften und den Gegebenheiten in den verschiedenen Räumen der Erde in jedweder Hinsicht. Sie befaßt sich sowohl mit den noch erhaltenen Naturlandschaften und der sich ihnen zuordnenden natürlichen Vegetation als auch mit den vom wirtschaftenden Menschen beeinflußten und gestalteten Kulturlandschaften mit ihrer Flora und Vegetation einschließlich der Kulturpflanzen.

Unter der Flora eines Gebietes versteht man die darin vorkommenden, genetisch bestimmten Pflanzensippen (Arten, Gattungen, Familien usw.); es ist ein systematisch festgelegter Begriff. Die Vegetation hingegen kennzeichnet die Gesamtheit der in einem Erdraum verbreiteten Pflanzengemeinschaften, also die Pflanzendecke, die sich wiederum aus der Vergesellschaftung der einzelnen Sippen zusammensetzt.

Da der Begriff Vegetation stets die Gesamtheit der Pflanzen in einem Raum, d. h. die Pflanzendecke, meint, muß aus logischen Gründen die Bezeichnung Vegetationsgeographie bei der Betrachtung einzelner Sippen und ihrer Raumbeziehungen durch die ältere Bezeichnung Pflanzengeographie ersetzt werden. Sie schließt sowohl die idiobiologische als auch die zönologische Betrachtung ein. In der Botanik ist für das Untersuchungsfeld Pflanze/Vegetation-Raum außerdem die Bezeichnung Geobotanik gebräuchlich, auf die hier auch gelegentlich zurückgegriffen wird.

Die Vegetationsgeographie muß zur Lösung ihrer Aufgaben auf Fragestellungen der floristischen, der historisch-genetischen und der ökologischen Geobotanik zurückgreifen. Sie vermitteln wichtige Erkenntnisse über das in Raum und Zeit in ständiger Veränderung befindliche Pflanzenleben. Denn das gegenwärtige Vegetationsbild ist nur der letzte Ausschnitt aus einer langen Entwicklung, die die verschiedenen Pflanzensippen ebenso hervorgebracht hat wie die derzeitigen Pflanzengesellschaften in ihrer räumlichen Anordnung.

1.2 Geschichte der Vegetationsgeographie

Als Begründer der Pflanzengeographie kann Alexander von HUMBOLDT (1769-1859) angesehen werden. Mit seiner Art, die Vegetation in ihrer räumlichen Ordnung und Abhängigkeit von den Umweltbedingungen zu betrachten, hat er die geographische Darstellungsweise in die wissenschaftliche Behandlung der Pflanzenwelt eingeführt. Im Mittelpunkt seines Interesses steht die Vegetation als bestimmendes Merkmal des „Gestaltcharakters" der verschiedenen Erdgegenden. Er richtet sein Augenmerk auf die Wuchsformen der Pflanzen (die „Pflanzenformen") und das Erscheinungsbild der Pflanzengemeinschaften soweit sie die Physiognomie der Erdräume prägen. Als Begründung der Pflanzengeographie kann seine Schrift „Ideen zu einer Physiognomik der Gewächse in „Ansichten der Natur" (1808)" angesehen werden. Jedoch fand auch HUMBOLDT bereits Anregungen vor, insbesondere bei seinem Lehrer Carl Ludwig WILLDENOW (1765-1812), bei Göran WAHLENBERG (1780-1851), Robert BROWN (1773-1858) und Leopold von BUCH (1774-1853).

Die physiognomische Betrachtungsweise der Vegetation, die A. v. HUMBOLDT auf seinen Reisen in der neuen Welt entwickelt und in seinen „Ansichten der Natur" ([3]1849) ausgeführt hat, wurde durch August GRISEBACH (1814-1879) verfeinert. In seiner Arbeit „Über den Einfluß des Klimas auf die Begrenzung der natürlichen Floren" (1838) prägte er den Begriff „pflanzengeographische Formation". Darunter verstand er „.... eine Gruppe von Pflanzen, die einen abgeschlossenen physiognomischen Charakter trägt, wie eine Wiese, ein Wald und dergleichen. Sie (die pflanzengeographische Formation) wird bald durch eine einzige gesellige Art, bald durch einen Komplex von vorherrschenden Arten derselben Familie charakterisiert, bald zeigt sie ein Aggregat von Arten, die mannigfaltig in ihrer Organisation, doch eine gemeinsame Eigentümlichkeit haben ...."[1] Es ist eine physiognomische Betrachtungsweise, die von den Gestalttypen der Pflanzen ausgeht und noch

---

[1] nach: August Grisebach: Gesammelte Abhandlungen und kleinere Schriften zur Pflanzengeographie; Leipzig 1890

keine floristische. Die physiognomische Betrachtung wird allmählich zu einer ökologischen erweitert. So stellte Grisebach erstmals „Die Vegetationsgebiete der Erde" (1866) mit einer Karte übersichtsweise dar und behandelte vergleichend „Die Vegetation der Erde nach ihrer klimatischen Anordnung" (1872, 2. Aufl. 1885).

Große Bedeutung für die Entwicklung der Pflanzengeographie hat auch der durch HUMBOLDT beeinflußte Genfer Botaniker Alphonse de CANDOLLE (1806-1893). Sein Ziel ist es, die „Ursachen und Gesetze der Verteilung der Pflanzen auf der Erde" (1855) zu untersuchen und darzustellen. Dabei trennt er bereits zwischen den klimatischen Bedingungen der Gegenwart und denen der Vergangenheit und zieht die Pflanzengeschichte zur Erklärung der gegenwärtigen Vegetation heran. Kurz vor DARWINS „Entstehung der Arten" (1859) erschienen, hat das streng logisch aufgebaute Werk de CANDOLLES allerdings nicht die Beachtung gefunden, die es verdient hätte.

Etwa von der Mitte des 19. Jhs. an erschienen zunehmend pflanzengeographische Arbeiten, die sich mit kleineren Gebieten befaßten. Mit ihnen entwickelte sich die vegetationskundliche Richtung auf der Grundlage von kleinräumlichen Standortunterscheidungen. Neben scharf gefaßten Pflanzenformationen stehen die Artengruppierungen (Pflanzengesellschaften) und ihre Beziehungen zu den Standortfaktoren in einer Reihe von Arbeiten im Zentrum der Betrachtung, so bei Oswald HEER (1835), Franz UNGER (1836), Otto SENDTNER (1863) und insbesondere bei Anton Kerner von MARILAUN (1831-1898) in seinem berühmten Werk „Das Pflanzenleben der Donauländer" (1863). So verwendet Unger einen Standortbegriff, der unserem heutigen bereits sehr nahe kommt und SENDTNER (1854) liefert mit einer Darstellung der Verbreitung des „Sphagnetum mit Pinus pumilio" in der Hoch- und Panger-Filze bei Rosenheim im Jahre 1850 wohl die erste Darstellung einer Pflanzengesellschaft auf deutschem Boden (SCHMITHÜSEN 1985). Auch Fragen der historischen Pflanzengeographie werden von UNGER und HEER behandelt. Von diesen Forschern geht vor allem die geobotanische Arbeitsrichtung aus.

Einen vegetationsgeographisch-landeskundlichen Aufbau hat das Buch von Adalbert SCHNITZLEIN und Albert FRICKHINGER (1848) über „Die Vegetationsverhältnisse der Jura- und Keuperformation in den Flußgebieten der Wörnitz und Altmühl" (1848). Es ist in drei Teile gegliedert: 1. Geographische Verhältnisse, 2. Von den Vegetationsbedingungen und deren Wirkungen, 3. Schilderung der Vegetation, wobei die ursprüngliche Vegetation von der vom Menschen bedingten und veränderten Vegetation unterschieden wird. Auch eine der ersten genauen Erfassungen eines Pflanzenbestandes ist darin enthalten. Das pflanzengeographische Anliegen tritt auch in dem klassischen Werk von Robert Gradmann (1865-1950) „Das Pflanzenleben der Schwäbischen Alb" (1898, 4. Aufl. 1950) hervor. Zugleich kann GRADMANN durch seine Darstellung der einzelnen Arten und ihrer Verbindungen mit anderen als einer der Wegbereiter der floristisch vorgehenden Vegetationskunde bezeichnet werden. Typisch pflanzengeographisch sind die Veröffentlichungen Leo WAIBELS (1888-1951) und Alfred HETTNERS (1859-1941), wobei HETTNER in seinem Band „Die Pflanzenwelt" (1935), der Teil seines Werkes „Vergleichende Länderkunde" ist, die geographischen Gesichtspunkte besonders betont.

Große Bedeutung für die Geschichte der Pflanzengeographie hat das Lehrbuch von A. F. W. SCHIMPER „Pflanzengeographie auf physiologischer Grundlage", das erstmals 1898 erschienen ist. Ähnlich wie in dem richtungsweisenden Werk zur ökologischen Pflanzengeographie (1895 bzw. in deutscher Übersetzung 1896) des dänischen Botanikers Eugenius WARMING (1841-1924) werden von SCHIMPER die Beziehungen der Pflanzenformationen zu ihrer Umwelt, insbesondere zu den klimatischen Faktoren Temperatur und Feuchte, in den Vordergrund gestellt. Zwar beschränken sich die Autoren zunächst noch hauptsächlich auf die Beobachtung von Korrelationen, doch wird bereits der Grundstein gelegt für die synökologische Betrachtungsweise mit experimentell-messenden Methoden, die sich von nun an mehr und mehr durchsetzen. Die so erzielten Fortschritte in der ökologischen Pflanzengeographie werden in der 3. Auflage von SCHIMPERS „Pflanzengeographie auf physiologischer Grundlage", die F. C. von FABER 1935 bearbeitet und herausgegeben hat, deutlich[2].

In einer veränderten Konzeption fortgeführt wurde das Handbuch von SCHIMPER & FABER durch Heinrich WALTER unter dem Titel „Die Vegetation der Erde in ökophysiologischer Betrachtung" (2 Bde. 1964 und 1968). Dieser Titel deutet an, daß die experimentelle Arbeitsweise in der ökologischen Pflanzengeographie inzwischen weiterentwickelt worden war. Außerdem konnten in der Neubearbeitung die Vegetationseinheiten durch gründliche floristische Untersuchungen schärfer gefaßt werden. In den achtziger Jahren hat dieses bekannte Handbuch und Nachschlagewerk eine nochmalige Neubearbeitung durch Heinrich Walter und Siegmar-W. Breckle erfahren. Das jetzt auf vier handliche Bände aufgeteilte Werk trägt den Titel „Ökologie der Erde" und ist ein ausgezeichnetes Informationsmittel zur weltweiten Vegetationsgeographie. Nach der Behandlung der ökologischen Grundlagen in globaler Sicht im Band 1 wird in drei weiteren Bänden auf die „spezielle Ökologie" der einzelnen Vegetationszonen eingegangen. Der Geobotaniker WALTER ist auch sonst als Autor und Herausgeber verschiedener Lehrbuchpublikationen hervorgetreten (z. B. Vegetationszonen und Klima, Allgemeine Geobotanik).

---

[2] Eine lesenswerte Würdigung der Überarbeitung des Werkes von Schimper durch v. Faber hat C. Troll (1935) vorgenommen; sie ist abgedruckt in LAUER und KLINK 1978, S. 158-169.

In den letzten 50 Jahren sind viele pflanzengeographische Darstellungen, teils als Lehrbücher der allgemeinen Pflanzengeographie, teils als Gebietsmonographien erschienen. Nur auf wenige kann hier eingegangen werden. Zu großer Meisterschaft ist die vegetationsgeographische Darstellung in den Arbeiten von Carl TROLL (1899-1975) entwickelt. Sie sind teils weltweit vergleichend angelegt, teils auf bestimmte Gebiete wie das Himalaya-System ausgerichtet. TROLL behandelt besonders die Beziehungen der Vegetation zu Klima, Boden und Mensch, d.h. seine Vorgehensweise ist ökologisch in einem umfassenden Sinne. Auch greift er die Frage nach den pflanzlichen Gestalttypen („ökologischen Lebensformen") wieder auf und betrachtet sie als Anpassungsformen an die Umweltbedingungen in weltweit vergleichender Sicht (1969). Ähnliche Ziele, wenn auch zum Teil auf anderen Wegen und mit anderen Bezeichnungen, verfolgt Josef SCHMITHÜSEN (1909-1984). Er propagiert den Begriff „Vegetationsgeographie" anstelle der älteren Bezeichnung „Pflanzengeographie" und stellt die Vegetationsgeographie als biogeographische Forschungsrichtung der Geobotanik als geobiologischer Forschungsrichtung gegenüber. Für die Vegetationsgeographie beansprucht er besonders den chorologischen Anteil des Beziehungsfeldes Vegetation-Raum; d.h. ausgehend von den Landschaftsräumen verschiedener Größenordnungen soll deren Vegetationserfüllung in ihrer räumlichen Gliederung, floristischen Zusammensetzung, Physiognomie und ihrer ökologischen und historischen Bedingtheit untersucht werden. In seinem Lehrbuch „Vegetationsgeographie" berücksichtigt er die zunächst der Geobotanik zugewiesenen Fragestellungen als Erklärungsansätze für die räumliche Ordnung und Zusammensetzung der Vegetation. Außerdem bemüht er sich um die Einbeziehung der von J. BRAUN-BLANQUET und R. TÜXEN entwickelten Pflanzensoziologie in die geographisch-räumliche Erfassung der Vegetation auf verschiedenen Maßstabsebenen. Auch G. SCHMIDT hat sein klar aufgebautes Lehrbuch „Vegetationsgeographie auf ökologisch-soziologischer Grundlage" (1969) genannt.

Von den verschiedenen regionalen Vegetationsdarstellungen, die in den letzten Jahrzehnten zumeist in umfangreichen Bänden erschienen sind, sei hier nur das vortreffliche Werk von Heinz ELLENBERG „Vegetation Mitteleuropas mit den Alpen" (4. Aufl. 1986) erwähnt. Es ist heute das Standardwerk über die mitteleuropäische Vegetation einschließlich der der Alpen.

1.3 Arbeitsrichtungen der Pflanzengeographie

Das Gesamtgebiet der Pflanzengeographie läßt sich in fünf Arbeitsrichtungen unterteilen. Sie befassen sich mit der Sippenverbreitung, der Erfassung von Pflanzengemeinschaften und ihrer räumlichen und systematischen Gliederung, der Entwicklung der Vegetation in der Erdgeschichte und dem Verhalten der Pflanzen und Pflanzengemeinschaften unter verschiedenen Umweltbedingungen. Zusammen tragen sie zum Verständnis der heutigen Vegetation, ihrer wechselnden floristischen Zusammensetzung und ihrer räumlichen Verteilung bei.

1. Die floristische Pflanzengeographie oder Arealkunde. Sie beschäftigt sich mit den einzelnen Pflanzensippen (Arten, Gattungen, Familien usw.) und untersucht das Wesen ihrer Verbreitung, d. h. ihre Areale sowie das Verhältnis der Sippen zueinander.

2. Die Vegetationskunde oder zönologische Pflanzengeographie (Pflanzensoziologie). Sie beschäftigt sich mit den Pflanzenvergesellschaftungen, ihrer hierarchischen Ordnung und Verbreitung sowie, unter Zuhilfenahme ökologischer Methoden, mit ihrer Abhängigkeit von Standortbedingungen.

3. Die ökologische Pflanzengeographie. Sie untersucht und analysiert die Beziehungen der Pflanzen (Autökologie) und Pflanzengesellschaften (Synökologie) zu ihrem Lebensraum einschließlich der Wechselbeziehungen zwischen den Lebewesen. Stoffliche und energetische Umsatzbetrachtungen (Bilanzen) spielen dabei eine wachsende Rolle.

In die ökologische Fragestellung einzuordnen ist außerdem das Problem der pflanzlichen Lebensformen (Gestalttypen) und der Versuch, sie aus den jeweiligen Umweltbedingungen zu erklären. Es kann nur im Zusammenwirken von Pflanzenmorphologie, -physiologie und -ökologie einer Lösung nähergebracht werden.

4. Historisch-genetische Pflanzengeographie (Vegetationsgeographie). Sie bemüht sich um die Erklärung der heutigen Vegetation aus der stammesgeschichtlichen Entwicklung der Sippen und ihren Verbreitungsmöglichkeiten im Laufe der Erdgeschichte.

5. Chorologische Pflanzengeographie (Vegetationsgeographie im engeren Sinne). Sie geht von den verschiedenen Landschaftsräumen aus und betrachtet deren Vegetation in ihrer räumlichen Gliederung und Abhängigkeit von Klima, Boden und Mensch. Auch die Nutzung der Vegetation und die angebauten Nutzpflanzen gehören zu den Fragestellungen der chorologischen Pflanzengeographie.

1.4 Idiobiologische und zönologische Pflanzengeographie

Ausgangspunkt jeder vegetationsgeographischen Untersuchung ist die einzelne Pflanze, denn die Vegetationsdecke eines Gebietes setzt sich stets aus einzelnen Pflanzen zusammen. Mit den verschiedenen Pflanzensippen befaßt sich die idiobiologische Pflanzengeographie. Sie untersucht die Pflanzen nach:

● ihrer sippensystematischen Stellung, wobei das genetische Prinzip der Verwandtschaft angewandt wird und sich auch entwicklungsgeschichtliche Fragestellungen ergeben,

● ihrer räumlichen Verbreitung, d.h. ihren Verbreitungsarealen,

● ihren Beziehungen zum Standort, die sich in mannigfachen Anpassungsmerkmalen äußern können.

Unter Pflanzensippen werden systematische Einheiten der Pflanzenwelt verstanden, wobei der Begriff auf keine bestimmte Rangstufe, wie Art, Gattung, Familie oder Ordnung festgelegt ist, sondern die systematische Einordnung allgemein umschreibt. Sippen sind Abstammungsgemeinschaften, die sich im Verlaufe der Stammesgeschichte (Phylogenie oder Phylogenese) immer stärker auseinanderentwickelt haben. Je nach Alter der Trennung ihrer Keimbahnverbindungen sind diese Abstammungsgemeinschaften weiter oder enger miteinander verwandt. Auf diese Weise entstand die Hierarchie der Pflanzen, die durch die Sippensystematik wiedergegeben wird. Die sippensystematische Zugehörigkeit wird dabei vor allem auf Grund von Organisationsmerkmalen der Pflanzen bestimmt, vorrangig Blütenbau und Gestalt

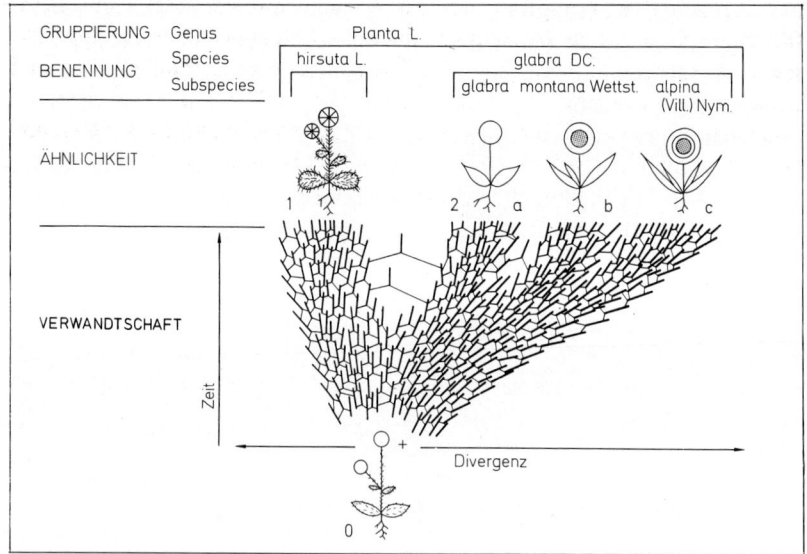

Abb. 1 Modell einer Verwandtschaftsgruppe als Fragestellung der Systematik. Verwandtschaft: Stammbaum mit individuellen Keimbahnen in einem Ordinatensystem Zeit/Divergenz, ausgestorbene Stammform (+) und heutige Abkömmlinge; Ähnlichkeit; Einstufung und Benennung: Taxa verschiedener Rangstufe (mit Phantasie-Namen) (aus: EHRENDORFER (1978) in STRASBURGER et al. (1978).

der Früchte, außerdem Gestalt der Sproß- und Blattorgane sowie der Überdauerungsknospen. Die Gesamtheit aller Pflanzensippen eines Gebietes wird als dessen Flora bezeichnet.

Der idiobiologischen Pflanzengeographie steht die zönologische Pflanzengeographie oder Vegetationskunde gegenüber. Eine zentrale Stellung nimmt darin die Pflanzensoziologie ein. Jede Pflanzengesellschaft – der Begriff wird hier ohne systematischen Rang der pflanzensoziologischen Hierarchie gebraucht – setzt sich aus einzelnen Individuen von bestimmter Artzugehörigkeit zusammen. Bestimmte Pflanzenarten verbinden sich in der freien Landschaft mit unterschiedlicher Stetigkeit zu bestimmten Pflanzengesellschaften. Die Gesamtheit aller Pflanzengesellschaften eines Gebietes wird als dessen Vegetation bezeichnet.

Die Vergesellschaftung der Pflanzen in einem Raum vollzieht sich nicht willkürlich, sondern unterliegt Gesetzmäßigkeiten, die durch das vorhandene Sippeninventar, den Wettbewerb und die Verträglichkeit der Arten untereinander sowie durch die Standortverhältnisse (hauptsächlich Klima- und Bodenfaktoren) geregelt werden. Zur Umwelt der Pflanzen gehören auch Tiere, die sich teils von Pflanzen ernähren, für die Bestäubung sorgen und Samen verbreiten, außerdem der Mensch mit seinen vielfältigen, oft sehr nachhaltigen Einwirkungen. Aus dem Zusammenwirken aller Umwelteinflüsse ergibt sich eine bestimmte räumliche Ordnung der Pflanzengesellschaften. In der Ökologie kehrt das Verhältnis von idiobiologischen und zönologischen Fragestellungen in der Autökologie (Umweltbeziehungen des Einzellebewesens) und der Synökologie (Umweltbeziehungen der Organismengemeinschaft) wieder.

2 Wege zur Erfassung der vegetationsräumlichen Ordnung

2.1 Flora und Vegetation in verschiedenen Klimazonen

Die Vegetation weist je nach Klimazone und geographischer Lage auf den Kontinenten eine unterschiedliche Dichte, Mächtigkeit und Artenzahl auf. So gibt es in den Tropen einerseits die dichten, den Boden weitgehend deckenden, in mehrere Stockwerke gegliederten, artenreichen Regenwälder in Gebieten mit mindestens 10 humiden Monaten und andererseits die lichte, von niederwüchsigen, oft bedornten Holzgewächsen und Sukkulenten gebildete Dornstrauch-Sukkulenten-Savanne in Trockengebieten mit 3-5 humiden Monaten. In den gemäßigten Breiten gehen die hochwüchsigen, dichten Laubwälder und Laub-Nadel-Mischwälder der humiden Gebiete West- und Mitteleuropas, des östlichen Nordamerikas und auch Ostasiens mit zunehmender Trockenheit zunächst in gehölzfreie, schließlich immer spärlicher und kurzwüchsiger werdende Grasländer (Steppen und Prärien) über. Die kühlgemäßigte Klimazone ist unter feuchteren Bedingungen gekennzeichnet durch ein standörtliches Gefüge von Wäldern, vornehmlich Nadelwäldern, und zumeist schütter mit Holzgewächsen bestandenen Mooren. Daran schließt sich polwärts die Tundra zunächst mit Zwergsträuchern, Sauergräsern, Moosen und schließlich Flechten an. Dabei enthält beispielsweise die spärliche und einförmig erscheinende Trockenheide Lapplands eine relativ große Artenzahl, die größer ist als die des dichteren und an Phytomasse mächtigeren borealen Nadelwaldes.

Alle zunächst klimatisch und sodann edaphisch bestimmten Vegetationsformen werden von verschiedenen Pflanzenindividuen gebildet, die bestimmten Arten oder – ohne systematischen Rang ausgedrückt – Pflanzensippen (= Taxa) angehören. Nicht unbedingt verbindet sich eine artenreiche Flora mit einer üppigen Vegetation. Zwischen der Dichte eines Pflanzenbestandes, d.h. seiner Individuenzahl pro Flächeneinheit (= Individuendichte) und der Artenzahl pro Flächeneinheit (= Artendichte), besteht keine Proportionalität. So ist ein mitteleuropäischer Sauerhumus-Buchenwald, z.B. ein Hainsimsen-

Buchenwald, sehr artenarm, obwohl er eine dichte, mächtige Vegetationsdecke bilden kann. Ein Trockenrasen auf Kalkgestein hingegen, der eine spärliche und lückenhafte Vegetation darstellt, ist zumeist recht artenreich.

Bis jetzt sind über 400 000 lebende Pflanzenarten bekannt. Von ihnen gehören etwa 2/3 zu den Samenpflanzen *(Spermatophyten)*. Etwa 240 000 sind bedecktsamige *(Angiospermen)* und ca. 800 nacktsamige *(Gymnospermen)*. Auf etwa 10 000 Arten werden die Farnpflanzen und auf etwa 24 000 die Moose geschätzt. Auf etwa 150 000 Arten dürfen es die Pilze, Algen und Flechten bringen, wobei die Pilze mit rund 100 000 die größte Gruppe bilden (nach EHRENDORFER in STRASBURGER 1991, S. 531). Von den Samenpflanzen gehören etwa drei Viertel zu den Zweikeimblättrigen *(Dikotylen)* und ein Viertel zu den Einkeimblättrigen Pflanzen *(Monokotylen)*. Dabei ist zu berücksichtigen, daß jährlich besonders bei den Pilzen und Angiospermen weltweit viele neue Arten beschrieben werden und der Artbegriff einem gewissen Wandel der Anschauungen unterliegt.

Die Bedeutung für das Vegetationsbild wird jedoch nicht in jedem Fall durch die Artenzahl einer Gruppe bestimmt. Dies sei an zwei Beispielen verdeutlicht: So ist die Unterabteilung der nadelblättrigen Nacktsamer *(Coniferophytina)*, zu denen alle Nadelholzgewächse gehören, mit etwa 600 Arten heute sehr artenarm. Trotzdem haben sie an den Waldbeständen insbesondere der Nordhalbkugel einen beträchtlichen Anteil (borealer Nadelwaldgürtel vgl. Kap. 5.2). Andererseits spielen die artenreichen Orchideen – etwa 20 000 Arten werden unterschieden – im Vegetationsbild der Erde nur eine untergeordnete Rolle, was in abgeschwächter Form auch für Gebiete zutrifft, in denen sie gehäuft auftreten (z. B. tropische Bergwälder mit epiphytischen Orchideen).

Pflanzen- und Tiersippen weisen bestimmte Verbreitungen auf, die von der Arealkunde erfaßt, dargestellt und zu erklären versucht werden. Bestimmend für die Verbreitung von Pflanzen sind verbreitungsbiologische Gründe, der Wettbewerb der Sippen untereinander, die Umweltbedingungen (klimatische Faktoren, Wasserdargebot, Bodenfaktoren), außerdem die floristischen Wanderungsmöglichkeiten und ihre Einschränkung z. B. durch Gebirge und Gewässer, insbesondere Meeresteile, die bei der Samenverbreitung nur schwer oder gar nicht zu überwindende Hindernisse darstellen. Die Wanderungsmöglichkeiten waren in der Erdgeschichte Veränderungen unterworfen durch Lage- und Konfigurationsveränderungen der Kontinente, die Öffnung von Meeresräumen und Gebirgsbildungen sowie die damit teilweise verbundene Entstehung von Trockenräumen. Insgesamt gilt: Die Pflanzensippen haben sich entwickelt und gleichzeitig hat sich die ihnen als Lebensraum dienende Erdoberfläche verändert.

Die Artendichte, d. h. die Artenzahl pro Bezugsfläche, weist innerhalb der Biosphäre beträchtliche Unterschiede auf. Eine vereinfachte Übersichtsdarstellung der Artendichte der Gefäßpflanzen (Samen- und Farnpflanzen) pro 100 000 km² ist die Abb. 2. Danach gibt es artenarme und artenreiche Gebiete. Durch Artenarmut treten die Trockengebiete, besonders die Wendekreiswüsten (Sahara, australische Wüsten) hervor, außerdem die subarktischen Gebiete. Sehr artenreich hingegen sind die meisten Länder der feuchten Tropen, so die Inseln Südostasiens und der Norden Südamerikas mit der angeschlossenen mittelamerikanischen Landbrücke. Insgesamt zeigt sich eine Abstufung mit der geographischen Breite, die jedoch durch die Verteilung von Humidität und Aridität und die sie beeinflussenden orographischen Faktoren abgewandelt wird.

Ausschlaggebend für die Artendichte sind die Umweltbedingungen und Verbreitungsmöglichkeiten in der erdgeschichtlichen Vergangenheit. Am artenreichsten sind einige tropische Regenwaldgebiete. So weist die amazonische Hylaea etwa 40 000 höhere Pflanzenarten auf und das indonesische Regenwaldgebiet sogar rund 45 000 (nach WULF in SCHUBERT ²1979). Der geringe Selektionsdruck durch günstige Umweltbedingungen, die über lange Zeit angedauert haben, hat hier die Entwicklung einer großen Artenvielfalt ermöglicht. Auch die Individuendichte ist in den tropischen Regenwäldern groß, wobei der Wettbewerb um Licht, Wasser und Nährstoffe zu einer stark strukturierten Vegetation mit Pflanzen in mannigfachen ökologischen Nischen geführt hat. Mit Annäherung an die randtropischen Trockengebiete verringert sich die Artenzahl und erreicht schließlich in den Wüsten ihren tiefsten Stand. Die Flora der zentralen Sahara wird nach R. MAIRE auf 480 Arten geschätzt. In den Hartlaubgebieten mit Winterregen, die sich polwärts an die Wüstengebiete anschließen, steigt die Artenzahl wiederum an. So wird die Gefäßpflanzenflora Kaliforniens auf rund 6000 und die der Iberischen Halbinsel auf 5500 Arten geschätzt. Von den gemäßigten Breiten zu den Polen sinkt die Artenzahl dann stetig. Für Mitteleuropa führt OBERDORFER (1990) 3320 Arten auf. Für die Britischen Inseln werden ca. 1900, für Schweden 2100 und für Finnland 1200 Arten von Gefäßpflanzen genannt. Besonders artenarm ist die Flora der Subpolargebiete, die durch die Ungunst des Klimas und die verhältnismäßig kurz zurückliegende Vereisung benachteiligt sind. So weist Island nach GLAWION (1983) ca. 440 Arten, Grönland 400 und Spitzbergen 130 Arten auf. Für die Flora der Antarktis werden nur 2 Samenpflanzenarten genannt.

Neben diesem planetarischen Wandel des Artenreichtums zwischen Äquator und Pol treten Unterschiede zwischen den feuchten Rändern der Kontinente und ihren trockeneren Zentren auf. Die Kontinentalränder, insbesondere die Ostseiten der großen Landmassen, sind durchweg artenreicher. So weist die Flora Japans ca. 5700 Arten auf, die der Mongolei hingegen nur 1800. Bemerkenswert ist außerdem ein größerer Artenreichtum in den Gebirgen. Er wird durch eine stärkere Differenzierung der Standortverhältnisse mit

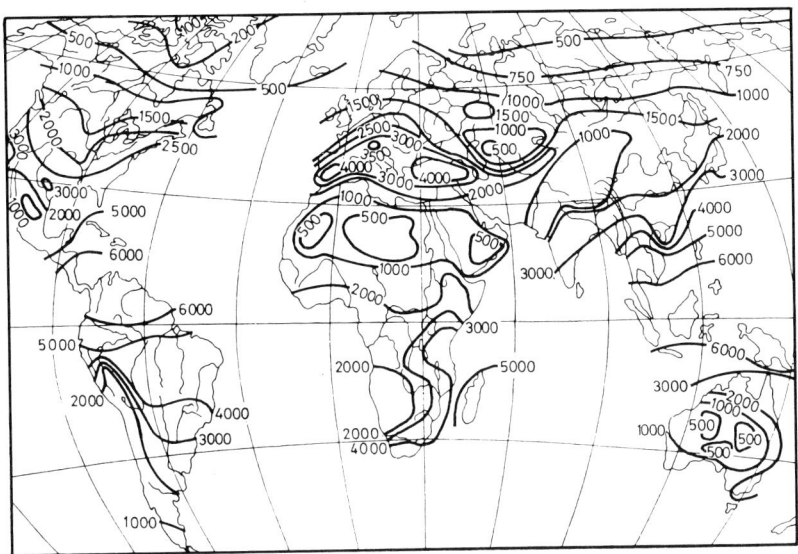

Abb. 2: Artendichte der Gefäßpflanzen auf 100000 km² (nach MALYSCHEW *1975 aus:* SCHU-BERT, R. *1979, S.14)*

dem Relief, den oft wechselnden Gesteinen und z.T. durch Florenüberschichtungen mit der Höhenstufenfolge hervorgerufen.

Innerhalb der gemäßigten Breiten wirkt sich das erdgeschichtlich kurz zurückliegende Eiszeitalter nachhaltig auf den Artenreichtum aus. Die Wanderungsmöglichkeiten der Flora wurden dabei durch die orographischen Strukturen stark beeinflußt. So ist die Flora Mitteleuropas erheblich artenärmer als die der vergleichbaren Gebiete Nordamerikas, weil in Europa während der Eiszeiten viele südwärts ausgewichenen Arten der ursprünglich reichen „Arkto-Tertiär-Flora" das Hindernis der breitenparallel verlaufenden Alpen nicht überwinden konnten und zugrunde gingen oder, wenn ein Ausweichen nach Süden gelungen war, nicht wieder einwandern konnten. In Nordamerika hingegen konnte die Flora in den großen Ebenen zwischen den meridional streichenden Gebirgen vor dem vordringenden Eis leicht nach Süden ausweichen und in den nacheiszeitlichen Warmzeiten wieder nordwärts einwandern. Die relative Verarmung der mittel- und nordeuropäischen Flora ist also durch das Eiszeitalter und die orographische Gestalt Mitteleuropas bedingt, die einer Florenwanderung starke Hindernisse entgegensetzt.

Besonders artenreich sind Gebiete, in denen sich die Wanderwege verschiedener Floren kreuzen. Dies ist im Süden Nordamerikas, d. h. in Mexiko und auf der sich anschließenden mittelamerikanischen Landbrücke sowie in Hinterindien, in Birma, Thailand und Laos, der Fall. In beiden Gebieten erstrecken sich Gebirgszüge aus den nördlichen gemäßigten Breiten bis in die Tropen und boten besonders im Eiszeitalter borealen Pflanzensipppen Ausbreitungsmöglichkeiten bis in den heutigen Tropengürtel. Sie haben sich in den oberen Höhenstufen erhalten, während ins Tiefland und in die unteren Höhenstufen vornehmlich in der Nacheiszeit warmtropische Pflanzensippen aus dem Süden vorgedrungen sind und die borealen in die Höhe abgedrängt haben. Die warmtropische Vegetation wird deshalb heute von einer boreal beherrschten in den Gebirgen überschichtet. In den mittleren Höhenstufen mischen sich die verschiedenen Florenelemente, wodurch dieser Höhenbereich besonders artenreich ist.

Indem man die Arten- und Individuenmenge eines Gebietes zueinander in Beziehung setzt, lassen sich beide Größen in einem Ausdruck angemessen berücksichtigen. Diese Relation wird Diversität und der rechnerisch ermittelte Wert Diversitätsindex genannt. Flächen, auf denen nur wenige Arten einer hohen Individuenzahl gegenüberstehen, haben eine geringe und solche mit zahlreichen, individuenmäßig annähernd gleich stark vertretenen Arten eine hohe Diversität. So sind die artenreichen tropischen Regenwälder Beispiele für eine hohe Diversität, die borealen Nadelwälder und artenarmen Gebirgsnadelwälder hingegen Beispiele für eine geringe Diversität.

Der Mensch verändert nicht nur die Vegetation weiter Gebiete der Erde in zunehmendem Maße, sondern er verändert dabei auch ihren Florenbestand, indem er einerseits Arten vernichtet, aber andererseits auch für Artenübertragungen sorgt. Welches Ausmaß der Florenrückgang annehmen kann, geht daraus hervor, daß nach der „Roten Liste"[3] der Gefäßpflanzen (Farn- und Blütenpflanzen) in der Bundesrepublik Deutschland fast 31 % der Arten ausgestorben oder in ihrem Bestand stark gefährdet sind. Ein großer Teil der ursprünglich häufigen Arten zeigt deutlich Rückgangserscheinungen. Auch für andere Gebiete der Erde, die der Umweltzerstörung unterliegen bzw. in denen wirtschaftliche Erschließungsprozesse stattfinden wie Brasilien und Thailand, muß im Zuge der Vernichtung der natürlichen Vegetation mit einem starken Artenrückgang gerechnet werden. Weltweit sterben derzeit ca. 100 Arten (Tiere und Pflanzen) pro Tag aus (KAULE 1991).

---

[3] So benannt nach dem Vorbild der „Red Data Books" der International Union for Conservation of Nature and Natural Resources (IUCN).
Nach der „Roten Liste gefährdeter Farn- und Blütenpflanzen" sind in den alten Bundesländern von 2728 Arten 873 in unterschiedlichem Maße gefährdet bis vom Aussterben bedroht (nach KORNECK und SUKOPP 1988). Für die neuen Bundesländer sind von 1768 insgesamt 664 in unterschiedlichem Maße gefährdet bis vom Aussterben bedroht (nach RAUSCHERT 1978).

2.2 Floristische Pflanzengeographie – Arealkunde

2.2.1 Einheiten der Sippensystematik – das taxonomische System

Voraussetzung für vegetationskundliches Arbeiten ist die Kenntnis der verschiedenen Pflanzenarten. Eine Art, gleichgültig ob Pflanzen- oder Tierart, umfaßt „Individuen, die sich auf natürliche Weise untereinander uneingeschränkt fortpflanzen und in allen typischen Merkmalen untereinander und mit ihren Nachkommen übereinstimmen" (ANL, Informationen 4, 1991, S.14). Nach dem Grad ihrer Verwandtschaft werden Arten (Species) zu Sippeneinheiten geordnet, die international als Taxa (Einzahl Taxon) bezeichnet werden. Das taxonomische System folgt damit den natürlichen Verwandtschaftsbeziehungen. Arten, die sich durch bestimmte gemeinsame Merkmale von anderen unterscheiden, werden zu einer Gattung zusammengefaßt. Gattungen, die sich in charakteristischen Merkmalen gleichen, bilden eine Familie. Mehrere Familien werden zu Ordnungen, diese zu Abteilungen und diese zu Reichen zusammengefaßt. Das Reich nimmt damit den höchsten Rang im taxonomischen System ein. Die taxonomischen Kategorien werden üblicherweise durch die folgenden Namensendungen gekennzeichnet. Als Beispiel wird das in den mitteleuropäischen Laubwäldern verbreitete, zu den Frühlingsblühern *(Geophyten)* zählende Buschwindröschen *(Anemona nemorosa L.)* gewählt (nach STRASBURGER et al. 1991).

Reich	-ota	Eukaryota
Abteilung	-phyta, -mycota	Spermatophyta, Samenpflanzen
Unterabteilung	-phytina, -mycotina	Angiospermae (Angiospermophytina, Magnoliophytina), Bedecktsamer
Klasse	-phyceae, -mycetes -atae bzw. -atea, (-opsida)	Dicotyledoneae (= Magnoliatae), Zweikeimblättrige Bedecktsamer
Unterklasse	-idae	Magnoliidae (= Polycarpicae)
Ordnung	-ales	Ranunculales
Familie	-aceae	Ranunculaceae
Gattung		Anemone
Art		Anemona nemorosa L.

Die Taxa können so vielgestaltig sein, daß eine Unterteilung des einzelnen Taxons notwendig ist. So wird die Abteilung der Samenpflanzen in die Unterabteilungen der Nacktsamigen und Bedecktsamigen gegliedert. Auch die Art als Grundeinheit des taxonomischen Systems kann in Unterarten, Varietäten und Formen differenziert werden.

Die Arten werden nach der binären Nomenklatur von Carl v. LINNÉ (1753) bezeichnet. Der Artname besteht aus einem Substantiv, das die Zugehörigkeit zur Gattung angibt, z. B. Alnus und einem nachgestellten, kleingeschriebenen

Substantiv oder Adjektiv, dem Artepithet, z. B. glutinosa (Alnus glutinosa, Schwarzerle). Nachgestellte Abkürzungen bezeichnen den Autor, der das Taxon zuerst beschrieben hat, z. B. GAERTN. für J. GAERTNER, L. für C. v. LINNÉ. Wurde der Name zu einem früheren Zeitpunkt geprägt, bzw. das Taxon anders abgegrenzt oder eingestuft, wird der betreffende Autorenname in Klammern vorangestellt. Der botanische Name der Schwarzerle lautet somit *Alnus glutinosa (L.) GAERTN.*

Die Bestimmung des Artnamens kann mit Hilfe von Bestimmungsschlüsseln vorgenommen oder überprüft werden. Für den europäischen Raum wichtige Bestimmungsbücher sind: OBERDORFER ([6]1990), ROTHMALER ([5]1994), SCHMEIL/FITSCHEN (1988), etc. Einen Bestimmungsschlüssel für Knospen und Zweige von Gehölzen im Winterzustand bieten ESCHRICH (1992) sowie HALLER und PROBST (1983) für Gehölze, Farn- und Moospflanzen u. a..

2.2.2 Sippenverbreitung – Areale

Jede Art, Gattung, Familie oder andere sippensystematische Einheit hat ein mehr oder weniger großes Verbreitungsgebiet oder Areal. Es läßt sich erfassen, indem man auf einer Karte zunächst alle Fundorte eines Taxons durch Punkte markiert und sodann alle äußeren Punkte durch eine Linie verbindet, die schließlich eine Fläche, das Verbreitungsgebiet oder Areal, einschließt. Innerhalb seines Areals kann sich das jeweilige Taxon ohne ständige Zuwanderung von außen längerfristig halten dadurch, daß es sich auf der Ebene der Arten regelmäßig fortpflanzt.

Die Form und Größe der Areale kann sehr verschieden sein. Die Größe hängt zunächst vom systematischen Rang des gewählten Taxons ab. So wird das Verbreitungsgebiet einer Familie stets größer sein als das einer zugehörigen Art. Außerdem werden Form und Ausdehnung von der Anpassungsfähigkeit der Arten an die Umweltbedingungen mitbestimmt. Man unterscheidet stenotope und eurytope Arten und Gattungen (griech. stenos = eng, eurys = weit, topos = Ort, Örtlichkeit).

Stenotope Arten weisen nur eine geringe Anpassungsfähigkeit auf, die sie an bestimmmte Umweltbedingungen bindet. Ihre Areale sind zumeist klein, bzw. sie kommen nur an ganz bestimmten Standorten vor.

Eurytope Arten und Gattungen verhalten sich demgegenüber sehr anpassungfähig und haben deshalb zumeist große Areale. Teilweise kommen sie in mehreren Florenreichen vor. Diese weite Verbreitung auf getrennten Landmassen und Kontinenten läßt sich (bei natürlicher Verbreitung) nur erdgeschichtlich durch engere Zusammenhänge der Kontinente im Tertiär und der davor liegenden Kreide- und Jurazeit erklären (z. B. Arten und Gattungen der Holarktis oder solche der alt- und neuweltlichen Tropen zugleich).

Meint man die Anpassungsfähigkeit, spricht man auch von stenöken bzw. euryöken Arten. Hiermit hängt zusammen, daß fast alle höheren Pflanzen innerhalb ihrer Areale nicht überall vorkommen, sondern sich auf bestimmte, ihnen zusagende Standorte beschränken, der Grad der Standortbindung also unterschiedlich ist.

Die Arealkunde als Lehre von der Verbreitung der Sippen ist Grundlage für jede weiterführende räumliche Betrachtung der Vegetation unter floristischen Gesichtspunkten, denn die Sippenareale sind die Bausteine der räumlichen Vegetationsgliederung.

Unter dem Zeitaspekt kann man zwischen rezenten, d. h. gegenwärtigen und fossilen, d. h. früheren Arealen unterscheiden. Die fossilen Areale lassen sich dabei nur aus Fossilfunden rekonstruieren.

Ein anderer Aspekt für eine Untergliederung kann die Entstehung der Areale sein. Kam das Areal ohne Einwirkung des Menschen zustande, spricht man von einem spontanen oder natürlichen Areal. Hat der Mensch das Verbreitungsgebiet einer Tier- oder Pflanzensippe bewußt oder unbewußt beeinflußt, liegt ein künstliches oder anthropogenes Areal vor.

Form und Größe der Areale sind sehr mannigfaltig und selten stimmen die Areale von zwei Arten vollständig überein. Eine Klassifikation der Arealformen kann nach folgenden Gesichtspunkten vorgenommen werden:

1. Kontinuierliche oder geschlossene Areale sind solche, bei denen das gesamte Verbreitungsgebiet einer Sippe mit einer Linie umfahren werden kann, d. h. das Areal ist zusammenhängend.

2. Disjunkte oder zerstreute Areale sind solche, bei denen das Verbreitungsgebiet einer Sippe in mehrere getrennt voneinander liegende Teilgebiete gegliedert ist. Von disjunkten Arealen spricht man jedoch erst dann, wenn ein Genaustausch (Samen- oder Sporenaustausch) zwischen den Teilarealen auf natürliche Weise nicht mehr möglich ist.

Eine gleichwertige Aufteilung eines disjunkten Areals liegt vor, wenn die Teilareale ungefähr gleich groß sind, wie z. B. bei verschiedenen Rhododendron-Arten *(Rhododendron ponticum, Rh. luteum)*. Häufiger ist eine ungleiche Aufteilung in ein Kernareal mit mehr oder weniger kleinen Exklaven, wie z. B. bei der Arve oder Zirbe *(Pinus cembra)* (Abb. 3a) und der Waldkiefer *(Pinus sylvestris)*.

Eine Erklärung für die Entstehung von disjunkten Arealen bietet die Relikttheorie (lat. relictum = zurückgelassen). Sie besagt, daß die Teilgebiete der Verbreitung früher einmal zusammengehangen haben. Durch Veränderung der Umweltbedingungen (z. B. Klimaänderung) sind neue, besser angepaßte Sippen eingewandert und haben den früher dagewesenen nur in bestimmten oft kleinen Gebieten eine Überlebenschance gelassen. So haben sich in den höheren Mittelgebirgen Mitteleuropas und besonders in den Alpen Pflanzenvorkommen aus der letzten Eiszeit als sog. Glazialrelikte erhalten.

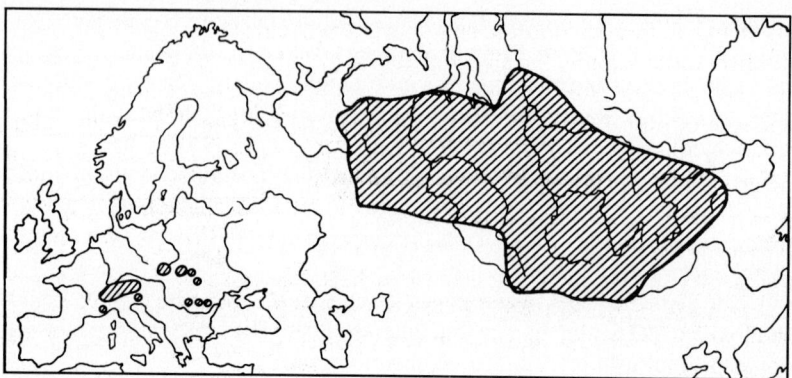

Abb. 3a: Arealverteilung der Zirbelkiefer (Pinus cembra) als Beispiel für ein disjunktes-Areal: Hauptareal in Sibirien und Exklaven in den Alpen und Karpaten sowie Vorposten bzw. Relikte (nach MEUSEL und Mitarbeiter; aus WALTER u. STRAKA 1970)

Ein Glazialrelikt in Mitteleuropa ist z. B. die Zwergbirke *(Betula nana)*, die sowohl auf den Mooren des Harzes, Erzgebirges, Bayerischen Waldes, als auch denen des Alpenvorlandes und der Alpen vorkommt. Auch durch Einwirkungen des Menschen, die zum Aussterben vieler Arten in weiten Gebieten ihres ursprünglichen Vorkommens geführt haben, kann es zur Entstehung disjunkter Areale gekommen sein.

Kosmopoliten sind Pflanzen die über die gesamte Erde verbreitet sind, d.h. sie haben Teilareale in allen Florenreichen. Während die höheren kosmopolitischen Pflanzen, wie Schilf *(Phragmites communis)*, Adlerfarn *(Pteridium aquilinum)* oder der stark stenotope Sonnentau *(Gattung Drosera)* an bestimmte Biotope gebunden sind, kommen die Ubiquisten (lat. ubique = überall) praktisch überall vor. Sie weisen keine standörtliche Bindung auf und sind sehr anpassungsfähig. Zu den Ubiquisten zählen viele Bakterien, Algen und Schimmelpilze. Eine weltweite Verbreitung ist nur bei Pflanzen möglich, deren Verbreitungsorgane (Samen und Sporen) entweder einen langen Wassertransport vertragen, wie die vieler Wasserpflanzen, besonders Algen, oder die so leicht sind, daß sie über große Entfernungen vom Wind verfrachtet werden können. Letzteres trifft vor allem für Sporenpflanzen (Bakterien, Schimmelpilze, Adlerfarn) zu. Im Vergleich zu den Kosmopoliten sind Pflanzen mit sehr begrenzten Arealen und spezifischen Umweltanpassungen jedoch in der Überzahl.

Endemiten sind Taxa, die nur in bestimmten, oft sehr begrenzten Gebieten vorkommen. Der Begriff Endemismus (griech. endemos = einheimisch, in einem bestimmten Gebiet lebend) bezieht sich damit stets auf einen bestimmten Raum, z. B. eine Insel, ein Gebirge, oft auch nur ein relativ isoliertes Tal im Gebirge oder aber auf einen isolierten Kontinent wie Australien. Es sind in jedem Fall Lebensräume, denen seit längerem ein floristischer bzw. faunistischer Austausch mit Nachbargebieten fehlt und in denen die Entwicklung des Lebens eigene Wege eingeschlagen hat. Oft sind Endemiten auch extrem stenochore Arten, was ebenfalls zu einer Beschränkung der Verbreitung führt. Bekannte Beispiele für Endemiten sind die in der Namib-Wüste des südlichen Afrikas vorkommende Welwitschie *(Welwitschia mirabilis)*, die Grasbäume der Gattung *Xanthorrhoea* sowie die Eukalyptusbäume verschiedener Species in Australien. Natürlicherweise auf Australien beschränkt, sind die Eukalypten jedoch durch den Menschen in nahezu alle tropischen und subtropischen Länder verbreitet worden. Häufen sich in einem Gebiet endemische Sippen und überlagern sich zudem ihre Areale, wie auf Inseln, in Gebirgen und sonstigen relativ isolierten Lebensräumen der Fall, dann tritt die biogeographische Eigenart des betreffenden Raumes deutlich in seinen Endemiten hervor.

Man unterscheidet Reliktendemismus und Neoendemismus. Reliktendemiten oder Palaeoendemiten (auch regressive Endemiten) sind Sippen, die in der Vergangenheit sehr viel weiter verbreitet waren, sich später auf eng begrenzte Gebiete zurückgezogen und offenbar die Fähigkeit zur Wiederausbreitung verloren haben. Zumeist sind es genetisch alte Sippen, die ohne nähere Verwandte auch systematisch eine isolierte Stellung einnehmen. Ein Beispiel ist der Ginkgobaum (*Ginkgo biloba*), eine Art, die wildwachsend nur in der chinesischen Provinz Zhjiang auftritt. Sie gehört systematisch zu einer Gruppe von Arten, die im Jura und auch im Tertiär in großer Formenmannigfaltigkeit in weiten Gebieten der Nordhalbkugel waldbildend verbreitet war. Auf Arealreduktion gehen auch die beiden kleinen natürlichen Verbreitungsgebiete des Mammutbaums (*Sequoia gigantea, Sequoia sempervirens*) in der Sierra Nevada und der nördlichen Küstenregion Kaliforniens zurück. Zu Beginn des Tertiärs war die Gattung Sequoia noch mit rund 40 Arten vertreten und kam auf der gesamten Nordhemisphäre vor, wie zahlreiche Fossilfunde in Braunkohleflözen beweisen. Ebenso ist das heute nur noch punkthafte Vorkommen von *Metasequoia glyptostroboides* zu erklären, die 1944 in der chinesischen Provinz Sichuan entdeckt worden ist. Die Gattung *Metasequoia* nimmt eine Zwischenstellung zwischen *Sequoia* und *Taxodium* (Sumpfzypresse) ein. Die übrigen Arten von *Metasequoia* sind bisher nur als Fossilien bekannt.

Neoendemiten oder progressive Endemiten sind Neuentstehungen von Pflanzenarten in einem begrenzten Gebiet. Sie machen insgesamt gesehen wohl den größten Teil der Endemiten aus. Ursache für diese Form des Endemismus kann Abgeschlossenheit, z. B. durch Gebirge oder Isolation, z. B. insulare Lage sein, weshalb es bisher zu keiner weiteren Artenverbreitung gekommen ist. Auch hohe Spezialisierung einer Pflanzenart auf bestimmte Standortbedingungen kann zu einem Verbreitungshindernis werden. So gibt

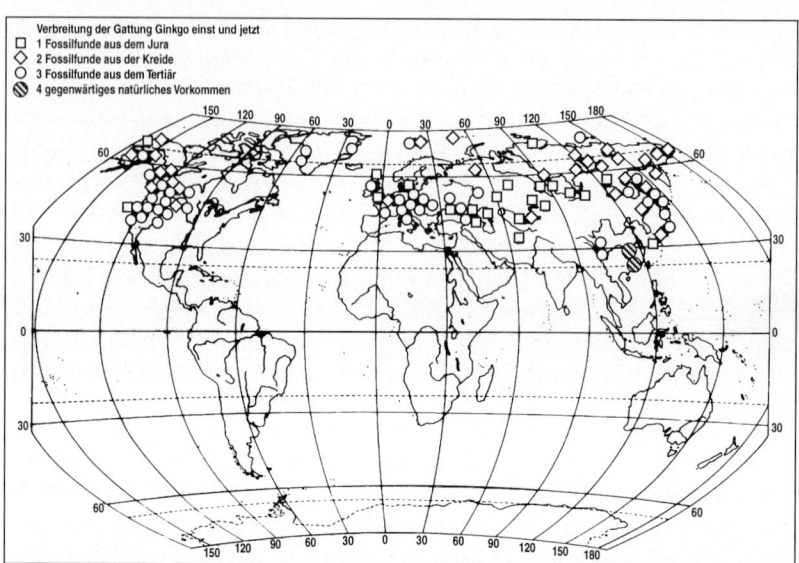

Abb. 3b: Verbreitung der Gattung Ginkgo in erdgeschichtlicher Vergangenheit und in der Gegenwart (aus FUKAREK, F. et al. 1980, S.16)

es in den Alpen rund 200 Neoendemiten, an denen besonders die Gattungen *Saxifraga, Daphne, Primula, Androsace* und *Gentiana* beteiligt sind. Das Tehuacántal, ein von feuchten Gebirgen gerahmtes Trockental im südlichen Mexiko, weist einen Endemitenanteil von 30 % in seinem Florenbestand auf (KLINK 1981). Bei Inseln hängt die Anzahl der Neoendemiten vom Alter der Abtrennung vom Kontinent und vom Grade ihrer Isolierung ab. So sind auf den Kanaren rund 45 % aller einheimischen Arten Endemiten, auf Madagaskar 56 %, auf Neuseeland 92 %, auf St. Helena 85 % und auf Hawaii 90 %. Auch auf Halbinseln können Neoendemiten entstehen, wenn die floristischen Verbindungen zum Kontinent Ausbreitungsschranken aufweisen. So sind auf der Iberischen Halbinsel etwa 27 % aller einheimischen Arten endemisch.

2.2.3   Progressive und regressive Areale

Areale sind nicht als statische Gebilde zu verstehen; sie verändern sich vielmehr ständig. Sich ausdehnende Areale werden progressive – sich verkleinernde regressive Areale genannt. Die Geschwindigkeit kann dabei recht unterschiedlich sein. Rasche Veränderungen können sich innerhalb einer oder mehrerer Generationen vollziehen, langsame benötigen für vergleichbare Veränderungen Jahrtausende.

Bei einer Arealausweitung (= Arealexpansion), wie gegenwärtig bei der Wasserpest *(Elodea canadensis)*, der Nachtkerze *(Oenothera biennis)*, dem Japanischen Staudenknöterich *(Reynoutria japonica)*, dem Riesenbärenklau *(Heracleum mantegazzianum)* oder der Fichte *(Picea abies)* erkennbar, haben sich entweder die Umweltbedingungen für diese Arten positiv verändert oder ihre bisherige reale Verbreitung ist hinter ihren potentiellen (= möglichen) Arealen erheblich zurückgeblieben. In vielen dieser Fälle werden bislang bestehende Verbreitungshindernisse dadurch überwunden, daß der Mensch Arten mit großen potentiellen Arealen unbeabsichtigt einschleppt oder bewußt einführt. Sie bekommen so eine Möglichkeit zu erneuter, oft durchaus unerwünschter Expansion wie bei Reynoutria, die einheimische Arten von ihren Standorten verdrängt. Eine erste solche Expansion hat in Mitteleuropa mit der Rodung der Wälder und der Einführung des Ackerbaus im jüngeren Neolithikum stattgefunden, als mit den Getreidesamen viele unserer Ackerunkräuter eingeschleppt wurden. Die damals sich ausbreitenden Pflanzen werden als Archäophyten (Alteinwanderer) bezeichnet. Die etwa seit der Entdeckung Amerikas bewußt oder unbewußt eingeführten und bei uns heimisch gewordenen Pflanzen hingegen nennt man Neophyten (Neueinwanderer). Besonders groß ist ihre Zahl in Städten, auf Bergbauhalden, Industriebrachen und anderen neu geschaffenen Standorten. Als spezielle Gruppe der Neophyten werden sie als Industriophyten bezeichnet. Ein in jüngster Zeit zugewanderter Neophyt ist das aus dem südlichen Afrika stammende Schmalblättrige Geiskraut *(Senecio inaequidens)*, eine Pflanze, die mit Importwolle eingeschleppt worden ist und sich bisher vor allem in Nordwestdeutschland verbreitet hat. Die ohne Einwirkungen des Menschen in einem Raum entstandenen oder dort eingewanderten Arten werden als Indigene (Adjektiv = indigen) bezeichnet.

Arealverkleinerungen (= Arealregressionen) sind vornehmlich die Folge von Umweltveränderungen, z. B. Klimaveränderungen. In jüngster Zeit allerdings sind sie hauptsächlich auf menschliche Beeinflussungen der natürlichen Umwelt zurückzuführen. Insofern sind Florenveränderungen empfindliche Indikatoren für Umweltveränderungen durch den Menschen und sollten in jedem Fall in ihren Ursachen erforscht werden.

Arealverkleinerungen und Aufsplittungen, insbesondere Verinselungen, durch die ein Genaustausch zwischen den Lebensräumen einer Art verhindert wird, sind die Ursache für die Gefährdung und das Aussterben vieler Arten.

2.2.4 Arealgrenzen und ihre Ursachen

Seit Beginn der arealkundlichen Forschung wurde versucht, Arealgrenzen mit dem Verlauf klimatischer Isolinien zu vergleichen, um Übereinstimmun-

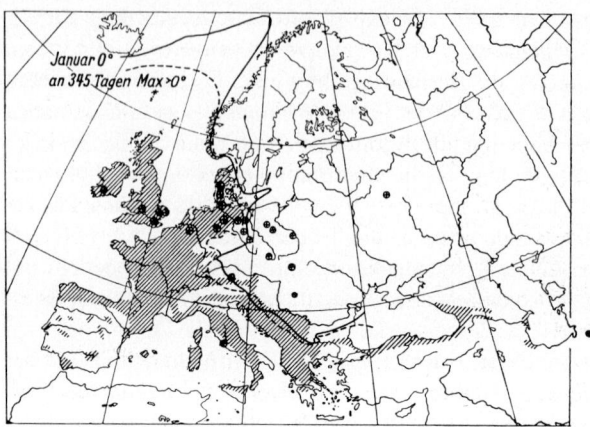

Abb. 3c: Areal der Stechpalme (Ilex aquifolium) im Vergleich mit zwei Klimalinien (0 °C Januarisotherme, östlichste Linie aller Punkte mit Temperaturmaximum > 0 °C an 345 Tagen des Jahres (aus WALTER 1979)

gen und evtl. Abhängigkeiten festzustellen, so mit Linien bestimmter Mitteltemperaturen, Niederschlagsmengen und -verteilungen oder der Dauer der Vegetationsperiode. Beispielsweise fällt die Ostgrenze des Areals der Stechpalme (Ilex aquifolium) angenähert mit dem Verlauf der 0 °C-Januarisotherme in Mitteleuropa oder besser noch mit der Linie zusammen, die alle östlichen Stationen verbindet, bei denen das Tagesmaximum an 345 Tagen im Jahr 0 °C übersteigt (Abb. 3c). Übereinstimmungen bestehen auch zwischen bestimmten Isothermen und der Nord- bzw. Ostgrenze der Fichten-, Eichen- und Buchenverbreitung (Abb. 3d).

Jedoch kann man aus der beobachteten Übereinstimmung eine unmittelbare Abhängigkeit der Arealgrenzen von den betreffenden Klimaverhältnissen nicht herleiten. Zwar kommt eine direkte Begrenzung durch klimatische Größen für die absoluten Vegetationsgrenzen gegen die Dürre- und Kältewüsten in Frage, aber bei den meisten Arealgrenzen kommt der Wettbewerbsfaktor entscheidend mit ins Spiel. Das ergibt sich schon aus der Tatsache, daß die meisten Pflanzen ihr potentielles, klimatisch begrenztes Areal nicht ausfüllen und es unter künstlichen Bedingungen, z. B. in Gärten, gelingt sie weit außerhalb ihres realen Areals zu kultivieren und zum Fruchten zu bringen.

Die natürlichen Arealgrenzen einer Art ohne Ausbreitungsschranken (Gebirge, Gewässer, Änderung ökologisch wichtiger Bodenfaktoren) verlaufen dort, wo ihre Wettbewerbsfähigkeit gegenüber den Konkurrenten durch die Umweltbedingungen so stark herabgesetzt wird, daß sie sich nicht mehr erfolgreich durchsetzen kann (WALTER 1979). Sinkt beispielsweise die Vegetationsperiode mit Tagesmittelwerten über 10 °C unter 4 Monate, dominiert die Fichte gegenüber der Eiche. Osteuropäische und boreal-kontinentale Arten wie die Waldkiefer *(Pinus sylvestris)* erreichen ihre Westgrenze im allgemeinen dort, wo sie mit den im ozeanischen Klima rascher wachsenden und dichtere Bestände bildenden westlichen Arten nicht mehr konkurrieren können. Gemäß dem Gesetz des Biotopwechsels von H.u.E. WALTER (1953, erweitert in LAUER und KLINK 1978) findet man ihre westlichen Vorposten deshalb auf trockenen bis extrem trockenen Standorten, z. B. Kalkhängen mit südlicher Exposition, südlich exponierten Felsstandorten oder Sandböden, die nur eine spärliche, lichte Vegetation zulassen. Dem Gesetz des Biotopwechsels folgen Pflanzenarten auch, wenn sie in die Höhenstufen ausweichen (Abb. 4c).

Übereinstimmungen zwischen Klimalinien bzw. solchen anderer Ökofaktoren mit Arealgrenzen vermögen allenfalls tendenzielle Hinweise auf gewisse, die Verbreitung limitierende Umweltfaktoren zu geben. Die Organismen hängen eben nicht streng kausal von bestimmten ökologischen Größen ab, sondern zeigen in ihrem ökologischen Verhalten Anpassungen an die komplexen Standortbedingungen, wobei Kompensationen bis zum gewissen Grade möglich sind. Umweltdaten (Klimagrößen und Bodendaten) vermögen deshalb zumeist nur indirekt Aussagen über die Wachstumsbedingungen zu vermitteln; eine direkte Korrelation ist nur in seltenen Fällen möglich. Das macht häufig eine Festlegung von Grenz- und Richtwerten so schwierig.

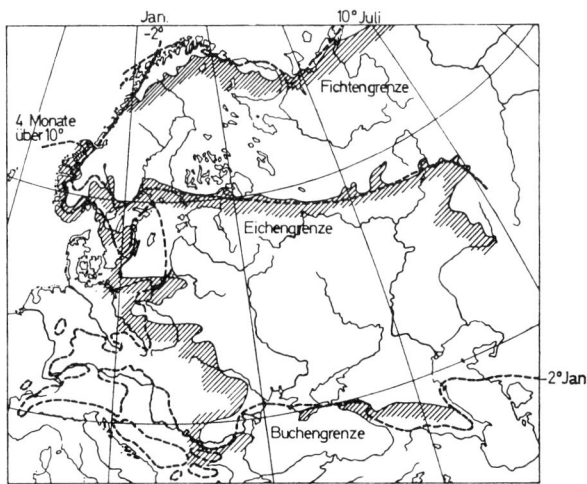

Abb. 3d: Nördliche bzw. östliche Arealgrenzen der Fichte, Eiche und Rotbuche im Vergleich mit verschiedenen Isothermen (nach WALTER 1979).

2.2.5   Arealtypen

Ein Vergleich zahlreicher Areale läßt solche erkennen, die in Lage, Größe und Form weitgehend übereinstimmen. Da derartige Übereinstimmungen wiederkehren und damit der Biosphäre eine bestimmte floristische, faunistische bzw. biotische Gliederung verleihen, geht man davon aus, daß sie sich nicht zufällig ergeben haben, sondern auf Ursachen beruhen, die für die Verbreitung der Pflanzensippen – und im weiteren Sinne der Organismen allgemein – von tieferer Bedeutung sind. Nach WANGERIN (1932) und MEUSEL (1943) werden deshalb Gruppen von Pflanzenarealen mit weitgehender Deckungsgleichheit zu Arealtypen zusammengefaßt. Sie bilden die Bausteine (Grundeinheiten) der floristischen Gliederung der Erde. Zu einem Arealtyp können die Areale von Arten, Gattungen, Familien oder höherrangigen systematischen Einheiten zusammengefaßt werden. Im Unterschied zu dem später vorgestellten Vorschlag von WALTER einer Gliederung nach Geoelementen werden die Arealtypen auf der Grundlage der Gesamtareale der Taxa gebildet und nicht nur nach den Hauptverbreitungsgebieten wie bei den Geoelementen.

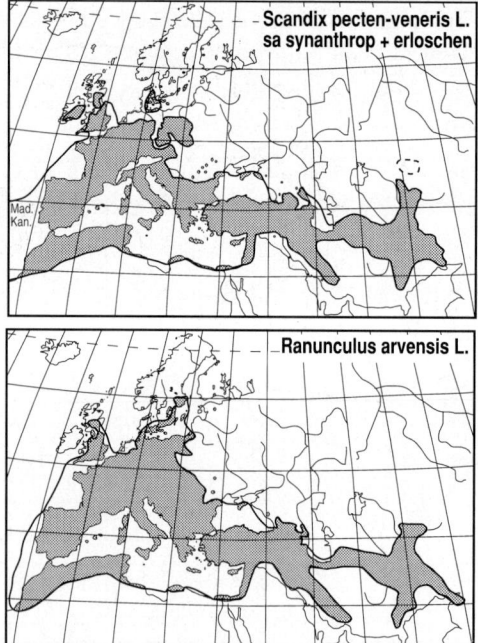

Abb. 4a: Scandix-Arealtyp (aus HOFMANN 1985)

Arealdiagnose nach MEUSEL *et al. (1978)*

Auf der Grundlage der genannten Arbeiten von WANGERIN und MEUSEL haben MEUSEL, JÄGER und WEINERT (1965, 1978) für die Flora ein System entwickelt, das die Einordnung der Arealtypen erleichtern soll. Ein über die Erdoberfläche gelegtes relativ feinmaschiges Rasternetz ermöglicht es, jedes floristische Verbreitungsgebiet in horizontaler und vertikaler Richtung fest-zulegen und zu benennen. In der horizontalen Richtung, d. h. in der Ebene, bilden die Florenreiche (vgl. S. 28ff) mit ihren Grenzen das oberste Gliede-rungsprinzip. Die feinere Differenzierung berücksichtigt sowohl das zonale Temperaturgefälle als auch das Verhältnis Ozeanität/Kontinentalität bzw. Humidität/Aridität. So werden die Florenreiche zur Berücksichtigung des Temperaturfaktors in Nord-Süd-Abfolge in die arktische (a), boreale (b), tem-perate (temp), submeridionale (sm), meridionale (m), boreosubtropische (b-subtrop) und tropische (t) Florenzone gegliedert; zum Südpol hin folgen die austrosubtropische (austrosubtropisch), australe (austr) und antarktische (antarkt) Zone. Sie entsprechen der boreosubtropischen, der meridionalen bis temperaten bzw. der borealen bis arktischen Florenzone der Nordhalbkugel.

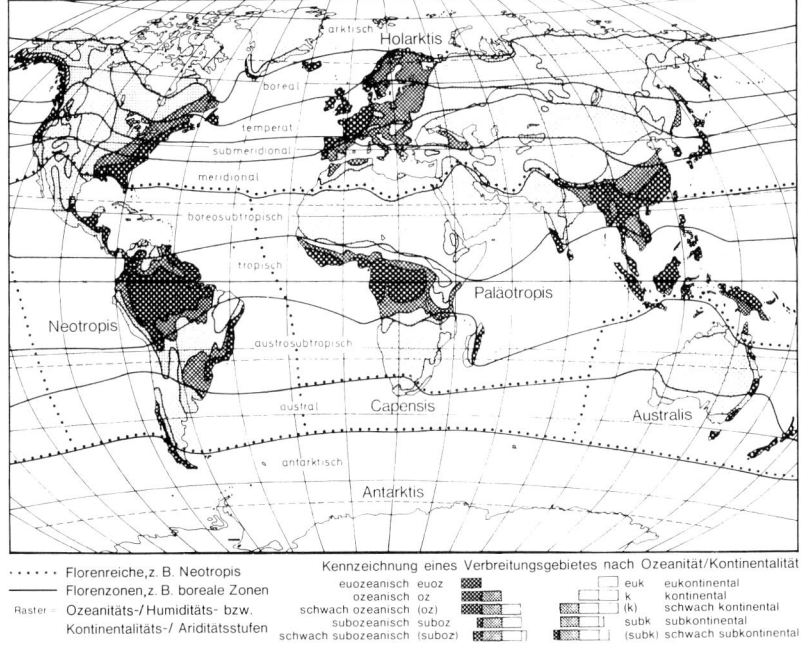

Abb. 4b: Grobraster zur räumlichen Einordnung und Benennung der Areale in der Ebene (nach MEUSEL, JÄGER, RAUSCHERT, WEINERT *1978 aus* HOFMANN *1985)*

Die Feuchte und der Temperaturverlauf werden durch Einheiten gestufter Ozeanität/Kontinentalität bzw. Humidität/Aridität innerhalb der Arealtypengürtel berücksichtigt (Abb. 4b, Legende).

Bezeichnende Florenelemente in höheren Breiten gelegener Arealtypengürtel besitzen oft kleinere Areale in den Höhenstufen der Gebirge niederer Breiten. So finden sich charakteristische Arten des arktischen Gürtels, der im wesentlichen der Tundra entspricht, auch in den Alpen und Karpaten oberhalb der Waldgrenze sowie teilweise auch in hohen Mittelgebirgen wie dem Riesengebirge. Sie bilden zusammen das arktisch-alpine Florenelement.

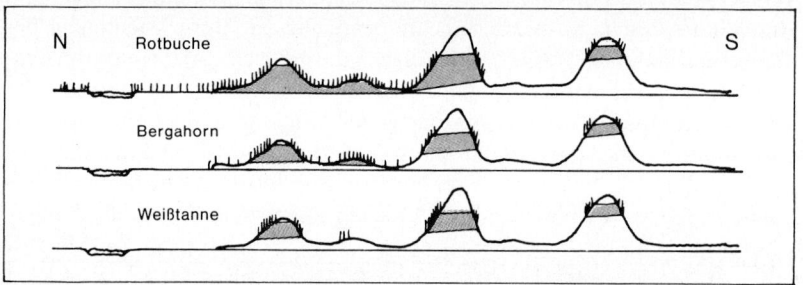

Abb. 4c: Schema zur vertikalen Verbreitung dreier mitteleuropäischer Baumarten in verschiedenen Höhenstufen im Süd-Nord-Gefälle. Die Rotbuche bildet in den Südalpen teilweise im Verein mit der Weißtanne die obere Waldgrenze (nach MEUSEL 1943)

In der vertikalen Richtung werden die Areale der planaren, kollinen, montanen, alpinen und nivalen Stufe zugeordnet. Diese Höhenstufen können durch die Beifügung hoch-, mittel- und nieder- weiter differenziert werden (Abb. 7). Für Höhenbereiche weniger deutlicher Merkmalsausprägung wird außerdem der Zusatz sub (=untergeordnet) verwendet, z. B. submontan, subalpin. Alpin bezieht sich dabei nicht nur auf das Verbreitungsgebiet der Alpen, sondern kennzeichnet allgemein eine charakteristische Hochgebirgsvegetation mit bestimmten floristischen Elementen und Lebensformen.

Diese Stufen lassen sich nur regional durch absolute Höhenangaben kennzeichnen, weil die ihnen entsprechende Vegetation in Abhängigkeit von der großklimatischen Lage und der regionalklimatischen Situation in ganz verschiedenen Höhenbereichen vorkommen kann. So findet sich nach MEUSEL, JÄGER, WEINERT (1965) die subalpine Stufe auf der Nordhalbkugel zwischen dem 60. und 23. Breitenkreis in

Südnorwegen in	800-1000 m NN
den Nördlichen Kalkalpen	1600-1900 m NN
im Mittleren Atlasgebirge	2500-3000 m NN
im südwestchinesischen Jünnangebirge	3600-4200 m NN

Allgemein wirkt Ozeanität des Klimas herabdrückend auf die Höhenstufen, während sie mit zunehmender Kontinentalität ansteigen.

Die Einordnung der Areale in das dreidimensionale Rastersystem nach MEUSEL, JÄGER, WEINERT (1965; 1978) wird als Arealdiagnose bezeichnet.

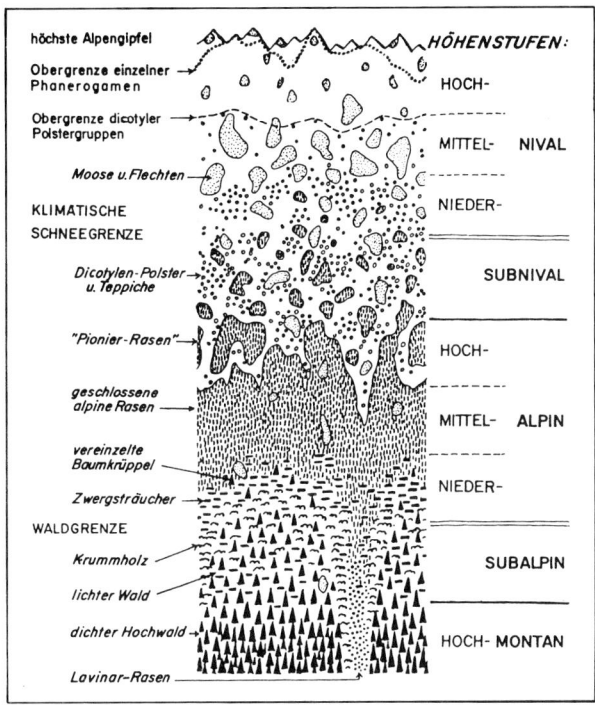

Abb. 4d: Höhenstufen der Vegetation in den Nordalpen

2.2.6 Geoelemente nach WALTER

Ein etwas anderer Weg, der inzwischen breite Akzeptanz gefunden hat, wurde von H. WALTER (1954, 1970) beschritten. Er geht bei der Ordnung der Arealvielfalt von der Übereinstimmung der zentralen Hauptverbreitungsgebiete aus. Die Randgebiete, in denen die Areale ausfransen und untypisch werden, bleiben bei dieser Methode außer acht. Gruppen von Pflanzen oder/und Tierarten, deren Hauptverbreitungsgebiete weitgehend kongruent sind und die sich gleichzeitig in regionaler Hinsicht deutlich von anderen Gruppen abheben, werden zu Geoelementen zusammengefaßt. So bilden alle Pflanzenarten, die ihren Verbreitungsschwerpunkt im westlichen Küstenbereich Europas

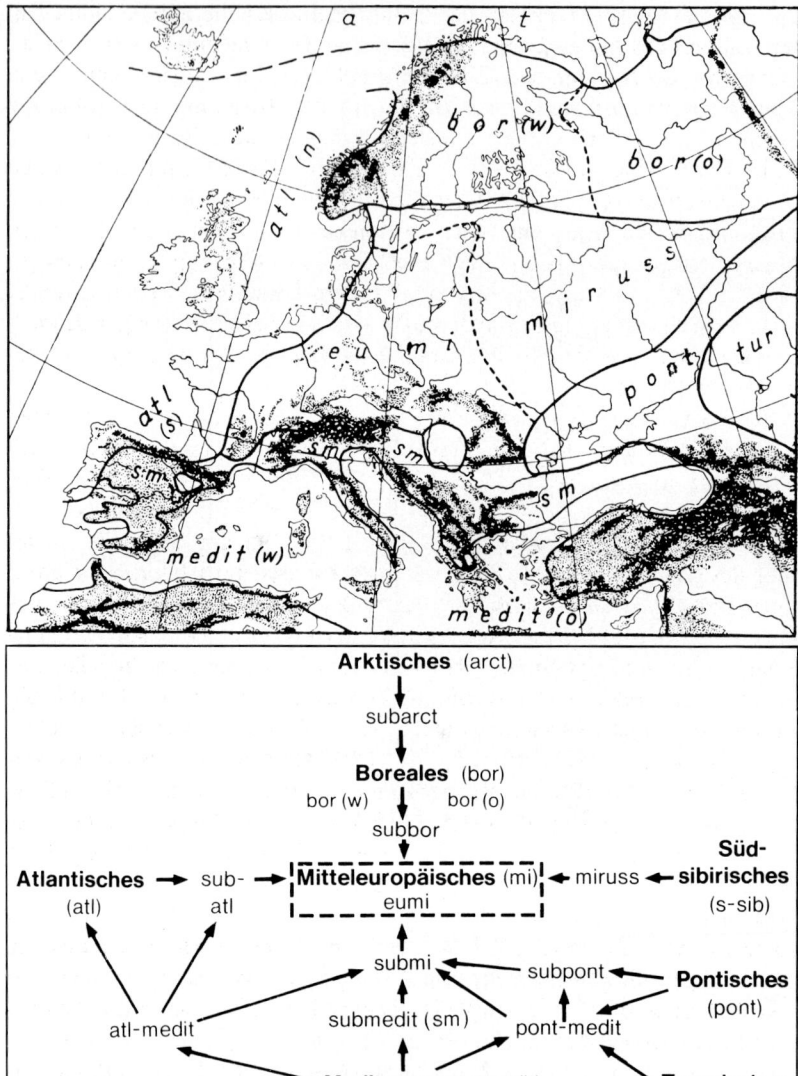

Abb. 5a: Verbreitung der wichtigsten Geoelemente Europas (nach WALTER 1979). Die Gebirge sind bei der floristischen Gliederung nicht berücksichtigt. Ohne Signatur: Trockengebiet in Ungarn mit pontisch-pannonischen Elementen sowie in NE-Spanien mit Halbwüstencharakter und z. T. nordafrikanischen Elementen. Bedeutung der Abkürzungen s. S. 37ff.
Abb. 5b: Geoelemente, die nach Mitteleuropa einstrahlen und Anteil an der mitteleuropäischen Flora haben (nach WALTER, H. 1979, aus: HOFMANN, M. 1985, S. 28).

einschließlich Großbritannien und Irlands haben, das atlantische Geoelement, jene mit mitteleuropäischer Hauptverbreitung das mitteleuropäische Geoelement usw.. Da eine derartige Zuordnung auch für Tiere sowie Pflanzen und Tiere vorgenommen werden kann, werden zur Präzisierung noch Adjektive hinzugefügt wie floristische-, faunistische- und biotische Geoelemente.

In Abb. 5a sind die Areale der von WALTER für Europa herausgearbeiteten Geoelemente dargestellt. Von Bedeutung sind bei dieser Gliederungsmethode insbesondere die Arten mit starker regionaler Bindung und engbegrenzten Arealen (stenochore Arten); Nachteile hat sie bei solchen, die in mehreren Florengebieten vorkommen (eurychore Arten). Kosmopoliten können hierbei nicht berücksichtigt werden. Arten bzw. deren Areale, die weniger deutlich einem der dargestellten Geoelemente zuzuordnen sind, werden als Subelemente bezeichnet.

In den meisten Verbreitungsgebieten, so auch in Mitteleuropa, kommen nicht ausschließlich Vertreter des einen Geoelementes vor, sondern auch Arten, die in benachbarten Gebieten ihre Hauptverbreitung haben. Dies ist eine Folge der gegenwärtigen klimatischen – vor allem geländeklimatischen-, edaphischen-, hydrographischen- und topographischen Differenzierung des Landes sowie auch der historisch-genetischen Entfaltung der jeweiligen Taxa. So kommen in Nordwestdeutschland hauptsächlich Vertreter des atlantischen Geoelementes vor, während in Südwestdeutschland vor allem Pflanzen des submediterranen Geoelementes eingestreut sind. Im subkontinental getönten Klima Südost- und Ostdeutschlands gesellen sich vorrangig Vertreter des pontischen bzw. mittelrussischen Geoelementes dem mitteleuropäischen hinzu. Die Vertreter der jeweils einstrahlenden Geoelemente ziehen sich dabei auf solche Standorte zurück, in denen kleinräumlich ähnliche ökologische Bedingungen ausgebildet sind wie in den Hauptverbreitungsgebieten. J. und E. WALTER (1953) haben dieses ökologische Verhalten durch das „Gesetz der relativen Standortskonstanz oder des Biotopwechsels" zum Ausdruck gebracht. In kurzer Form besagt es: Eine Art beschränkt sich an den Rändern ihres Verbreitungsgebietes auf die Standorte, an denen ähnliche Bedingungen herrschen wie im Hauptverbreitungsgebiet. Eine schematische Übersicht über die wichtigsten aus benachbarten Gebieten nach Mitteleuropa einstrahlenden Geoelemente bietet die Abb. 5b.

Durch eine prozentuale Aufschlüsselung der in einem Raum vorkommenden Geoelementvertreter erhält man ein Geoelementspektrum des jeweiligen Untersuchungsgebietes. Infolge ungenauer Terminologie werden derartige Geoelementspektren z. T. auch als Arealtypenspektren bezeichnet, obwohl ihnen strenggenommen keine Arealtypen, d. h. keine nach Größe, Form und Lage gleichartigen Gesamtareale zugrundeliegen, worauf HOFMANN 1985 aufmerksam macht. Die Geoelementspektren bieten in jedem Fall Ansatzpunkte für eine ökologische Raumbewertung.

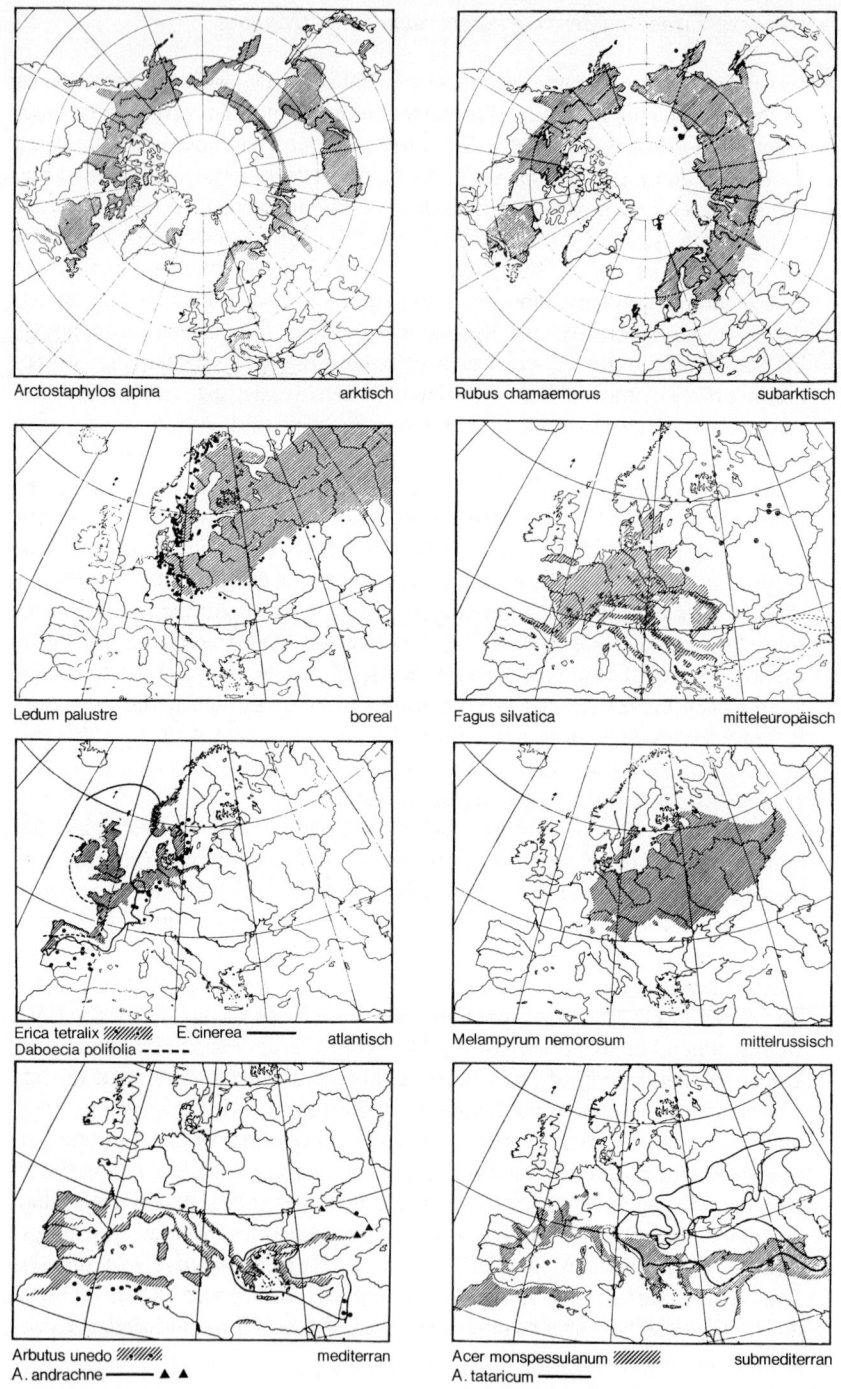

Abb. 5c: Vertreter europäischer Geoelemente (nach WALTER 1954, aus HOFMANN 1985).

Auch für die Verbreitung der Geoelemente in der Vertikalen lassen sich Höhenstufen unterscheiden: die planare oder basale, die kolline, montane, alpine und nivale Höhenstufe. Die Übergänge zwischen den verschiedenen Stufen werden als Subelemente gekennzeichnet und durch die submontane, subalpine, subnivale Stufe zum Ausdruck gebracht. Da Geoelemte der weiter polwärts gelegenen Arealgürtel teilweise in den Höhenstufen der weiter äquatorwärts gelegenen Gebirge auf kleinen Arealen wiederkehren, wird dies jeweils durch eine Doppelbezeichnung zum Ausdruck gebracht. Von besonderer Bedeutung für Europa ist das arktisch-alpine Geoelement; d. h. typische Pflanzenarten der arktischen Tundra haben infolge der postglazialen Arealreduktion noch kleine Verbreitungsgebiete in der alpinen Stufe der Alpen sowie teilweise auch der Karpaten und in hohen, über die Waldgrenze aufragenden Mittelgebirgen wie dem Riesengebirge. Typischen Pflanzen mit arktisch-alpiner Verbreitung sind z. B. Gletscher-Hahnenfuß *(Ranunculus glacialis)*, Alpen-Miere *(Minuartia gerardii)*, Alpen-Bärentraube *(Arctostaphylos alpinus)* und Alpen-Bärlapp *(Diphasium alpinum L. = Lycopodium alpinum L.)*.

Bei den verschiedenen Autoren und in den verschiedenen Florenwerken finden sich abweichende Abgrenzungen der Florengebiete. Auch sind unterschiedliche Bezeichnungen gebräuchlich, so neben Geoelemente, Florenelemente und pflanzengeographische Elemente.

Für Europa beschreibt und charakterisiert WALTER (1979) die folgenden Geoelemente:

1. Arktisches Geoelement (abgekürzt: arct)
Das Arktische Geoelement umfaßt die Arten mit Hauptverbreitung in der baumlosen Tundra. Viele davon gehen jedoch bis weit in die Nadelwaldzone hinein, wo sie aber hauptsächlich auf edaphischen Sonderstandorten, wie Mooren, anzutreffen sind (subarktische Elemente). Viele haben außerdem Teilareale in den entsprechenden Vegetationsformationen der Gebirge weiter südlicher Breiten Europas, insbesondere in den Alpen und Karpaten, aber auch bereits im Riesengebirge kommen verschiedene vor (arktisch-alpine Geoelemente). Diese Arten brauchen für ihre Entwicklung nur eine sehr kurze Vegetationsperiode mit Tagesmitteln unter 10 °C, bzw. sind sie nur unter diesen Bedingungen konkurrenzfähig. Keine der arktischen Arten reicht ins mitteleuropäische Tiefland bzw. in die niederen Mittelgebirge. Von den subarktischen seien die Zwergbirke *(Betula nana)* und die Moltebeere *(Rubus chamaemorus)* genannt, die beide in Mitteleuropa vorkommen (Harz und Alpenvorland). Arktisch-alpine Arten sind vor allem in den Alpen vertreten, z.B. Krautweide *(Salix herbacea)*, Gletscherhahnenfuß *(Ranunculus glacialis)*, Alpen-Gänsekresse *(Arabis alpina)*, Silberwurz *(Dryas octopetala)*, Gamsheide *(Loiseleuria procumbens)*, Schnee-Enzian *(Gentiana nivalis)* u. a.

2. Boreales Geoelement (bor)

Die dazu gehörenden Pflanzenarten sind Bestandteile der ausgedehnten Nadelwaldzone, die sich von Skandinavien über das nördliche Rußland bis Ost-Sibirien erstreckt. Charakterbaum in Nordeuropa ist die Fichte *(Picea abies)*, deren Hauptareal westwärts über die Memel bis zur Weichselmündung reicht. Mit Teilarealen kommt sie jedoch in allen höheren Gebirgen Mittel- und Südosteuropas vor. Auch die kontinentalere Lärche *(Larix decidua)* und die Arve oder Zirbe *(Pinus cembra)* kommen vornehmlich an der Waldgrenze in den Zentralalpen und Karpaten vor. Viele boreale oder genauer subboreale Arten reichen weit nach Süden und sind in Mitteleuropa häufig, so Waldkiefer *(Pinus sylvestris)*, Eberesche *(Sorbus aucuparia)*, Espe *(Populus tremula)* oder die in Mitteleuropa geläufigen Birken *(Betula pubescens, B. carpatica)*. Beispiele für nichtbaumförmige sind Frauenfarn *(Athyrium filix-femina)*, Schachtelhalme der Gattung Equisetum, Sumpfdotterblume *(Caltha palustris)*, Seerose *(Nymphea alba)*, Wald-Storchschnabel *(Geranium sylvaticum)*, Arnika *(Arnica montana)* und vor allem Zwergsträucher der Gattung Vaccinium. Der Sumpfporst *(Ledum palustre)* hingegen gehört mehr zu den Arten mit boreal-östlicher Verbreitung (bor(o)); er reicht jedoch nach Mitteleuropa hinein, ungefähr bis zur Elbe.

3. Mitteleuropäisches Geoelement (eumi, submi)

Es sind die Arten des Laubmischwaldkeils, der von der Westküste Europas bis zum Ural reicht. Ihr Hauptverbreitungsgebiet haben sie in Mitteleuropa. Nach Westen reichen die meisten bis zur atlantischen Küste, nach Osten dagegen verschieden weit.

Die mitteleuropäischen Arten im engeren Sinne (eumi) machen schon an der Grenze zu Osteuropa halt, so Rotbuche *(Fagus sylvatica)* und Eibe *(Taxus baccata)*. Aber auch Traubeneiche *(Quercus petraea)*, Bergahorn *(Acer pseudoplatanus)*, Sommerlinde *(Tilia platyphyllos)*, Vogelkirsche *(Prunus avium)* und Efeu *(Hedera helix)* überschreiten diese Grenze nur wenig. Häufige mitteleuropäische Kräuter sind Aronstab *(Arum maculatum)*, Bärlauch *(Allium ursinum)*, Hohler Lerchensporn *(Corydalis cava)* und Herbstzeitlose *(Colchicum autumnale)* u.a.

Dagegen umfaßt das Areal der mitteleuropäischen Geoelemente im weiteren Sinne (submi) noch ganz Mittelrußland bis zur Wolga und z.T. bis zum Ural. Etwa bis zum Dnjepr reicht die Hainbuche *(Carpinus betulus)*, fast bis zur Wolga die Esche *(Fraxinus excelsior)* und bis zum Ural und teilweise sogar etwas darüber hinaus die Stieleiche *(Quercus robur)*. Von bekannten Sträuchern gehören zu diesem Geoelement Hundsröschen *(Rosa canina)*, Haselnußstrauch *(Corylus avellana)*, Pfaffenhütchen *(Euonymus europaea)* und Holunder *(Sambucus)*, von bekannten krautigen Arten Glatthafer *(Arrhenatherum elatius)*, Sternmiere *(Stellaria holostea)*, Haselwurz *(Asarum europaeum)*, Buschwindröschen *(Anemone nemorosa)*, Scharbockskraut *(Ficaria verna)*, Lungenkraut *(Pulmonaria officinalis)*, Waldmeister *(Galium odoratum)* und viele andere.

4. Atlantisches Geoelement (atl)

Zu dieser Gruppe gehören die Arten, die an ein ozeanisches Klima gebunden sind; jedoch läßt sich in dieser Beziehung eine deutliche Abstufung der Ansprüche beobachten. Die extremsten atlantischen Arten wie *Daboecia cantabrica* fehlen in Mitteleuropa und von der Grauheide *(Erica cinerea)* gibt es nur wenige Fundorte. Die durchschnittlichen atlantischen Arten sind von den Küsten Mittelnorwegens bis nach Portugal verbreitet und beschränken sich dabei auf den nordwestlichen bzw. westlichen Rand Europas. Hierzu zählen die Glockenheide *(Erica tetralix)*, Beinbrech *(Narthecium ossifragum)*, Gagelstrauch *(Myrica gale)* u. a.

Für Mitteleuropa wichtiger sind die subatlanischen (subatl) Arten, die schon mehr zu den mitteleuropäischen (eumi) überleiten, z. B. Erdbeer-Fingerkraut *(Potentilla sterilis)*, Besenginster *(Sarothamnus scoparius)*, Schönes Johanniskraut *(Hypericum pulchrum)*, Roter Fingerhut *(Digitalis purpurea)*, Wald-Geißblatt *(Lonicera periclymenum)* u. a.. Die Ostgrenzen dieser Arten verlaufen quer durch Mitteleuropa, in dessen östlichem Teil die meisten bereits fehlen.

Eine besondere Gruppe bilden die atlantischen Arten, die in Westeuropa bis Süd-Norwegen verbreitet sind und auf hinreichend feuchten Standorten auch noch im nördlichen Mediterrangebiet vorkommen (atl-medit); hierzu gehören Stechpalme *(Ilex aquifolium)*, Königsfarn *(Osmunda regalis)*, Nießwurz *(Helleborus foeditus)*, Gewöhnliche Schlüsselblume *(Primula vulgaris)* u. a.. Sie leiten zu den eigentlich mediterranen Geoelementen über.

5. Mediterranes Geoelement (medit)

Hierzu rechnen die Pflanzen der Hartlaubzone des Mittelmeergebietes wie Steineiche *(Quercus ilex)*, Ölbaum *(Olea europaea)*, Erdbeerbaum *(Arbutus unedo)*, Pinie *(Pinus pinea)*, Baumheide *(Erica arborea)*, Cistrose *(Cistus salviifolius)*, Lavendel *(Lavendula stoechas)*, Oleander *(Nerium oleander)* u. a.. Sie vertragen keine kalten Winter und fehlen deshalb in Mitteleuropa. In der wildlebenden Flora Mitteleuropas spielen nur submediterrane nichtimmergrüne Arten eine gewisse Rolle, so an den Hängen des Rhein-Mosel-Tals und den Rändern des Oberrheingrabens, wie Flaumeiche *(Quercus pubescens)*, Elsbeere *(Sorbus torminalis)*, Felsahorn *(Acer monspessulanum)*, Cornelkirsche *(Cornus mas)*, Waldrebe *(Clematis vitalba)* sowie die hauptsächlich angepflanzten Buchs *(Buxus sempervirens)* und Edelkastanie *(Castanea sativa)*.

6. Pontisches Geoelement (po)

Das Pontische Geoelement wird von Arten der osteuropäischen Steppenzone gebildet, in der zwar die Sommer heiß und trocken, die Winter aber im
Gegensatz zum mediterranen Klimagebiet kälter sind als in Mitteleuropa. Es
lassen sich Arten der trockenen südlichen Federgrassteppe von solchen der
weniger trockenen nördlichen Wiesensteppen unterscheiden. Aus den trockenen Federgrassteppen dringen nur sehr wenige nach Mitteleuropa vor, z. B.
Frühlings-Adonisröschen *(Adonis vernalis)*, Ungarische Platterbse *(Lathyrus
pannonicus)*, Gelber Lein *(Linum flavum)*, Kalk-Aster *(Aster amellus)*, Vio-
lette Königskerze *(Verbascum phoeniceum)* und einige andere. Die Gruppe
aus den nördlichen Wiesensteppen hingegen ist sehr viel größer, z. B. Großes
Windröschen *(Anemone sylvestris)*, Weißes Fingerkraut *(Potentilla alba)*,
Steppen Spierstaude *(Filipendula vulgaris)*, Schlehe *(Prunus spinosa)*, Berg-
klee *(Trifolium montanum)*, Schneckenklee *(Medicago falcata)*, Bunte Kron-
wicke *(Coronilla varia)*, Aufrechter Ziest *(Stachys recta)*, Mehlige Königskerze *(Verbascum lychnitis)*, Ähriger Ehrenpreis *(Veronica spicata)*, Färber-
Meister *(Asperula tinctoria)* u.a.

7. Südsibirisches Geoelement (s-sib)

Das Südsibirische Geoelement wird von Pflanzen gebildet, die im Gürtel
der lichten Birkenhaine beheimatet sind, der zwischen dem borealen Nadelwald und den Steppen eingeschaltet ist, z. B. Fieder-Zwecke *(Brachypodium
pinnatum)*, Türkenbund-Lilie *(Lilium martagon)*, Salomonssiegel *(Polygona-
tum officinale)*, Helm-Knabenkraut *(Orchis militaris)*, Finger-Küchenschelle
(Pulsatilla patens), Heide-Segge *(Carex ericetorum)*, Dänischer Tragant
(Astragalus danicus), Warzen-Birke *(Betula verucosa)*, Faulbaum *(Frangula
alnus)*, Seidelbast/Kellerhals *(Daphne mezereum)*, Große Schlüsselblume
(Primula elatior), Kleine Pimpernelle *(Pimpinella saxifraga)* u. a.

8. Turanisches Geoelement (tur)

Das Turanische Geoelement besteht aus Arten mit Verbreitungsschwerpunkt in den aralokaspischen Halbwüsten. Sie kommen in Mitteleuropa
zumeist auf Spezialstandorten wie Salzböden im Meeresküstenbereich, z. B.
Salz-Beifuß *(Artemisia maritima)*, Europäischer Queller *(Salicornia europaea)*, Sanddorn *(Hippophae rhamnoides)*, Kali-Salzkraut *(Salsola kali)* und
halophile Artriplex-Arten.

2.2.7   *Florenräumliche Gliederung der Erde – die Florenreiche*

Die ranghöchsten floristischen Einheiten sind die Florenreiche. Ihre Ausgliederung ist das Ergebnis jahrzehntelanger, weltweiter pflanzengeographischer

Studien. Hier seien nur die späteren Zusammenfassungen in den Lehrbüchern von DIELS/MATTICK (1958), GOOD (1964) und TAKHTAJAN (1986) genannt. Die Florenreiche sind die floristischen Verbreitungsgebiete mit der ausgeprägtesten Unterschiedlichkeit, d. h. mit dem stärksten Florenkontrast. Auch hier ergibt sich eine hierarchische Ordnung, die sich nach der Stärke des Florenkontrastes richtet. So folgen mit abnehmendem Florenkontrast auf die Florenreiche die Florenregionen, Florenprovinzen und Florenbezirke (MEUSEL, JÄGER, WEINERT 1965). Sollen floristische oder faunistische Verbreitungsräume unabhängig von ihrer hierarchischen Einordnung gekennzeichnet werden, spricht man von Floren- bzw. Faunengebieten.

Ausschlaggebend für die Grenzziehung zwischen zwei Florengebieten und deren hierarchische Einordnung ist die Stärke des Florenkontrastes oder das Florengefälle.

Florenkontrast = Zahl a der Arten, Gattungen, Familien, die in einem Gebiet A vorkommen und im benachbarten Gebiet B nicht, sowie die Zahl b der Arten usw., die in B vorkommen und in A nicht. Daraus folgt: Florenkontrast = a + b.

Florengefälle = Florenkontrast auf 100 km Strecke.

Bei einer korrekt durchgeführten florenräumlichen Gliederung ist das Florengefälle an den Grenzen der Florengebiete steil, während ein solches innerhalb der Florengebiete möglichst nicht auftreten sollte.

Bestimmend für die hierarchische Gliederung von Florenbezirken bis zu Florenreichen ist nicht die Größe der Räume (vgl. unterschiedliche Größe der Florenreiche Abb. 6), sondern ob sich die Flora der verglichenen Gebiete nur durch Sippen niederer Rangordnung wie Varietäten, Unterarten oder Arten von Nachbargebieten unterscheidet oder durch Sippen höherer Rangordnung wie Gattungen und Familien. Von Bedeutung ist außerdem die Zahl der einem Florengebiet eigenen Endemiten (insbesondere Reliktendemiten). So zeichnet sich das australische Floren- und Faunenreich infolge seiner langen erdgeschichtlichen Isolierung – es ist Teil des auseinandergebrochenen alten Gondwana Kontinentes – durch besonders viele endemische Pflanzen- und Tiersippen aus.

Die heute allgemein anerkannte Gliederung der Landflora in sechs Florenreiche (Abb. 6) geht auf die von ENGLER (1872, 1882), DRUDE (1884, 1890) und DIELS (1908) erarbeiteten Grundlagen zurück. Außerdem läßt sich die gesamte Meeresflora in einem ozeanischen Florenreich zusammenfassen (nach MATTICK in MELCHIOR 1964). Es ergeben sich so insgesamt sieben Florenreiche:

1) Das holarktische Florenreich oder die Holarktis
2) Das palaeotropische Florenreich oder die Palaeotropis
3) Das neotropische Florenreich oder die Neotropis
4) Das australische Florenreich oder die Australis

5) Das kapländische Florenreich oder die Capensis
6) Das antarktische Florenreich oder die Antarktis
7) Das ozeanische Florenreich.

Die Florenreiche spiegeln die erdgeschichtliche Entwicklung wider. Bereits in der Unterkreide haben sich die beiden Südkontinente Afrika und Südamerika voneinander getrennt, wobei sich der Südatlantik geöffnet hat. Jedoch hat noch bis in die Zeit der mittleren Kreide eine Landverbindung im Bereich des Golfs von Guinea bestanden, so daß bis zu dieser Zeit ein gewisser Florenaustausch wahrscheinlich ist. Die Nordkontinente haben dagegen noch bis ins Tertiär (Miozän) eine Landverbindung gehabt, so daß zumindest bis zu dieser Zeit ein Austausch von Florenelementen stattgefunden hat. Außerdem hat es auch noch im Pleistozän eine Landverbindung im Gebiet der heutigen Beringstraße gegeben.

Während für den außertropischen Teil der Nordhalbkugel nur ein einziges erdumspannendes Florenreich, die Holarktis, ausgewiesen worden ist, ergibt sich auf dem Globus südwärts eine zunehmende Differenzierung der Flora. Die Tropen weisen bereits eine Zweiteilung in ein paläotropisches und ein neotropisches Florenreich, Palaeotropis und Neotropis, auf. Im weitgehend außertropischen Bereich der Südhalbkugel werden sogar drei Florenreiche unterschieden, Australis, Capensis und Antarktis, die untereinander wiederum engere Beziehungen aufweisen als zu den übrigen Florenreichen.

1. Holarktisches Florenreich (Holarktis)

Es erstreckt sich über die gesamte Nordhalbkugel mit Ausnahme seines tropischen Anteils und bildet das größte unter den Florenreichen. Es läßt sich in die altweltliche (Palaearktis) und die neuweltliche Florenregion (Nearktis) gliedern. Die Unterschiede zwischen den Regionen sind gering und – soweit vorhanden – hauptsächlich auf die Kaltzeiten des Pleistozäns zurückzuführen. So haben sie in Europa eine floristische Verarmung im Vergleich zu Amerika und Ostasien verursacht.

Die Holarktis ist ein floristisch relativ einheitliches Gebiet. Familien wie die *Apiaceae (= Umbelliferae), Brassicaceae (= Cruciferae), Betulaceae, Caryophyllaceae, Primulaceae, Ranunculaceae, Rosaceae* und *Salicaceae* haben darin ihren Verbreitungsschwerpunkt. Die relative Einheitlichkeit der Holarktis äußert sich jedoch darin, daß nicht nur Familien, wie die *Aceraceae*, und Gattungen, wie *Betula*, in großen Teilen des gesamten Raumes verbreitet sind, sondern auch Arten wie *Athyrium filix-femina* (Frauenfarn), *Equisetum arvense* (Ackerschachtelhalm), *Cardamine pratensis* (Wiesen-Schaumkraut) und *Zostera marina* (Gewöhnliches Seegras). Typisch holarktisch sind auch die zu den *Pinaceae* gehörenden Gattungen *Abies, Larix, Picea* und *Pinus*. Die *Fagaceae* haben zusammen mit anderen auf der Nordhalbkugel vertretenen Familien ein bipolares Areal; so tritt die Gattung *Fagus* mit mehreren

Teilarealen auf der Nordhalbkugel auf und die Gattung *Nothofagus* auf der Südhalbkugel.

2. Palaeotropisches Florenreich (Palaeotropis)

Die Palaeotropis umfaßt die altweltlichen Tropen und Teile der Subtropen und ist, obwohl an Fläche nur das zweitgrößte Florenreich, das an Pflanzenarten reichste. Afrika gehört mit Ausnahme des nördlichen Sahararandes und des Kaplandes dazu, außerdem das gesamte Südasien bis an die Grenze der Holarktis sowie Ozeanien. Innerhalb der Paläotropis lassen sich drei Florenregionen unterscheiden, die jeweils durch endemische Familien gekennzeichnet sind: die Afrikanische, die Indomalayische und die Polynesische Florenregion, auch als Unterreiche bezeichnet (WALTER 1979).

Von den auf beiden tropischen Kontinenten verbreiteten (pantropischen) Familien sind die *Cycadaceae, Ebenaceae, Moraceae* und *Zingiberaceae* in der Palaeotropis mit mehr Arten vertreten als in der Neotropis. Als spezifisch palaeotropische Familien gelten die *Dipterocarpaceae, Nepenthaceae, Pandanaceae, Ancistrocladaceae, Balsaminaceae* und die *Combretaceae*. Bezeichnend für die Palaeotropis ist außerdem die starke Verbreitung von stammsukkulenten *Euphorbiaceae*, die hier in den Trockengebieten das Gegenstück zu den *Cactaceae* der Neotropis bilden. Charakteristisch für die altweltlichen Tropen sind ferner die Gattungen *Andropogon, Artocarpus, Panicum* und *Sanseveria;* in Afrika endemisch sind *Aloë* und *Dracaena*. Sie sind hier konvergente Arten zu den in Mittelamerika heimischen Gattungen *Agave* und *Yucca*.

3. Neotropisches Florenreich (Neotropis)

Die Neotropis umfaßt die Tropen und Teile der Subtropen der Neuen Welt. Sie bezieht daher den größten Teil des südamerikanischen Kontinents und der mittelamerikanischen Landbrücke mit Ausnahme des Hochlandes von Mexiko ein. Außer den zahlreichen Familien, die das neotropische Florenreich mit dem palaeotropischen gemeinsam hat – in beiden Florenreichen kommen z. B. die Familien der *Palmaceae, Araceae, Lauraceae, Hymenophyllaceae* und *Euphorbiaceae* vor -, zeichnet sich die Neotropis durch eine Reihe endemischer Familien aus: *Tropaeolaceae* (Kapuzinerkresse), *Bromeliaceae, Marcgraviaceae* und *Cactaceae*. Die Zuletztgenannten sind allerdings mit wenigen Arten der Gattung *Rhipsalis* auch auf Madagaskar und dem afrikanischen Festland vertreten. Auf der Gattungsstufe seien nur die wichtigen ausschließlich neotropischen Gattungen *Agave* und *Yucca* genannt.

40 % aller in den Tropen verbreiteten Gattungen beschränken sich auf die Neue Welt, 47 % kommen nur in der Alten Welt vor und nur 13 % sind in beiden tropischen Florenreichen zu finden. Der große Reichtum an Endemiten innerhalb der Neotropis – allein in Brasilien soll es nach SCHUBERT (1979)

12 000 endemische Arten geben – berechtigt zur Gliederung dieses Florenreiches in mehrere Florenregionen. Aus der Neotropis stammen viele Kulturpflanzen, u. a. Ananas *(Ananas sativus)*, Gartenbohne *(Phaseolus vulgaris)*,
Kakao *(Theobroma cacao)*, Mais *(Zea mays)*, Kürbis *(Cucurbita moschata)*,
Kartoffel und Tabak *(Solanaceae)*.

4. Australisches Florenreich (Australis)

Das Australische Florenreich hat durch die frühe Abtrennung des australischen Kontinents vom Gondwana Urkontinent eine sehr lange Eigenentwick-
lung erfahren. Sie bedingt eine stark isolierte Stellung dieses Florenreiches,
die darin zum Ausruck kommt, daß von den 10 000 Arten über 8600, m. a. W.
86 %, endemisch sind.

So gibt es eine Reihe von endemischen Familien und Unterfamilien, z. B.
bei den *Proteaceae* die Gattungen *Grevillea* mit 190 Arten, *Hakea* mit 100
Arten und *Banksia* mit 50 Arten (WALTER 1979). Besonders charakteristisch
ist die Gattung *Eucalyptus* mit 450 Arten. Spezifisch australische Elemente
unter den *Mimosaceae* sind die *Phyllodien* tragenden *Acacien* und unter den
weltweit verbreiteten *Liliaceae* die Grasbäume der Gattung *Xantorrhoea*.

Die Regenwälder Nord- und Ostaustraliens weisen vor allem Sippen der
indomalayischen Palaeotropis auf. Südostaustralien mit Tasmanien hingegen
zeigt eine gewisse floristische Verwandschaft mit der Antarktis, so durch das
Auftreten der Gattungen *Nothofagus* und *Aristotelia*. Durch viele isolierte
Sippen nimmt vor allem Südwestaustralien eine Sonderstellung in der australischen Flora ein.

5. Kapländisches Florenreich (Capensis)

Das Kapländische Florenreich umfaßt nur die südlichste Spitze Afrikas
und ist damit das kleinste unter den Florenreichen. Trotzdem zeichnet es sich
durch einen großen Artenreichtum von rund 6 000 Blütenpflanzen und die
Eigentümlichkeit seiner Pflanzenformen aus. Die selbständige Entwicklung
seiner Flora kommt in einer Fülle von Endemiten zum Ausdruck. Spezifisch
kapländische Familien sind die *Penaeaceae* und die *Geissolomaceae*. Von
anderen z. T. weitverbreiteten Familien beschränken sich sehr artenreiche
Gattungen auf die Capensis, so von den *Amaryllidaceae* die Gattungen
Amaryllis und *Clivia*, viele davon bekannt aus unseren Ziergärten, von den
Iridaceae die Gattungen *Ixia* und *Fresia*, den *Liliaceae* die Gattungen
Haworthia und *Gasteria*.

Daneben gibt es eine Reihe von Familien, die durch ihre Arealtypen eine
Verwandtschaft des Kapländischen Florenreiches mit dem Australischen
bzw. dem Antarktischen andeuten und damit die Trennung der *Capensis* von
der *Palaeotropis* rechtfertigen. So gehört die Familie der *Proteaceae*, die mit
zwei Drittel ihrer weit über 1000 Arten spezifisch australisch ist, mit einem

Viertel ihres Artenbestandes der *Capensis* an. Von den *Restionaceae* sind sogar drei Viertel aller Arten auf Südafrika beschränkt. Mit Australien und Neuseeland gemeinsame Arten, wie der Baumfarn *Todea barbara (Osmundaceae)*, unterstreichen die floristische Verwandtschaft dieser beiden südhemisphärischen Florenreiche.

6. Antarktisches Florenreich (Antarktis)

Zum Antarktischen Florenreich gehören außertropische gemäßigte Gebiete mit z. T. hochozeanischem Klima, so das südwestliche Drittel von Chile (Westpatagonien) mit Feuerland und den Falkland-Inseln, der südwestliche Teil der Südinsel von Neuseeland, die subantarktischen Inseln sowie das antarktische Festland.

Das spezifisch antarktische Florenelement wird von 13 Gattungen gebildet, die ebensovielen Familien angehören. Typisch sind die mit 8 Arten vorkommenden halbparasitischen *Misodendraceae*, welche die gleiche ökologische Nische besetzen wie unsere heimischen Misteln. *Nothofagus*, die Südbuche, bildet zusammen mit anderen antarktischen Holzarten *(Aristotelia, Drimys, Pseudowintera* u. a.) die feuchten Wälder der Südinsel Neuseelands und des südwestlichen Südamerikas. Andere bekannte Gattungen sind Acaena *(Rosaceae)*, Azorella *(Apiaceae)* und Gunnera *(Gunneraceae)*, die ebenso wie Fuchsia mit südamerikanischem Schwerpunkt über die Anden bis Mexiko vorgedrungen sind. Eine bekannte Art der Südinsel Neuseelands ist auch der Kerguelen Kohl, *Pringlea antiscorbutica.*

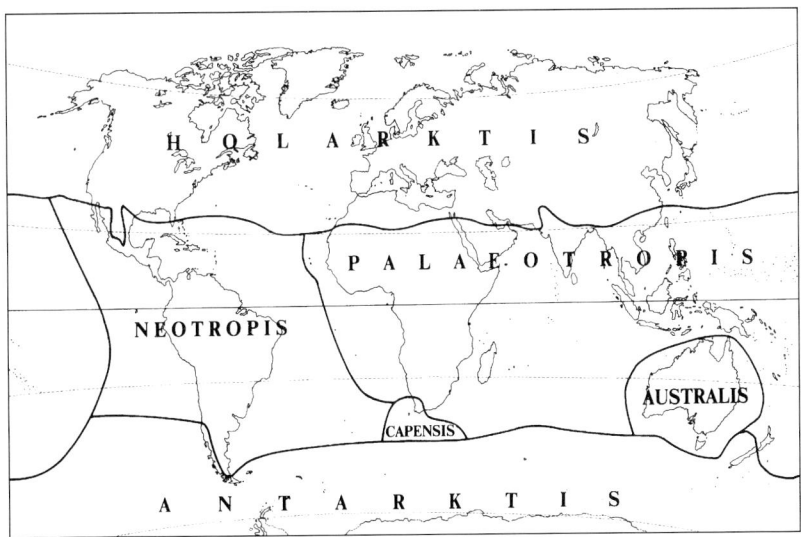

Abb. 6: Florenreiche der Erde (Entwurf des Verfassers)

Eine Reihe von Familien, wie die *Proteaceae* und *Cunnoniaceae*, gehören einem weiträumig südhemisphärischen Verbreitungstyp an und belegen die verwandtschaftliche Beziehung der drei Florenreiche der Südhalbkugel. Wieder andere Gattungen, wie *Empetrum (Empetraceae), Caltha (Ranunculaceae), Veronica (Scrophulariaceae)* und auf der Rangstufe der Familie auch *Nothofagus (Fagaceae)*, die mit Arten sowohl in der Antarktis als auch in der Holarktis vertreten sind, verkörpern einen bipolar außertropischen Arealtypus. Auf dem antarktischen Kontinent kommen in geschützten Lagen nur zwei Arten einheimischer Samenpflanzen vor, *Colobanthus crassifolius (Caryophyllaceae)* und das Gras *Deschampsia antarctica (Poaceae)* (WALTER 1979).

7. Ozeanisches Florenreich

Für das neuerdings ausgeschiedene Ozeanische Florenreich begnügt man sich bisher mit einer Zweigliederung in die Litoralflora der Ozeane und die Hochseeflora.

2.3   Vegetationskunde – Pflanzensoziologie

Die Vegetationskunde/Pflanzensoziologie beschäftigt sich mit der Gliederung der Vegetation in verschiedenen Pflanzengesellschaften (Phytocoenosen), das sind unter bestimmten standörtlichen Bedingungen regional regelmäßig wiederkehrende ähnlich zusammengesetzte Pflanzenbestände oder Vegetationstypen. Die verschiedenen Pflanzengesellschaften können als die Vegetationsbausteine eines Gebiets aufgefaßt werden.

2.3.1   Pflanzensoziologische Aufnahme

Eine wichtige Methode zur Ausgliederung eindeutig definierter Vegetationseinheiten ist die von BRAUN-BLANQUET (1964) entwickelte pflanzensoziologische Aufnahme. Sie zielt darauf ab, alle makroskopisch sichtbaren Arten aufzunehmen und über Analyse und Vergleich vieler Pflanzenbestände die gemeinsamen Merkmale zu erkennen, auf die sich der Typus einer Pflanzengesellschaft gründet.

Auswahl und Größe der Aufnahmefläche
Für die Aufnahme von Pflanzenbeständen müssen Flächen gewählt werden, die einen physiognomisch einheitlichen (homogenen) Pflanzenbewuchs und einheitliche Standortbedingungen aufweisen.
    Feldflur und Wald, Trockenrasen und Fettwiese sind Beispielspaare extremer Gegensätze, die nicht in einer Aufnahmefläche liegen sollten, es sei

denn, speziell Grenzbereiche sollen untersucht werden. Ebenso sind durch Wege oder durch unterschiedliche Pflegemaßnahmen gestörte Pflanzenbestände zu meiden. Neben der subjektiven Probeflächenwahl kann die Pflanzenaufnahme durch zufallsverteilte und regelmäßige Probeflächen objektiv durchgeführt werden. Dies ist jedoch mit einem wesentlich höheren Zeitaufwand bei prinzipiell gleichen Befunden verbunden. Für subjektiv gewählte Aufnahmeflächen ist es wichtig, daß die Kriterien der Wahl nachvollziehbar dokumentiert werden.

Um die Arten eines Bestandes vollständig erfassen zu können muß die Aufahmefläche eine bestimmte Größe haben, die durch die Ermittlung des Minimumareals näherungsweise bestimmt werden kann. Man grenzt eine verhältnismäßig kleine Fläche von 10 x 10 cm auf einer Wiese, 1 x 1 m in einem Wald ab und notiert alle auftretenden Arten. Die Fläche wird verdoppelt, vervierfacht und verachtfacht usw., wobei die jeweils hinzukommenden Arten notiert werden. Das Verfahren wird unter der Grundbedingung physiognomischer Homogenität so lange fortgesetzt, bis die Zahl der hinzukommenden Arten vernachlässigbar klein ist. Der Zusammenhang zwischen der Größe der Aufnahmefläche und der Artenzahl läßt sich in einer Kurve graphisch darstellen.

Die Artenanzahl steigt mit zunehmender Fläche zunächst stark an. Ab einer bestimmten Flächengröße nimmt die Artenzahl nur noch geringfügig zu. Diese Probenflächengröße wird als Minimumareal bezeichnet. Ein weiterer steiler Anstieg nach einer Verflachung der Kurve zeigt die floristische Heterogenität des untersuchten Bestandes an. Da die Minimumareale gleichartiger Vegetationstypen von Bestand zu Bestand in ihrer Größe schwanken, wird die Aufnahmefläche in der Praxis stets größer als das ermittelte Mini-

Tab. 1: Erfahrungswerte für zweckmäßige Größen der Aufnahmeflächen verschiedener Pflanzenbestände (aus: REICHELT, G. u. O. WILMANNS 1973, S. 62)

Gemeinschaft	Probeflächengröße
Flechtengemeinschaften	$0,1 - 1 \text{ m}^2$
Moosgemeinschaften	$0,5 - 4 \text{ m}^2$
Felsspaltengemeinschaften	$0,5 - 5 \text{ m}^2$
Dauerweiden	$5 - 10 \text{ m}^2$
Wiesen	$10 - 25 \text{ m}^2$
Heiden	$10 - 25 \text{ m}^2$
Ruderalgesellschaften	$10 - 50 \text{ m}^2$
Ackerunkrautgesellschaften	$20 - 80 \text{ m}^2$
Trockenrasen	$50 - 70 \text{ m}^2$
Schlaggesellschaften	$50 - 100 \text{ m}^2$
Wälder der gemäßigten Zone	$1 - 2 \text{ ar} (100 - 200 \text{ m}^2)$ *
Tropische Regenwälder	$1 - 1,5 \text{ ha} (10\,000 - 15\,000 \text{ m}^2)$

* Berücksichtigung der Baumschicht u. U. bis zu 500 m²

mumareal gewählt. Einen Anhaltspunkt bietet die Tab. 1, in der für verschiedene Pflanzengemeinschaften Probeflächengrößen angegeben sind. Dabei ist die Form der Aufnahmefläche – rechteckig, rund oder unregelmäßig – unbedeutend, die floristische Homogenität jedoch eine Grundbedingung.

Die Größe der Aufnahmeflächen für die tropischen Regenwälder wird bei K.-H. KREEB (1983, Abb. 20) wegen des großen Artenreichtums mit einem bis mehreren Quadratkilometern angegeben. Hieran wird deutlich, daß die pflanzensoziologische Methode im Tropischen Regenwald kaum noch geeignet ist.

Qualitative und quantitative Aufnahme
Jede Pflanzenaufnahme muß durch ein Aufnahmeprotokoll dokumentiert werden. Es enthält im Kopf den Namen des Bearbeiters, das Datum sowie die genaue Lokalisation, Größe und Beschreibung der Aufnahmefläche, wie dies beispielhaft in Tab. 4 dargestellt ist.

Hauptbestandteil jeder Pflanzenaufnahme ist die Artenliste (qualitative Aufnahme). Darüber hinaus werden Schichtung, Deckungsgrad, Häufigkeit, Artmächtigkeit, Soziabilität, Vitalität und Fertilität sowie Periodizität der auftretenden Arten festgehalten, indem den Artnamen Ziffern und Symbole hinzugefügt werden (quantitative Aufnahme).

Mehrschichtige Pflanzenbestände werden nach Schichten geordnet aufgenommen. Beginnend mit der obersten Schicht (z. B. Baumschicht) werden die Arten und ihr Deckungsgrad bestimmt und die Höhe der Schicht geschätzt. Stellt man sich alle oberirdischen Pflanzenteile einer Art auf den Erdboden projiziert vor, erhält man ihren Deckungsgrad, der in % der Aufnahmefläche

Tab. 2: Bedeutung der Artmächtigkeitszahlen (aus: REICHELT, WILMANNS, 1973, S.66)

Die Bedeutung der Artmächtigkeitszahlen ist folgende:

r	1 Individuum (bzw. Trieb)/Aufnahmefläche, auch in der Umgebung sehr sporadisch
+	2-5 Individuen (bzw. Triebe)/Aufnahmefläche, Deckung dabei unter 5%
1	6-50 Individuen (bzw. Triebe)/Aufnahmefläche, Deckung unter 5%
2	über 50% Individuen/Aufnahmefläche, Deckung unter 5% oder: Individuenzahl beliebig, Deckung 5-25%

Die sehr komplexe Stufe 2 läßt sich aufgliedern:

2a	Individuenzahl beliebig, Deckung 5-15%
2b	Individuenzahl beliebig, Deckung 16-25
2m	über 50 Individuen/Aufnahmefläche, Deckung dabei unter 5%
3	Individuenzahl beliebig, Deckung
4	Individuenzahl beliebig, Deckung
5	Individuenzahl beliebig, Deckung

Tab. 3: Skala der Soziabilität und Dichte des Bestandeszusammenschlusses (nach BRAUN-BLANQUET *1964, aus* HOFMANN *1985).*

---

a) Soziabilität
1 = einzeln wachsend (Einzelsprosse, Einzelstämme)
2 = gruppen- und horstweise wachsend
3 = truppweise wachsend (kleine Flecken oder Polster)
4 = in kleinen Herden oder ausgedehnten Flecken wachsend
5 = in großen Herden wachsend

---

b) Dichte
Die Dichte des Individuen- (Sproß-) Zusammenschlusses wird durch die Art der Unterstreichung.........= locker; _____ = dicht geschlossen; z. B.:

Oxalis acetosella 4 = lockere, kleine Herde des Sauerklees;

Calluna vulgaris 5 = dichtgeschlossene, große Herde des Heidekrautes

---

angegeben wird. In vielschichtigen Beständen mit Baum-, Strauch- und Krautschicht kann die Summe der Deckungsgrade aller Schichten 100 % übersteigen. Der Deckungsgrad und die Häufigkeit, mit der eine Art vertreten ist, lassen sich zur Artmächtigkeit (Mengenanteil einer Art) kombinieren. In der siebenstufigen Skala wird bei geringer Deckung (< 5 %) die Individuenzahl pro Fläche (Abundanz) aufgenommen, bei höherer Deckung die Dominanz.

Eine geschlossene Baumschicht aus Buchen zeigt beispielsweise, daß die Art unter den herrschenden standörtlichen Bedingungen besonders konkurrenzkräftig ist.

Die Soziabilität (Geselligkeit) gibt Aufschluß über das horizontale Verteilungsmuster der Pflanzenarten im Bestand. Pflanzen können einzeln, in Gruppen und Horsten, als Polster oder in größeren Verbänden wachsen. Sie vermittelt einen lebhaften Eindruck von der Physiognomie eines Bestandes.

Im Gegensatz zur Soziabilität weisen ein üppiger [Unterstreichen der ersten Zahl] oder kümmerlicher [°] Wuchs einer Pflanze (Vitalität) und ihre Fertilität (Blüten- und Fruchtbildung) häufig auf die standörtlichen Eigenschaften hin und werden in der Regel vermerkt, wenn sie von der Norm abweichen.

Die günstigste Zeit für die Vegetationsaufnahme ist der Zeitabschnitt, in dem möglichst alle Arten vertreten sind. Da mit der Jahreszeit das Aussehen vieler Bestände wechselt (Periodizität) sind mehrere Kartierungen oder Kontrollen erforderlich.

Auswertung von Pflanzenaufnahmen
Durch die Auswertung zahlreicher Pflanzenaufnahmen sollen Bestände gleicher Artenzusammensetzung zu Gruppen zusammengefaßt werden, die eine Pflanzengesellschaft bilden. Die im Gelände aufgenommenen Daten

Tab. 4: Beispiel einer Vegetationsaufnahme (nach KNAPP *1971, aus* HOFMANN *1985, S. 58 IV)*

Beispiel einer Vegetationsaufnahme (aus Knapp, R. 1971, S. 42)

Hainbuchen-Eichen-Ulmen-Mischwald   14. 7. 1946

Südlich vom Bahnhof Wiesloch-Walldorf, Kreis Heidelberg, unmittelbar westlich der Bahnlinie, 700 m südlich vom Höhenpunkt 109.

Reich geschichteter Waldbestand. Naturverjüngung. 110 m über dem Meeresspiegel. Ebene Lage. Aufnahmefläche 400 m².

Obere Baumschicht (bedeckt 50%. Eichen durchschnittlich 30 m hoch und 130 Jahre alt):

*3.2	Quercus robur		2.2	Fraxinus excelsior

Untere Baumschicht (bedeckt 35%; etwa 2/3 so hoch wie B 1):

3.3	Carpinus betulus		+.1	Ulmus minor (= campestris)
1.1	Acer campestre			

Strauchschicht (bedeckt 15%; meist bis 2,50 m hoch):

1.2	Cornus sanguinea		+.1	Acer campestre
2.2	Corylus avellana		r.1	Crataegus monogyna
2.2	Fraxinus excelsior		r.1	Crataegus oxyacantha
+.1	Ulmus minor		+.2	Ligustrum vulgare

Krautschicht (bedeckt 75%):

2.3	Carex sylvatica		+.1	Stachys sylvatica
2.2	Milium effusum		+.1	Quercus robur kl
2.4	Glechoma hederacea		r.2	Festuca gigantea
2.3	Lamium galeabdolon		r.1	Geranium robertianum
1.2	Bromus ramosus ssp. benekini		r.1	Crataegus oxyacantha
1.2	Viola reichenbachiana		+.1	Galeopsis tetrahit
1.1	Arum maculatum		+.1	Viola riviniana
	(nur Fruchtstände)		+.2	Dactylis glomerata
1.2	Ajuga reptans		+.1	Rosa arvensis
+.1	Fraxinus excelsior		1.1	Vicia sepium
+.1	Euonymus europaeus		+.1	Viburnum opulus
+.1	Scrophularia nodosa		+.1	Veronica chamaedrys
1.2	Circaea lutetiana		+.1	Corylus avellana
+.2	Galium odoratum		+.1	Epilobium montanum
+.1	Cardamine pratensis		+.1	Hypericum hirsutum
+.3	Hedera helix		+.1	Epipactis helleborine
+.1	Carpinus betulus kl (Keimlinge)		+.1	Acer campestre
+.1	Cornus sanguinea kl		r.1	Dryopteris filix-mas
+.1	Primula elatior		+.1	Paris quadrifolia
1.2	Brachypodium sylvaticum		r.2	Poa nemoralis
1.2	Rubus caesius		r.1°	Taraxacum officinale
+.1	Campanula trachelium		+.1	Ranunculus auricomus
r.1	Geum urbanum		r.1	Moehringia trinervia
+.2	Deschampsia caespitosa		r.1	Melandrium dioicum
+.1	Ulmus minor kl		r.1	Poa trivialis
1.1	Anemone nemorosa			Knollen von Ranunculus ficaria
				(entsprechen Bedeckungsgrad 2)

Moosschicht (bedeckt 3%):

1.4	Mnium undulatum		+.3	Thamnium alopecurum
1.3	Eurhynchium spec.			

---

* 1. Ziffer = Artmächtigkeit, 2. Ziffer = Soziabilität

werden dazu in tabellarischer Form zusammengestellt, in mehreren Schritten geordnet und stete Arten, Trennarten sowie Kennarten herausgearbeitet. Kenn- oder Charakterarten sind Species, die – zumindest lokal – nur an eine bestimmte Pflanzengesellschaft gebunden sind. Trenn- oder Differentialarten werden zur Unterscheidung von Untergesellschaften (Subassoziationen) und

Ausprägungen einer Pflanzengesellschaft herangezogen. Sie brauchen nicht ausschließlich an eine bestimmte Pflanzengesellschaft (Assoziation) gebunden zu sein, sondern können in mehreren Gesellschaften vorkommen; sie sind dann von einem bestimmten Standortfaktor, z. B. dem Bodenfeuchteregime, abhängig. Außerdem unterscheidet man im Hinblick auf die Bindung bestimmter Arten an gewisse Pflanzengesellschaften verschiedene Stetigkeitsgrade (Treuegrade).

Die verschiedenen Pflanzenaufnahmen werden zunächst nach ökologischen Gradienten, z. B. der Bodenfeuchte, vorsortiert und ähnliche Bestände in eine Rohtabelle aufgenommen. Nachfolgend werden die Pflanzenaufnahmen so umgruppiert, daß Arten, die oft gemeinsam vorkommen in der Senkrechten und Bestände ähnlicher Artenzusammensetzung in der Waagerechten zusammenstehen (differenzierte Tabelle).

Diese Umgruppierung wird erleichtert, indem die Arten nach abnehmender Stetigkeit in Gruppen geordnet werden. Unter Stetigkeit versteht man die Häufigkeit des Vorkommens einer Art in allen aufgenommenen Pflanzenbeständen. Sie wird in Prozent oder als absolute Zahl angegeben. Ziel dieses Arbeitsschrittes ist es, Arten zu erkennen, die sich gegenseitig ausschließen. Während Arten hoher und geringer Stetigkeit hierzu nicht geeignet sind, weil sie zu häufig bzw. zufällig auftreten, kann man davon ausgehen, daß Arten mittlerer Stetigkeit von bestimmten Standortverhältnissen abhängen. Diese Trennarten kennzeichnen damit lokale Pflanzengemeinschaften.

Die Bindung einer Art an eine bestimmte Pflanzengesellschaft ist ein weiteres pflanzensoziologisches Kriterium. Die Bindungsstärke wird als Treue bezeichnet und in 5 Graden – treu, fest, hold, vag und fremd – angegeben. Der Treuegrad wird aus der Stetigkeit einer Art und der Artmächtigkeit normativ ermittelt. Kennarten oder Charakterarten bzw. Gruppen von solchen gelten oft nur in begrenzten Räumen. So kann eine für Süddeutschland als signifikant erkannte Charakterartengruppe in Norddeutschland bereits an Aussagekraft verlieren. Gründe sind der Wandel des zur Verfügung stehenden Artenpotentials und der damit verbundenen zwischenartlichen Konkurrenzsituation sowie die Änderung der ökologischen Bedingungen. Hinsichtlich der Reichweite der Charakterarten lassen sich daher verschiedene Gruppen unterscheiden:

- **lokale Charakterarten**: Sie gelten nur für einen sehr kleinen Raum, etwa für ein Alpental oder eine Kleinlandschaft.
- **territoriale oder Gebietscharakterarten**: Sie sind für ein größeres Gebiet, etwa für eine Florenprovinz oder einen größeren Naturraum kennzeichnend.
- **Regionscharakterarten**: Sie gelten innerhalb der gesamten Florenregion, etwa der Mediterranregion oder der mitteleuropäischen Region.
- **absolute Charakterarten**: Sie sind in ihrem gesamten Vorkommensgebiet nur mit einer bestimmten Gesellschaftseinheit verbunden (HOFMANN 1985).

Oft kann allein aus dem Vorkommen einer oder zweier in der Literatur als Charakterarten beschriebener Arten nicht auf einen definierten Vegetationstyp geschlossen werden. Vielmehr muß die Zuordnung eines konkreten Bestandes zu einer Pflanzengesellschaft auf der vollständigen kennzeichnenden Verbindung von Charakterarten, steten Arten (Stetigkeit > 60 %) und Differentialarten beruhen. Eine Beschreibung der pflanzensoziologischen Aufnahme und Auswertung wird von DIERSSEN (1990) gegeben.

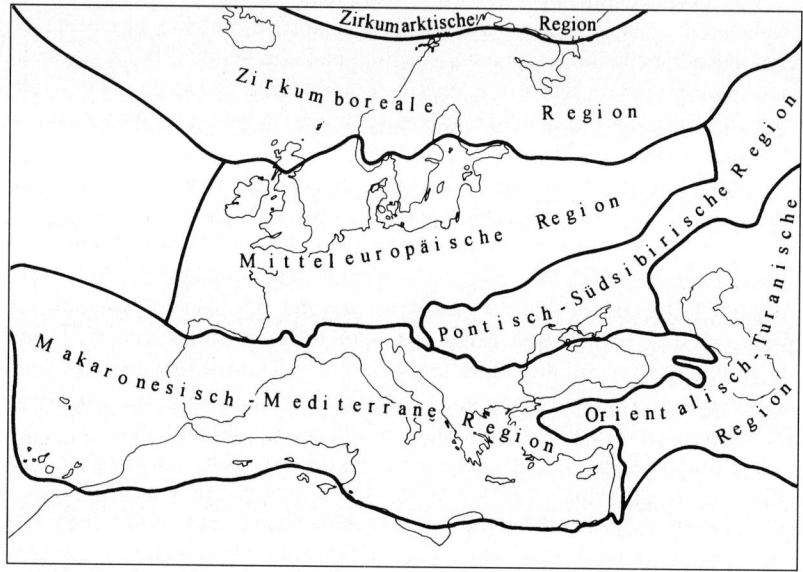

Abb. 7: Florenregionen, auf die der Gültigkeitsbereich von Charakterarten in Europa beschränkt sein sollte (nach MEUSEL et al. 1965, verändert aus SCHUBERT 1995)

2.3.2   Systematische Ordnung der Vegetationstypen

Die aus dem Vergleich von zahlreichen Pflanzenbeständen unter Berücksichtigung der ermittelten Kenn- und Trennarten sowie Arten hoher Präsenz abgeleiteten Vegetationstypen eines Gebietes lassen sich nach dem Grad ihrer floristischen Ähnlichkeit hierarchisch ordnen. Es ergibt sich so ein System von Gesellschaftseinheiten (BRAUN-BLANQUET 1964). Die grundlegende Bezugseinheit der Gesellschaftssystematik – vergleichbar der Art in der Sippensystematik – ist dabei die Assoziation. In vielen Veröffentlichungen wird der deutsche Begriff Pflanzengesellschaft auf die Assoziationsebene festgelegt.

Bereits auf dem Internationalen Botaniker-Kongreß 1910 in Brüssel entwickelten FLAHAULT und SCHRÖTER ein Begriffssystem für die hierarchische Gliederung der Vegetation auf floristischer Grundlage. Dabei führten sie den Begriff Assoziation als grundlegende Bezugseinheit ein mit der zunächst allgemein gehaltenen Formulierung: Eine Assoziation ist eine Pflanzengesellschaft von definierter floristischer Zusammensetzung, einheitlicher Physiognomie und einheitlichen Standortbedingungen. Sie fügten hinzu: „Die Assoziation ist die grundlegende Einheit der Synökologie".

Vor diesem Hintergrund entwickelte BRAUN-BLANQUET sein pflanzensoziologisches Konzept, das die Entwicklung der Vegetationskunde in Mitteleuropa entscheidend geprägt und Anhänger in der ganzen Welt gefunden hat. Eine genauere Definition des Assoziationsbegriffes unter Berücksichtigung der Kenn- und Trennarten sowie der Arten hoher Stetigkeit wurde sodann auf dem Internationalen Botaniker-Kongreß in Amsterdam 1935 vorgeschlagen: „Eine Assoziation ist definierbar durch ihre bezeichnende Artenzusammensetzung einschließlich ihrer Kenn- und Trennarten sowie der begleitenden (zusätzlichen) Arten hoher Präsenz" (zitiert nach DIERSSEN 1990, S. 11). Danach stellt die Pflanzenassoziation oder -gesellschaft einen grundlegenden Ordnungsbegriff im Rahmen eines hierarchischen Systems von Vegetationstypen dar.

Von der Mehrheit der Pflanzensoziologen wird heute folgende systematische Abstufung der floristisch gefaßten Gesellschaftseinheiten anerkannt und nach den aufgeführten Namensendungen unterschieden. Als Beispiel dienen die mediterranen Steineichen- oder *Qercus ilex*-Wälder; die in der Systematik niedrigste Einheit steht dabei unten:

Systematik:	Endung:	Beispiel:
Klasse	*-etea*	*Quercetea ilicis*
Ordnung	*-etalia*	*Quercetalia ilicis*
Verband	*-ion*	*Quercion ilicis*
Assoziation	*-etum*	*Quercetum ilicis*
Subassoziation	*-etosum*	*Qercetum ilicis pubescentetosum*

Weiterhin kennt die Systematik noch Varianten (Ausbildungen) und Fazies, die durch Zusätze zum Namen der Assoziation bzw. Subassoziation kenntlich gemacht werden, z. B. *Quercetum ilicis pubescentetosum, Quercus coccifera*-Variante.

Ein Beispiel aus Mitteleuropa ist der in der submontanen Stufe auf nährstoffarmen sauren Braunerden (z. B. aus Buntsandstein) verbreitete Hainsimsen-Buchenwald. Den Bezeichnungen angefügt sind – wie in der Literatur üblich – die Namen der Erstbeschreiber in Abkürzungen.

Rangstufe	Beispiel	Merkmal
Klasse	*Querco-Fagetea Br.-Bl. et Vlieg. in Vlieg. 37*	Kennarten
Ordnung	*Fagetalia sylvaticae Pawl. 28*	Kennarten
Verband	*Fagion sylvaticae Pawl. 28*	Kennarten
Unterverband	*Luzulo-Fagenion Lohm. et Tx. 54*	Kennarten
Assoziation	*Luzulo Fagetum Meus. 37*	Kennarten
Subassoziation	*Luzulo-Fagetum luzuletosum, typ. Variante*	Trennarten

Die Pflanzensoziologie basiert zwar auf den Arbeiten von Josias BRAUN-BLANQUET (z. B. 1921, 1925, 1964), um die Verfeinerung und regionale Anwendung auf Mitteleuropa haben sich jedoch vor allem Erich OBERDORFER (1957, 1977, 1978, 1983, 1992 und 1994) für Süddeutschland und Reinhold TÜXEN (1937, 1979) für Nordwestdeutschland große Verdienste erworben. Außerdem sei auf den trefflichen Band „Ökologische Pflanzensoziologie" von Otti WILMANNS ([5]1993) hingewiesen, in dem die mitteleuropäischen Pflanzengesellschaften nach ihrer Standortsökologie, Dynamik und Verbreitung behandelt werden.

Das Zusammenleben der Pflanzen am Standort

Das Zusammenleben der in der Regel ortsfesten Pflanzen läßt sich unter zwei Hauptgesichtspunkten verstehen: Es bestehen „Abhängigkeitsverbindungen" und „Kommensalverbindungen" (BRAUN-BLANQUET 1964).

Als Abhängigkeitsverbindung sind alle Pflanzengemeinschaften aufzufassen, deren Einzelglieder in einem Abhängigkeitsverhältnis zueinander stehen: Schmarotzer, Epiphyten, Saprophyten (höhere und niedere Pflanzen, die in ihrer Ernährung auf tote Pflanzensubstanz angewiesen sind) sowie Stützung oder Schutz beanspruchende Gewächse. Außerdem gehören alle Verbindungen hierzu, die Bakterien, Pilze, Algen untereinander und mit höheren Pflanzen eingehen. Daneben gibt es chemische Beeinflussungen, z. B. durch Wurzelausscheidungen bzw. organische Abbauprodukte, die zur Verdrängung bestimmter Arten führen (allelopathische Wirkungen) und so zur Zusammensetzung der Pflanzenbestände beitragen.

Als Kommensalverbindungen sind alle Verbindungen zu verstehen, bei denen die Organismen getrennt in den Wettbewerb eintreten. Ihr Zusammenleben ist in diesem Fall dadurch möglich, daß sie sich gleichzeitig die verschiedenen Lebensmöglichkeiten, die ein bestimmter Standort bietet, zunutze machen. Die Kommensalen sind so etwas wie „Tischgenossen" im gemeinsamen Wettbewerb um Raum, Licht und Nahrung. Der Wettbewerb kann sich unter gleichartigen Kommensalen abspielen, wenn Individuen der gleichen Art oder solche verschiedener Arten mit weitgehend übereinstimmenden Ansprüchen daran teilnehmen. Er kann sich aber auch unter Wettbewerbern mit verschiedenen Ansprüchen abspielen, sei es, daß sie verschiedene Nähr-stoffe beanspruchen, sei es, daß sie ihre Organe in verschiedene Boden- oder Luftschichten entsenden, um sie zu nutzen. In diesem Fall sind es ungleich-artige Kommensalen.

2.3.3 Pflanzen und Pflanzengesellschaften als Indikatoren für eine ökologische Raumbewertung

2.3.3.1 Zeigerwerte mitteleuropäischer Pflanzen nach ELLENBERG

Pflanzen und Pflanzengesellschaften lassen sich auf Grund ihres ökologi-schen Verhaltens Hinweise auf die standörtlichen Bedingungen entnehmen. Das gilt besonders für natürliche und naturnahe Pflanzengesellschaften und mit Einschränkungen für alle sich spontan entwickelnden Pflanzengemein-schaften, bei denen die beteiligten Pflanzensippen miteinander im Wettbe-werb um Raum, Licht, Wasser, Nährstoffe u. a. Ökofaktoren stehen. Ein Ver-fahren zur ökologischen Bewertung von synökologischen Artengruppen (ohne systematischen Rang gebraucht) von miteinander konkurrierenden Sip-pen bietet sich mit den Zeigerwerten mitteleuropäischer Pflanzen von ELLEN-BERG et al. (^{2}1992) an. Von diesen Autoren werden 2942 Gefäßpflanzen-Sip-pen sowie zahlreiche Laub- und Lebermoose bewertet.

Zeigerwerte sind aus dem Erfahrungswissen von Vegetationskundlern und Ökologen abgeleitete und inzwischen auch teilweise durch Standortanalysen und ökophysiologische Untersuchungen abgesicherte ordinale Größen für folgende wichtige Standortgegebenheiten: die klimatischen Faktoren Licht (L), Wärme (T), Kontinentalität (K) und die Bodenfaktoren Feuchtigkeit (F), Reaktion (R), und Stickstoffversorgung (N). Außerdem wird das Verhalten der Pflanzen gegenüber dem Salzgehalt (S) und die allgemeine Schwerme-tallresistenz (B bzw. b) bewertet.

Eingehende Begründungen, warum weitere Ökofaktoren wie Phosphor-, Kalium- und Schwefelversorgung oder Humusgehalt der Böden nicht bewer-tet werden, finden sich bei ELLENBERG et al. (^{2}1992, S. 19 ff). Für die genann-ten sechs Hauptstandortfaktoren wird das ökologische Verhalten nach einer neunteiligen Skala bewertet, wobei 1 das geringste und 9 das größte Ausmaß des jeweiligen Faktors bedeutet. Nur für den sehr aussagekräftigen Wasser-faktor ist die Skala bis 12 verlängert worden. Die Erweiterung um 3 Stufen bezieht sich auf die Wasserpflanzen. Weitgehend indifferentes Verhalten wird durch das Zeichen x ausgedrückt. Zweifelhafte Angaben sind kursiv gedruckt und Fälle, in denen nicht einmal die Tendenz des Verhaltens vermutet werden kann, mit Fragezeichen versehen.

Für die Gruppe der klimatischen Faktoren bedeutet das:

L = **Lichtzahl**, bewertet wird das Vorkommen von sehr geringer Beleuchtungsstärke (1) bis zum ungeminderten Lichteinfall im Freiland (9).

T = **Temperaturzahl**, bewertet wird das Vorkommen im Wärmebereich von der polaren Zone bzw. der alpinen Höhenstufe (1) bis ins mediterran geprägte Tiefland (9).

K = **Kontinentalitätszahl**, bewertet wird das Verbreitungsschwergewicht von der europäischen Atlantikküste (1) bis ins innere Asien (9).

Für die Gruppe wichtiger Bodenfaktoren:

F = **Feuchtezahl**, umfaßt Vorkommen von flachgründigen, trockenen Felshängen (1) bis zu nassen Moorböden (9). Drei weitere Stufen (10-12) bezeichnen Verbreitungsschwerpunkte vom flachen bis tiefen Wasser.

R = **Reaktionszahl**, bewertet wird das Vorkommen von extrem sauren (1) bis zu alkalischen (kalkreichen) Böden (9).

N = **Stickstoffzahl**, bezeichnet das Vorkommen auf Böden mit sehr geringer (1) bis übermäßiger (9) Mineralstickstoffversorgung (NH_4^+ und NO_3^-).

S = **Salzzahl**, bezeichnet das Vorkommen im Gefälle der Salzkonzentration (insbesondere Cl^--Konzentration) im Wurzelbereich des Bodens von 0 (nicht salzertragend) bis 9 (extrem salzertragend).

Als Beispiel dienen zwei sich unterschiedlich verhaltende Waldbodenpflanzen und zwei Moorpflanzen:

Die Drahtschmiele *(Avenella flexuosa = Deschampsia flexuosa)* hat die Zeigerwerte L6, Tx, K2, Fx, R2, N3, S0. Die zu den Süßgräsern *(Poaceae)* zählende Pflanze wächst im Halbschatten lichter, nährstoffarmer Wälder. Hinsichtlich der Wärme hat sie ein weites Verbreitungsgebiet vom Norddeutschen Tiefland bis in die montane Stufe der Gebirge bei einem Verbreitungsschwerpunkt im ozeanischen bis subozeanischen Klima (K2). In Bezug zur Bodenfeuchte zeigt sie kein spezifisches Verhalten (Fx), sie wächst auf trockenen bis gut durchfeuchteten Böden, die jedoch zumeist stark sauer und ausgesprochen nährstoffarm sind (Magerkeitszeiger) (R2). Die Mineralisationsrate der Böden für Stickstoff ist stets gering (N3).

Der Hohle Lerchensporn *(Corydalis cava)* mit den Zeigerwerten L3, T6, K4, F6, R8, N8, S0 ist ein Frühlingsgeophyt, der hauptsächlich auf Waldböden wächst, die im Sommer stark beschattet sind. Er hat einen subozeanischen Verbreitungsschwerpunkt und kommt vom Tiefland bis in die submontane Stufe vor. Vor allem bevorzugt er nährstoffreiche (N8) meist kalkhaltige (R8) Böden mit hoher N-Mineralisationsrate.

Eine Moorbodenpflanze ist das Moor-Wollgras *(Eriophorum vaginatum)*, das zur Familie der Sauergräser *(Cyperaceae)* zählt. Es ist bei ELLENBERG

u. a. (1992) durch die Zeigerwerte L7, Tx, Kx, F9, R2, N1, S0 ausgewiesen und kann als klimavager (Tx, Kx) lichtbedürftiger (L7) Nässezeiger (F9) charakterisiert werden, der auf sauren (R2) und sehr armen Moorböden (N1) mit sehr geringer Mineralisationsrate gedeiht.

Nährstoffreiche (kalkhaltige) quellige Niedermoorstandorte hingegen bevorzugt das Rostrote Kopfried *(Schoenus ferrugineus)* mit den Zeigerwerten L9, T4, K4, F8, R7, N2, S0. Dieses selten gewordene Sauergras kommt rasenbildend in den nährstoffreichen Niedermooren (Reichmooren nach SUC-COW & JESCHKE 1990) des Norddeutschen Tieflandes ebenso vor wie in denen des Alpenvorlandes, wo sein Verbreitungsschwerpunkt liegt.

Zur Anwendung betonen ELLENBERG et.al. (1992, S. 10), daß ihre Zeigerwerte lediglich „das ökologische Verhalten" der Pflanzensippen kennzeichnen sollen, nicht aber deren „Ansprüche". Was ökologisches Verhalten unter den Vegetationsbedingungen im westlichen Mitteleuropa bedeutet, sei an folgendem Beispiel erläutert. Viele Arten sind hier durch vitale Mitbewerber auf stark saure, trockene und mineralstickstoffarme Standorte abgedrängt worden, obwohl sie auf weniger sauren Böden bei mittlerer Wasser- und guter Stickstoffversorgung am besten gedeihen. Auf Grund ihrer ökologischen Toleranzbreite ertragen sie extreme Standortbedingungen nur besser als andere Sippen, die ihnen auf günstigeren Standorten durch rascheren und höheren Wuchs und damit beispielsweise im Wettbewerb um den Lichtfaktor überlegen sind. Ähnliches kann für das Verhalten gegenüber anderen Ökofaktoren gelten. Über die Ansprüche läßt sich nur durch ökophysiologische Untersuchungen und konkurrenzfreie Kulturen Zuverlässiges aussagen.

Um das ökologische Verhalten von Pflanzengesellschaften zu ermitteln, bieten die Zeigerwerte der einzelnen in Tabellen zusammengestellten Pflanzensippen die Möglichkeit, zu jedem der bewerteten Standortfaktoren Durchschnittszahlen zu berechnen. Auf diese Weise ergibt sich eine ökologische Kurzcharakteristik der Ökotope. Da es für eine ökologische Bewertung nicht gleichgültig sein kann, wie oft eine Sippe in einem Pflanzenbestand vorkommt, kann die Berechnung der Mittelwerte mit Gewichtungen vorgenommen werden. Man multipliziert dabei die ausgewiesenen Zeigerwerte einer Sippe mit den für die Artmächtigkeit ermittelten Abstufungen: $r = 0$, $+ = 0,5$, $1 = $ Faktor 1; $2 = $ Faktor 2, $3 = $ Faktor 3 usw. Näheres s. ELLENBERG et. al.(1992).

Besonders bei artenreichen Gesellschaften liegen die gewichteten und die ungewichteten Mittelwerte nahe beieinander, so daß hier auf eine Gewichtung verzichtet werden kann. Neben den arithmetrischen Mittelwerten sollte immer auch die Streuungsbreite der Zeigerwerte berücksichtigt werden. Lichtet man z. B. einen dichtbestockten bodensauren Buchenwald auf, so werden sich in der Bodenvegetation den bereits vorhandenen Schattenpflanzen auch lichtliebende Arten hinzugesellen. Gleichzeitig werden sich infolge des wärmebedingten Humusabbaus nitratzeigende Arten einstellen. Dadurch verschieben sich die Mittelwerte in Richtung einer stärkeren Beleuchtung und einer höheren Stickstoffverfügbarkeit. Die anthropogene Störung des Pflanzenbestandes äußert sich in einer großen Spannweite der betreffenden Zeigerwerte. Der Mittelwert an und für sich würde die Störung nicht wiedergeben.

2.3.3.2 Ökologische Gruppen

In den Zeigerwerttabellen entdeckt man Arten mit ähnlichem ökologischen Verhalten, die zu „ökologischen Gruppen" zusammengefaßt werden können. Zwei Beispiele seien angeführt:

Die Sumpffarn-Gruppe (Thelypteris-Gruppe)

	L	T	K	F	R	N	S	
Calamagrostis canescens	6	6	5	9	6	5	0	Sumpf-Reitgras
Carex elongata	4	6	3	9	6	5	0	Walzen-Segge
Carex laevigata	4	5	1	9	5	5	0	Glatte Segge
Osmunda regalis	5	6	2	8	4	5	0	Königsfarn
Thelypteris palustris	5	6	X	8	5	6	0	Sumpf-Lappenfarn

Die Gruppe umfaßt Nässezeiger (F8-9), die auf sehr sauren und auf stickstoffarmen Böden fehlen, aber auch sehr reiche Böden meiden, also bei saurer bis schwach saurer Bodenreaktion und mittlerer Stickstoffversorgung vorkommen (R5-7, N5-6). Es sind Halbschattenpflanzen (L4-6) in vorwiegend mäßig warmen Klimalagen (T4-6). Am meisten weichen sie hinsichtlich der Kontinentalität voneinander ab. *Carex laevigata* ist eine der wenigen ozeanischen Arten (K1), die Vorposten in Mitteleuropa haben. Auch *Osmunda* kann als ozeanisch (K2) gelten, während die übrigen Arten der Gruppe ihr Schwergewicht weiter im Osten haben (K3-5) oder als indifferent zu bezeichnen sind (Kx). Meist sind die Arten der Sumpffarn-Gruppe mit der Schwarzerle vergesellschaftet und kennzeichnen den Erlenbruchwald *(Alnetum glutinosae)*.

Die Lärchensporn-Gruppe (*Corydalis*-Gruppe)

	L	T	K	F	R	N	S	
Aegopodium podagraria	5	5	3	6	7	8	0	Girsch, Geißfuß
Allium ursinum	2	X	2	6	7	8	0	Bärlauch
Anemone ranunculoides	4	6	4	6	8	8	0	Gelbes Windröschen
Corydalis cava	3	6	4	6	8	8	0	Hoher Lerchensporn
Corydalis solida	3	6	5	5	7	7	0	Fester Lerchensporn
Gagea lutea	4	5	4	6	7	7	0	Wald-Gelbstern
Leucojum vernum	6	5	4	6	7	8	0	Märzenbecher
Rubus caesius	6	5	4	X	8	7	0	Kratzbeere

Die meisten in dieser ökologischen Gruppe zusammengefaßten Arten sind Geophyten mit früher Blühzeit, die in artenreichen Laubwäldern mit nährstoffreichen (N7-8), nur schwach sauren bis neutralen Böden (R7-8), teilweise auf Kalkuntergrund gedeihen. Die Wasserversorgung der Standorte ist mittelmäßig bis gut und in der Regel im Jahresgang ausgeglichen (F5-6). In der Hauptsache sind es Pflanzen mit mitteleuropäischem Verbreitungsschwerpunkt (T5-6) in subatlantischem bis schwach kontinentalem Klima (K4-5). Sie kommen hauptsächlich in der kollinen und submontanen Höhenstufe vor. Eine Ausnahme bildet *Allium ursinum* mit atlantisch/subatlantischer bis submediterraner Verbreitung (K2).

Im folgenden Ökogramm (Abb. 8a) sind wichtige ökologische Gruppen von krautigen Pflanzen, Moosen und Flechten, die in submontanen Laubwäldern Mitteleuropas gedeihen, nach dem ungefähren Feuchtigkeits- und Säurebereich ihres Vorkommens eingetragen. Als Beispiel seien die Artenlisten zweier Gruppen mit Zeigerwerten genannt:

Die kalkliebende Erdseggen-Gruppe (*Carex-humilis*-Gruppe) auf trockenen zumeist flachgründigen Böden.

Anthericum liliago 764-352, *Carex humilis* 765-383, *Coronilla emerus* 764-393, *Dictamnus albus* 784-382, *Geranium sanguineum* 764-383, *Peucedanum cervaria* 764-373.

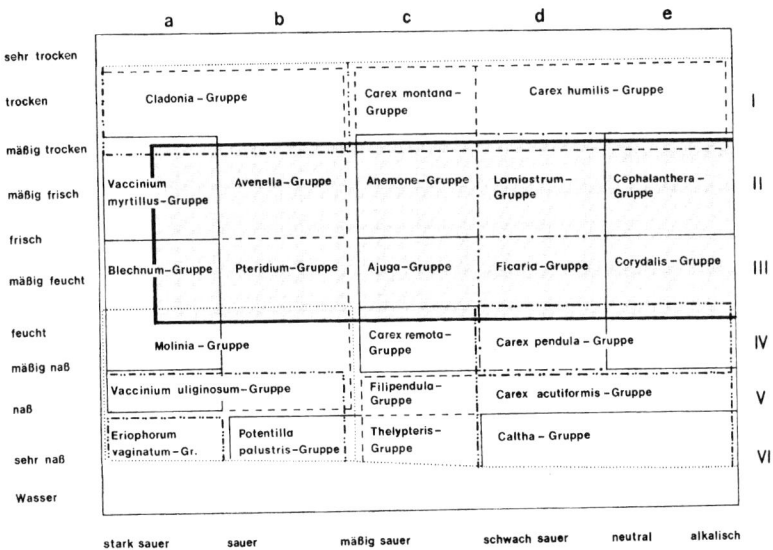

Abb. 8a: *Ungefährer Feuchtigkeits- und Säurebereich der Böden ökologischer Gruppen krautiger Pflanzen, Moose und Flechten in submontanen Laubwäldern Mitteleuropas (nach* ELLENBERG *1986).*
Die römischen Ziffern beziehen sich jeweils auf die Feuchtigkeitsstufe, die Buchstaben auf die Säurestufe, deren Bereich die betreffende Gruppe anzeigt. Grau unterlegt ist der Verbreitungsbereich der Buchenwälder (vgl. auch Abb. 8b).

Alle Arten sind relativ lichtliebend (L7), der Anspruch an die Wasserversorgung ist gering (F2-3), es sind Standorte mit hoher Bodenreaktionszahl (R7-9), die Stickstoffmineralisationsrate hingegen ist wegen der schwachen Bodenfeuchte gering (N2-3).

Die Frühlings-Scharbockskraut-Gruppe (*Ficaria*-Gruppe) auf frischen bis feuchten, schwach sauren und dabei nährstoffreichen Böden. *Adox moschatellina* 5x5-678, *Arum maculatum* 363-778, *Circaea lutetiana* 453-677, *Gagea spathacea* 264-677, *Mnium undulatum, Listera ovata* 6x3-677, *Ranunculus auricomus* 563-x7x, *Scilla bifolia* 575-776, *Stachys sylvatica* 4x3-777.

Ähnlich verhält sich die Lerchensporn-Gruppe (*Corydalis*-Gruppe). Jedoch verlangt sie besonders nährstoffreiche, oft kalkhaltige, vor allem im Frühjahr frische aber nicht vernäßte Böden (Durchlüftung wichtig für Stickstoffmineralisation).

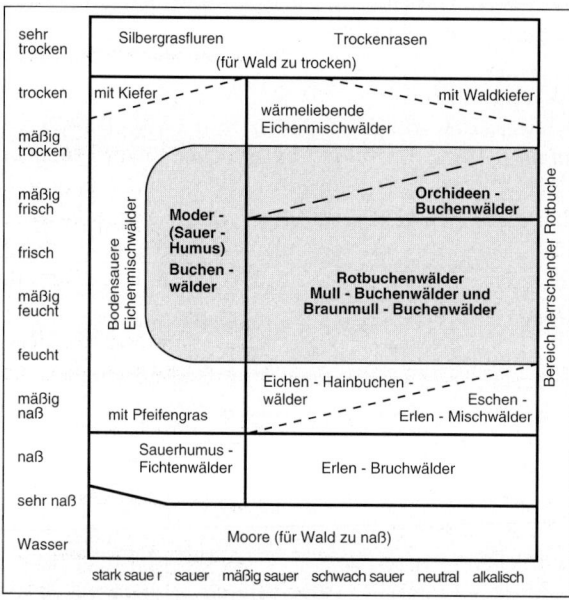

Abb. 8b: Ungefährer Feuchtigkeits- und Säurebereich der Verbände und Unterverbände mitteleuropäischer Laubwaldgesellschaften (nach ELLENBERG [4]*1986, verändert)*

Erläuterung: Die Rotbuche *(Fagus sylvatica)* hat von den Laubbäumen in Mitteleuropa die weiteste Verbreitung. Der Verband der Rotbuchenwälder (Fagion) gliedert sich in die frischen bis mäßig feuchten (mesophilen) Mull- und Braunmull-Buchenwälder (Eu-Fagenion) auf nährstoffreichen, insbesondere kalkreichen Böden, die mehr säureertragenden Moder-Buchenwälder (Luzulo-Fagenion) und die auf trockene, warme Hänge über kalkreichem Untergrund beschränkten Orchideen-Buchenwälder (Cephelanthero-Fagenion). Noch trockenere Standorte besiedeln Gesellschaften der wärmeliebenden Eichen-Mischwälder (Quercion pubescenti-petraeae), mit denen der Wald auf flachgründigen, intensiv besonnten Hängen an seine Trockengrenze reicht. Auf stark sauren Böden wachsen jenseits der Verbreitungsgrenze der Buche artenarme Birken-Eichenwälder (Quercion robori-petraeae), deren feuchte bis nasse Ausbildungen Pfeifengras *(Molinia caerulea)* enthalten. Basenreichere Feuchtböden, aber auch Trockenstandorte werden von Eichen-Hainbuchenwäldern (Verband: Carpinion) eingenommen. Ein mehr nässeertragender Verband, die Eschen-Erlen-Mischwälder (Alno-Ulmion), leitet über zu den Erlen-Bruchwäldern (Alnion glutinosae). Gemeinsam mit den Birkenbrüchern (Betulion pubescentis), einem Unterverband der bodensauren Nadelwälder (Vaccinio-Piceion), bilden sie die Nässefront des Waldes gegen die Moore (Sphagnion und Magnocaricion).

In ähnlicher Weise hat Ellenberg wichtige Straucharten und Lianen mitteleuropäischer Laubwälder und Gebüsche nach ökologischen Gruppen zusammengestellt. In einem weiteren Ökogramm (Abb. 8b) hat er eine Einordnung der wichtigsten mitteleuropäischen Laubwaldverbände und -unterverbände nach Feuchtigkeits- und Säurebereichen vorgenommen.

Vergleicht man das Ökogramm (Abb. 8a) der ökologischen Gruppen krautiger Pflanzen mit dem der vorherrschenden Verbände mitteleuropäischer Laubwaldgesellschaften (Abb. 8b), in dem die wichtigsten Baumarten zur Kennzeichnung herangezogen werden, so stellt man fest, daß die ökologische Amplitude der meisten krautigen Arten enger ist als die der Baumarten. Diese Regel ergibt sich bereits daraus, daß in der Krautschicht der Wälder mindestens zehnmal mehr Arten miteinander konkurrieren als in der Baumschicht. Für die ökologische Raumbewertung bedeutet dies, daß der Krautschicht stets eine feinere Information zu entnehmen ist als der Baumschicht.

2.3.3.3 Andere ökologische Bewertungsverfahren

Eine kritische Einstellung zu Zeigerwerten von Pflanzenarten haben WALTER und BRECKLE (1991). Sie betonen, daß die Wettbewerbsfähigkeit einer Art, auf die es in einer Pflanzengemeinschaft ankommt, vom Zusammenwirken aller Umweltfaktoren abhängt. Ändert sich ein Faktor, so ändert sich zumeist auch die quantitative Beziehung zu einem oder mehreren Faktoren. Das gilt dann, wenn die Konkurrenten nicht mehr die gleichen sind.

WALTER (1951) richtet dabei sein Augenmerk auf die „primären Standortfaktoren" (vgl. Abb. 17b), das sind diejenigen Umweltfaktoren, die auf die Pflanze direkt wirken:

1. Die Wärmeverhältnisse, gemessen als Temperatur,
2. der Wasserfaktor oder die Hydratur,
3. das Licht in seiner Bedeutung für die CO_2-Assimilation sowie für Entwicklungs- und Wachstumsvorgänge,
4. verschiedene chemische Faktoren wie der CO_2- und O_2-Gehalt der Atmosphäre und der Bodenluft oder bei Wasserpflanzen, des ungebundenen Wassers, die Makro- und Mikronährstoffe (Abb. 17a), die Reaktion des Bodens (pH-Wert) sowie die Anwesenheit von Stoffen, die für die Pflanze schädlich sind,
5. verschiedene mechanische Faktoren, die zu Verlusten von Pflanzenteilen oder zur Vernichtung ganzer Pflanzen führen. Solche Faktoren sind Windeinwirkung als Windbruch, Schnee- und Sandschliff, Überschüttung bei Dünen, außerdem Bodenfließen, Lawinenabgang, Blitzschlag und Feuer sowie Viehverbiß, -tritt, -mahd, Kahlhieb, Rodung und andere Einwirkungen des Menschen.

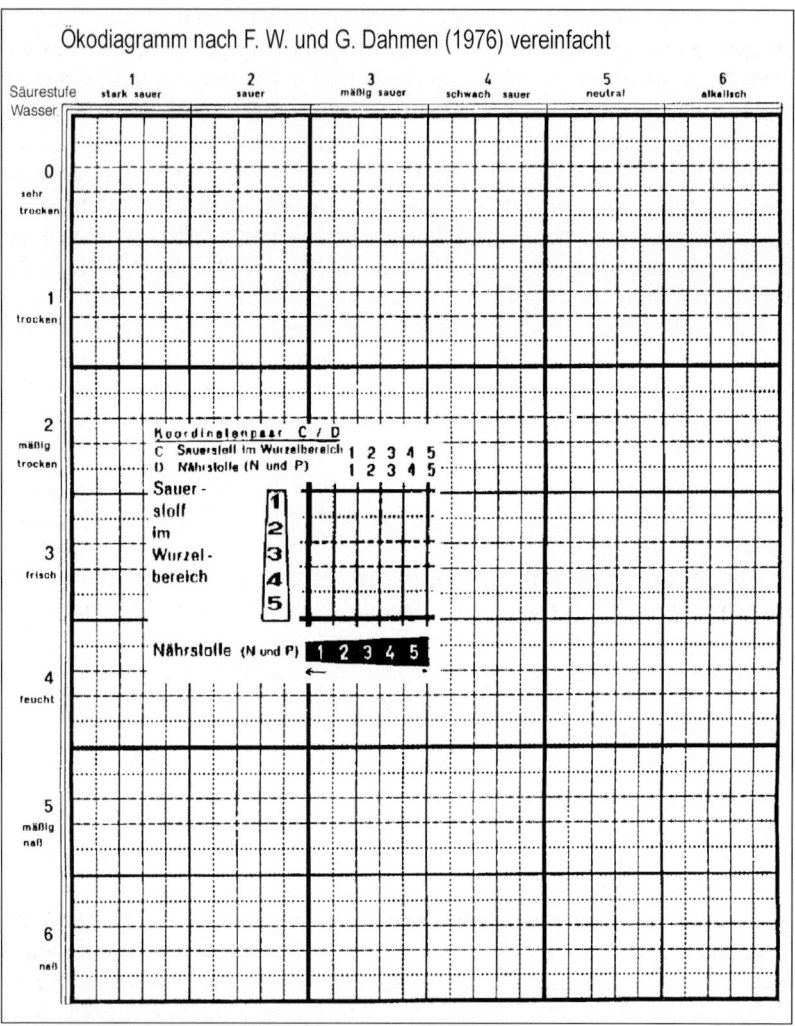

Abb. 9: Ökodiagramm nach F. W. und G. DAHMEN (1976),

Dieses Ökodiagramm visualisiert die Einstufung einer Pflanze in Abhängigkeit der vier Bodenfaktoren: Säurestufe, Feuchtestufe, Sauerstoffangebot im Wurzelraum sowie Angebot von Stickstoff und Phosphor. Die vier klimatischen Faktoren, die F.W. und G. DAHMEN darüberhinaus berücksichtigen, sind hier der Übersichtlichkeit wegen vernachlässigt worden. Der im Diagramm schwarz markierte Beispielfall kennzeichnet eine Pflanze, deren Verbreitung mit folgenden edaphischen Merkmalen korreliert: Wasserstufe trocken (1), Bodenreaktion alkalisch (6), Sauerstoff im Wurzelraum hoch (5) und N- und P-Angebot mittel (3) - z.B. Vincetoxicum officinale (Schwalbenwurz).

Auf diesen Grundlagen haben F. W. und G. DAHMEN (1976) Ökodia-gramme entwickelt, die mehrere Variablen berücksichtigen und so eine öko-logische Beurteilung von Pflanzen und Pflanzengemeinschaften und ihrer Standorte ermöglichen.

Im vorgestellten Beispiel wird eine Pflanze in Abhängigkeit von vier Bodenfaktoren betrachtet, nämlich der Säurestufe, der Feuchtestufe, Sauer-stoff im Wurzelbereich und den Makronährstoffen Stickstoff und Phosphor. In einem weiteren Ökodiagramm lassen sich vier klimatische Faktoren beur-teilen, z. B. Beleuchtungsgrad, Wärmestufe, Kontinentalität und Grad der Windeinwirkung.

Der Vorteil dieser Diagramme von F. W. und G. DAHMEN besteht neben der Berücksichtigung des ökologischen Faktorengefüges darin, daß auch Ver-änderungen der Standorte und damit Verschiebungen der Einstufung inner-halb der Koordinatensysteme – d. h. in den quantitativen Beziehungen zu bestimmten Faktoren – dargestellt werden können. So wird z. B. bei Entwäs-serung eines Moorbodens die Wasserstufe geringer, aber gleichzeitig steigt der Wert für die Nährstoffversorgung mit Stickstoff und Phosphor infolge der verstärkten Mineralisation an.

Auf der Grundlage dieser ökologischen Matritzen sind standortgerechte Anpflanzungen und damit ökologische Landschaftsplanungen möglich.

2.3.4   Vegetationsdynamik

2.3.4.1   Saisonale Veränderungen

Im Laufe eines Jahres erfahren die Pflanzen- und auch die Tiergesellschaften in großen Teilen der Erde periodisch wiederkehrende Veränderungen. Zu einer ständig vorhandenen und wahrnehmbaren Gruppe von Arten kommen solche, die nur zeitweilig in Erscheinung treten. Ihr Sichtbarwerden kann wanderungsbedingt (Tierwanderungen, Vogelzug usw.) oder entwicklungs-bedingt sein (Keimung, Sproß-, Blüten-, Fruchtbildung). Alle saisonalen Erscheinungsformen von Gesellschaften bezeichnet man als Aspekt, ihren Ablauf als Aspektfolge.

Von den Alterungs- und Regenerationsprozessen in Pflanzengesellschaf-ten, die sich in längeren, oft Jahrhunderte dauernden Zeiten vollziehen, unter-scheiden sich die Aspekte durch ihre jahreszeitliche Bindung, von den Suk-zessionen durch ihre zyklische Wiederkehr.

Zu den auffälligsten Aspekten der sommergrünen Laubwälder Mitteleuro-pas gehören die winterliche Kahlheit der Bäume und meisten Sträucher, die unterschiedlichen Knospungs- und Belaubungsstadien im Frühjahr und die herbstliche Laubverfärbung, aber auch das zeitweise Hervortreten bestimm-

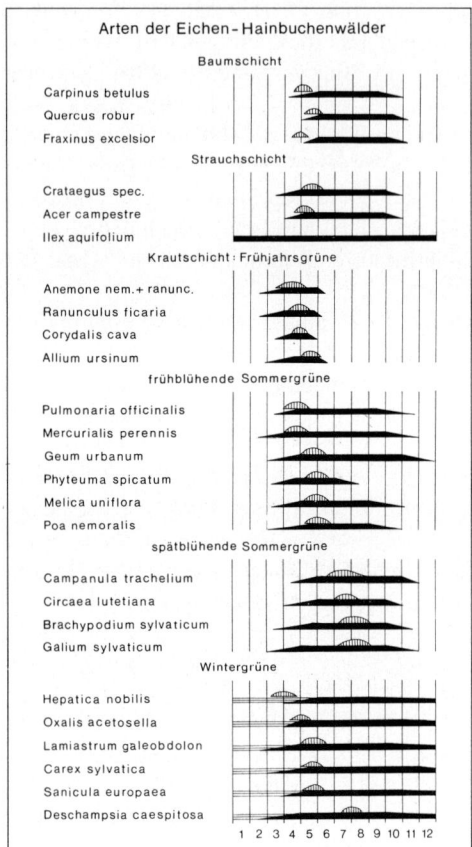

Abb. 10a: Jahreszeitliche Entwicklung charakteristischer Arten in feuchten Eichen-Hainbuchenwäldern Nordwestdeutschlands. Andauer vegetativer Organe: schwarz = diesjährige Blätter, waagerecht schraffiert = überwinterte Blätter, aufgesetzt und senkrecht schraffiert = Blüten. Laubentfaltung der Bäume. (nach ELLENBERG, *verändert, aus* EHRENDORFER *1991).*

ter Arten und Artenkombinationen in der Feld- und Bodenschicht. So vermögen vor allem Frühlingsgeophyten, bestimmte Sommerpflanzen oder Moose und Pilze im Herbst durch ihre Wuchsformen und ihr starkes Hervortreten den Aspekt der Feld- und Bodenvegetation vorübergehend zu bestimmen.

Aus der Aspektfolge ergibt sich: Einmalige Aufnahmen eines Pflanzenbestandes spiegeln zumeist nur einen bestimmten, saisonabhängigen Zustand der betreffenden Gesellschaft wider. Will man die Gesellschaft umfassend kennzeichnen, ist es erforderlich, Erhebungen in verschiedenen Jahreszeiten durchzuführen und die Aspektfolge zu beachten.

Von den saisonalen und längerfristigen zyklischen Wandlungen zu unterscheiden sind zudem aperiodische witterungsbedingte Veränderungen der Pflanzen- und auch Tiergemeinschaften. Sie beeinflussen insbesondere das Artenspektrum sowie die Abundanz-, Dominanz- und Vitalitätsmerkmale der Bestände. Besonders zeigen sich die Auswirkungen solcher Ereignisse an rasch reagierenden, meist kurzlebigen Arten. Beispielsweise kümmern in Trockenjahren die feuchtigkeitsliebenden Arten, und die Nässezeiger verschwinden, in nassen Jahren dagegen erfahren sie eine Massenentfaltung. Um den Normalbestand der Artenzusammensetzung zu ermitteln, müssen deshalb diese witterungsabhängigen, von Jahr zu Jahr variierenden Bestandesschwankungen aufgedeckt und möglichst ausgeschlossen werden.

2.3.4.2 Längerfristige Veränderungen

Außer dem kurzfristigen saisonalen Wechsel der Vegetationsaspekte auf ein und demselben Standort im Jahresverlauf gibt es längerfristige Veränderungen der Vegetation am gleichen Ort. Dabei lassen sich längerfristige zyklische Veränderungen von Pflanzengemeinschaften, die derselben Schlußgesellschaft angehören, von längerfristigen gerichteten Veränderungen unterscheiden, bei denen verschiedene Pflanzengesellschaften einander ablösen.

Längerfristige zyklische Veränderungen

Längerfristige Veränderungen der Artenkombinationen stellen sich infolge von Alterungs- und Regenerationsprozessen ein, denen Pflanzengesellschaften ähnlich wie die einzelnen Organismen unterliegen. Eine ausreichende Klärung der Gesellschaftsstruktur und -zusammensetzung ist deshalb zumeist nur auf der Grundlage langfristiger Beobachtungen der inneren Dynamik der Gesellschaften zu erreichen. Das gilt besonders für Waldgesellschaften.

In Forsten wechseln Dickungen, Stangenhölzer, altersgleiche Hochwälder und zur Verjüngung aufgelichtete Altbestände nach dem Willen der Forstbewirtschafter räumlich und zeitlich miteinander ab. Aber auch in Urwäldern herrscht Vegetationsdynamik und besteht ein gewisser zyklischer Rhythmus von einander ablösenden Entwicklungsphasen. So lassen sich etwa im Rothwald-Urwald, einem Fichten-Buchen-Tannenwald des Galio-Abietenion-Verbandes im subozeanisch geprägten montanen Höhenbereich am Dürrenstein, bei Lunz am See in den niederösterreichischen Kalkalpen, folgende Entwicklungsphasen unterscheiden: Verjüngungsphase, Plenter- bzw. Femelphase, Optimalphase und Alterungsphase (MAYER u. a. 1987, POTT 1993). Die Zerfallsphase, bei der durch niederbrechende Bäume Lücken im Bestand entstehen, markiert zugleich die beginnende Verjüngungsphase. Wenn durch Sturm und weiteres Absterben der Altbäume größere Lücken entstehen, kann

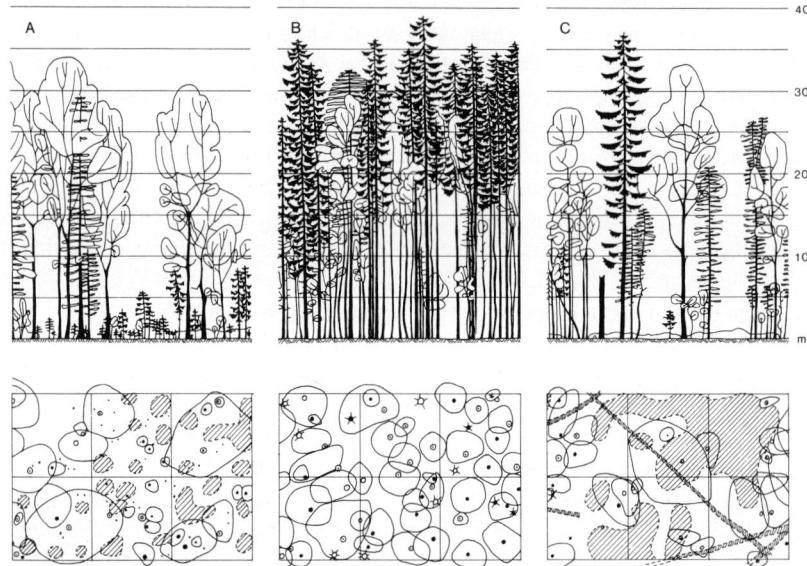

Abb. 10b: Zyklische Regeneration eines montanen Fichten-Tannen-Rotbuchen-Urwaldes der östlichen Kalkalpen (Rothwald bei Lunz am See, Niederösterreich): A Verjüngungsphase mit reichlichem Jungwuchs in Umtriebslücken (Windwurfstellen), B Optimalphase mit dichtem Kronenschluß umd überwiegendem Nadelholzanteil, C Zerfallphase eines überalterten Bestandes mit viel stehendem und liegendem toten Holz, hoher Rotbuchenanteil, neuerliches Aufkommen von Jungwuchs. Vegetationsprofile im Auf- und Grundriß: ● *Fichte;* O *Tanne, Seitenäste weiß;* ☉ *Rotbuche, Laubkronen schematisch; gefallene Stämme; Jungwuchs schraffiert (nach* ZUKRIGL, ECKHARDT, NATHER *1963, aus:* EHRENDORFER *1991)*

sich ein femelartiger Bestand entwickeln, in dem vorübergehend Nitrophyten und auch Lichtgehölze auftreten, die jedoch bald von Schattgehölzen überwachsen werden. In der Optimalphase schließt sich die Baumschicht hochwaldartig zusammen. Die Optimalphase leitet über zur Alterungsphase und diese eröffnet mit dem Zerfall die Verjüngungsphase. Mit den Phasen wechseln die Aspekte. So treten in der Femelwaldphase die Buchen stärker hervor und in der Alterungsphase die Fichten und Tannen.

Längerfristige gerichtete Entwicklungen (Sukzessionen)

Außer den zyklischen Veränderungen, die innerhalb von Pflanzengesellschaften stattfinden, gibt es Veränderungen, bei denen auf Grund der standörtlichen Weiterentwicklung verschiedene Pflanzengesellschaften am gleichen Ort regelhaft aufeinanderfolgen. Sie zeichnen sich durch eine gerichtete (lineare) Fortentwicklung aus und führen zu neuen Pflanzengesellschaften bzw. Biozönosen. Die aufeinanderfolgenden Pflanzengesellschaften verändern bis zum gewissen Grade auch die Standortbedingungen, d. h. den Boden, den Wasserhaushalt, das Bestandsklima und die Zoozönose. Die nacheinander auftretenden Entwicklungsabschnitte nennt man Sukzessionsphasen, die mit vegetationskundlichen Methoden (z. B. durch Kenn- und Trennarten) voneinander abhebbaren Entwicklungszustände Sukzessionsstadien.

Grundsätzlich lassen sich zwei Arten von Sukzessionen unterscheiden: formative oder Gestaltungs-Sukzessionen und konsumptive oder Verbrauchs-Sukzessionen.

Formative Sukzessionen oder Gestaltungssukzessionen

Die Sukzessionen haben eine bestimmte Entwicklungsrichtung. Sie kann „progressiv" (aufsteigend) oder „regressiv" (absteigend) sein, wobei der Sukzessionsvorgang auf verschiedenen Entwicklungsniveaus des Pflanzenbestandes beginnen kann. Welche Entwicklungsrichtung er einschlägt, hängt vom Zustand und der Beeinflussung des Standorts ab.

Tendiert die Entwicklung zu Schlußgesellschaften[4], d. h. zu Gesellschaften, die mit ihren Standortbedingungen im optimalen Einklang stehen und sich nur bei längerfristigen Veränderungen etwa des Großklimas wandeln, liegen progressive Sukzessionen vor. Führt die Gesellschaftsfolge dagegen von der Schlußgesellschaft weg, liegen regressive Sukzessionen vor, die in der Regel mit einer Degradation ihrer Standorte verbunden sind.

Nach dem Ausgangszustand der Standorte unterscheidet man weiterhin zwischen primären und sekundären Sukzessionen. Primäre Sukzessionen setzen auf vorher unbesiedelten Standorten (z. B. Dünen, Gletschervorfelder, Schuttkegel im Hochgebirge) ein. Sekundäre Sukzessionen finden auf schon vorher besiedelten Standorten statt, d. h. solchen, die bereits eine gewisse biozönologische Entwicklung hinter sich haben und von einer Lebensgemeinschaft besiedelt sind. Bei der Bezeichnung werden häufig beide Kriterien, der Ausgangszustand und die Richtung der Entwicklung, miteinander kombiniert. So gibt es primäre progressive Sukzessionen und sekundäre progressive aber auch regressive Sukzessionen.

Beispiele für primäre progressive Sukzessionen sind die zeitlich aufeinander folgenden Lebensgemeinschaften auf Dünensand von der Primärdüne über die Weißdüne zur Grau- und Braundüne mit ihren jeweils charakteristischen Pflanzengesellschaften (vgl. Abb. 29), die Entwicklung auf den Rohböden jüngst eisfrei gewordener Gletschervorfelder, die Besiedlung junger Lavaströme und Aschenfelder oder auch die biogene Verlandung von Gewässern. Flächen für eine Erstbesiedlung können auf mannigfache Weise entstehen, vor allem durch natürliche, quasinatürliche und künstliche Abtragungs-

---

[4] Zu den Schlußgesellschaften vgl. Kap 2.5 „potentielle natürliche Vegetation"

und Aufschüttungsvorgänge. Die Schlußgesellschaften der natürlichen Vegetationsentwicklung, d. h. mit ihrer Umwelt im Einklang stehende, dauerhafte Pflanzengesellschaften, werden in Mitteleuropa auf den meisten Standorten zwischen der Nordseeküste und der klimatischen Waldgrenze in einigen höheren Mittelgebirgen und den Alpen von Waldgesellschaften gebildet. Ausnahmen sind die Watten, Küstendünen, Hochmoore, für Wald zu trockene, steile Süd- bis Westhänge, Felswände und freistehende Felsformen im Gebirge sowie der Mattenbereich oberhalb der Waldgrenze.

Progressive Sukzessionsvorgänge von gewaltigem Ausmaß sind am Ende der letzten Eiszeit bei der Neubesiedlung der Moränen und Schmelzwasserablagerungen in Gang gekommen. Sie wurden außer durch die Klima- und Bodenentwicklung durch Migrationsvorgänge bei Pflanzen und Tieren, d. h. den geschichtlichen Prozeß der Sippenwanderung beeinflußt. Diese Entwicklungen von größeren zeitlichen Dimensionen werden hier im Kapitel historische Pflanzengeographie behandelt (besonders ab S. 95ff).

Mit progressiven Sukzessionen ist im allgemeinen eine Veränderung der Standortverhältnisse in positiver Richtung verbunden. Es entwickelt sich ein Bodenprofil, der Wasserhaushalt und das Bestandesklima verändern sich unter dem Einfluß der aufeinander folgenden Pflanzenbestände, die gesamte Lebensgemeinschaft (Biozönose) strebt einem ausgewogenen Zustand zu. Es wird schließlich ein Status erreicht, bei dem die Lebensgemeinschaft aus Pflanzen und Tieren im optimalen Einklang mit den lokalen Standortgegebenheiten, dem zonalen Klima und den vorhandenen Biota (Flora und Fauna) steht. Abgesehen von den behandelten saisonalen und zyklischen vegetationsdynamischen Veränderungen wird sich die ausgebildete Pflanzengesellschaft relativ stabil verhalten und nur auf Veränderungen des Großklimas oder die Qualität des Standortes dauerhaft beeinflussende geomorphologischen Vorgänge reagieren. Solche im ausgewogenen Gleichgewicht mit ihrer Umwelt stehenden Pflanzengesellschaften werden als Schlußgesellschaften oder, mit einem älteren Begriff, als Klimaxgesellschaften (griech. klimax = oberste Stufe einer Leiter) bezeichnet.

Regressive Sukzessionen führen von den Schlußgesellschaften weg und sind mit einer Degradation der Vegetation und auch der Böden verbunden. Sie können natürliche Ursachen haben, wie die Klimaverschlechterungen zu Beginn der Eiszeiten, fortschreitende Wüstenbildung, Abtragungsprozesse (Bodenerosion, Muren, Erdrutsche) oder – wie zumeist der Fall – durch den Menschen ausgelöst sein. Das gilt besonders für Vorgänge der Bodenzerstörung durch unangepaßte Nutzung (z. B. Kahlschlag, Übernutzung von Ackerland, zu hoher Viehbesatz im Weideland und in Hutewäldern sowie Beseitigung der Vegetation, Abgrabung des Bodens und Veränderung der Abflußverhältnisse durch Bergbau, Industrialisierung und allgemein durch Bebauung). Regressive Sukzessionen können mit einer völligen Degradierung der Biotope enden. So ist mit Bodenerosionsprozessen in den Tropen, als Folge von Übernutzung, oft Krustenbildung (Laterit-, Kalk- oder Kieselkrusten) verbunden. Bei Abtragung des Bodenprofils bis auf die krustenbildenden Horizonte und Verhärtung des Bodenmaterials durch Austrocknung findet dann vorwiegend Flächenspülung statt, die nur eine pflanzliche Besiedlung im Pionierstadium zuläßt (KLINK/LAUER 1975). Im Mediterrangebiet sind die Degradationsstadien vom Steineichenwald über die Kermeseichen-Macchie bzw. Garrigue zur Wolfsmilch-Felsheide ein Beispiel für regressive Sukzession.

Glücklicherweise verursachen nicht alle menschlichen Eingriffe sekundäre regressive Sukzessionen mit Standortdegradationen. Wenn die Standortbedingungen in einem bestimmten Zustand stabil gehalten werden können, dann siedeln sich zwar zunächst Ersatzgesellschaften an, die sich entweder auf natürlichem Wege oder durch menschliche Arbeitsleistung wieder in Richtung der potentiellen Schlußgesellschaft entwickeln. Beispiele für solche sekundären progressiven Sukzessionen bilden die Wiederbewaldung von Weinbergsbrachen oder von extensiv weidewirtschaftlich genutzten Halbtrockenrasen (Drieschen) in Kalkgebieten der europäischen Mittelgebirge oder des Schichtstufenlandes. Als regressiv hingegen müssen die Ersatzgesellschaften (Sekundärwälder) bezeichnet werden, die nach stärkeren Eingriffen, wie Brandrodung in den tropischen Tieflandsregenwäldern heranwachsen, weil hierbei der Standort entscheidende Bestandteile einbüßt.

Zur Darstellung der verschiedenen auf einem Standort möglichen Gesellschaften, die entweder zu der jeweiligen Schlußgesellschaft hinführen oder als regressive, oft menschlich bedingte Ersatzgesellschaften von ihr wegführen, sind sogenannte Gesellschaftsringe entwickelt worden. Ein Gesellschaftsring enthält alle Sukzessionsstadien, die auf einem Standort mit einer bestimmten Schlußgesellschaft auftreten können.

Konsumptive Sukzessionen oder Verbrauchssukzessionen

Konsumptive Sukzessionen stellen sich beim Abbau organischer Substanz durch heterotrophe Organismen ein. Sie sind für den Kreislauf in Ökosystemen von außerordentlicher Bedeutung und bilden einen wichtigen Gegenstand der Ökosystemlehre (vgl. Kap. 4.5). Die Erstnutzer verwerten nur einen Teil der organischen Substanz; nicht genutzte Reste werden von nachfolgenden Organismengruppen verwendet, bis das Ausgangsmaterial vollkommen abgebaut ist und im remineralisierten Zustand von den autotrophen Organismen erneut aufgenommen werden kann.

Diese Verbrauchssukzessionen, bei denen hauptsächlich Bakterien, Pilze und tierische Lebewesen in regelhafter Folge miteinander vernetzt sind, verhindern im allgemeinen eine Anhäufung organischer Abfälle in der Natur und ermöglichen die stete Wiederbereitstellung der lebenswichtigen Grundstoffe.

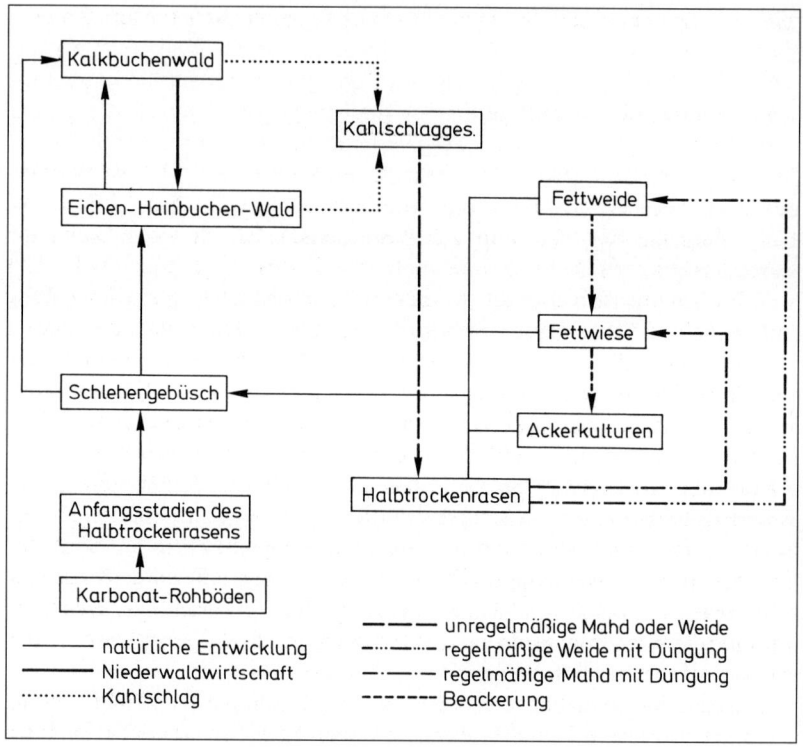

Abb. 11: Gesellschaftsring auf tiefgründigen Flachhängen über Kalk im Bereich der Venn-fußfläche bei Stolberg, Region Aachen (nach SCHWICKERATH 1954, aus: SCHMITHÜSEN 1968, S. 277).

Beispiele für derartige Verbrauchssukzessionen sind der Abbau von abgestorbenen Pflanzen, insbesondere Bäumen, Tieren oder der stufenweise Abbau von organischen Verunreinigungen in Gewässern. Beim Abbau organischer Stoffe in Gewässern stellt sich eine Sukzession ein, die mit dem Saprobiensystem, d. h. einer Klassifizierung der Gewässergüte nach ihrem Verunreinigungsgrad, beschrieben wird (Näheres siehe HOFFMANN 1985, S. 65 und SCHWOERBEL 1993).

2.4 Gliederung der Vegetation nach physiognomischen Merkmalen

2.4.1 *Pflanzliche Gestalttypen*

In Kap. 2.3 Vegetationskunde – Pflanzensoziologie ist die Differenzierung der Vegetation auf den Taxa und deren Vergesellschaftung aufgebaut. Die Gliederung der Vegetation in Pflanzengesellschaften erfordert damit ein hohes Maß an Artenkenntnis und ein hinreichendes Verständnis der floristischen Systematik. Ein anderer seit langem beschrittener Weg zur Gliederung und kartographischen Erfassung der Vegetation führt über das äußere Erscheinungsbild der Pflanzen und der von ihnen gebildeten Bestände, d. h. über ihre Gestalttypen, Wuchs- oder Lebensformen, wobei diese Bezeichnungen weitgehend im gleichen Sinne gebraucht werden. Bei diesem Ausgangspunkt gliedert man die Pflanzendecke in gleichaussehende Pflanzenbestände. Bereits der Botaniker AUGUST GRISEBACH führte 1838 für physiognomische Vegetationseinheiten den Begriff „pflanzengeographische Formation" ein und verstand darunter „... eine Gruppe von Pflanzen, die einen abgeschlossenen physiognomischen Charakter trägt, wie eine Wiese, ein Wald und dergleichen ...". Später kam dafür der von GRISEBACH selbst eingeführte Begriff „Pflanzenformation" in Gebrauch und die Formationstypen wurden ständig verfeinert.

Der auf den pflanzlichen Gestalttypen beruhende Ansatz zur Gliederung der Vegetation ist nicht nur deshalb von Bedeutung, weil dadurch das taxonomische System der Pflanzen weitgehend vernachlässigt werden kann, sondern auch weil damit Anpassungen an bestimmte ökologische Faktoren, insbesondere den Wasserhaushalt, erfaßt werden. Von Natur aus physiognomisch einheitliche Pflanzenbestände bringen also zugleich bestimmte ökologische Bedingungen zum Ausdruck, so daß die Bezeichnung physiognomisch-ökologische Vegetationseinheiten gerechtfertigt ist. Besonders trifft das für die großräumige, d. h. kleinmaßstäbliche Vegetationsgliederung zu (s. DIERCKE 1996, S. 226-227).

2.4.2 *Ökologische Konvergenz – analoge Lebensformen*

Den pflanzlichen Gestalttypen liegt die Betrachtung des gesamten Habitus der Pflanze zugrunde, d. h. Größe, Form und Gliederung sowie Lebensweise und Lebensdauer, z. B. sommergrüne Bäume mit mesomorphen Blättern (Bäume des europäischen Laubwaldes), immergrüne, xeromorphe Nadelbäume (Bäume des borealen Nadelwaldes), hellrindige, bedornte Schirmkronenbäume und Sträucher sowie Stammsukkulenten (Dornstrauch-Sukkulenten-Formation). Schon früh hat man Zusammenhänge zwischen den pflanzlichen Lebensformen und dem Klima erkannt, indem man in durch große Entfernungen getrennten Lebensräumen mit ähnlichem Klima konvergente (oder analoge) Lebensformen entdeckte. Von Konvergenz oder Analogie spricht man, wenn bei Pflanzen und Tieren der Herkunft nach Ungleiches eine ähnliche Gestalt oder Funktion angenommen hat. Konvergente Lebensformen sind in der Pflanzenwelt häufig. Sie gehören systematisch verschiedenen Pflanzensippen an und haben sich durch Selektion im Verlauf der Entwicklungsgeschichte unter ähnlichen Klimabedingungen aus Vorfahren unterschiedlicher Herkunft herausgebildet, z. B. stammsukkulente *Cactaceae* in Amerika und sehr ähnlich aussehende *Euphorbiaceae* und *Asteraceae* in Afrika oder Hartpolstergewächse aus der *Asteraceen*-Familie auf Neuseeland und solche aus der *Umbelliferen*-Familie auf den Kerguelen. Gestalt- und Funktionseigentümlichkeiten der Pflanzen, die besonders in extremen Klimaten ausgebildet sind, stehen in Beziehung zu der Arbeit, welche die Pflanze zu leisten hat, um an ihrem Standort zu überdauern. Für die Trockengebiete und tropischen Hochgebirge hat dies TROLL (1960) beispielhaft dargestellt.

Die ökologischen Lebensformen sind ihren Standorten oft hochgradig angepaßt. Dabei kann jeder Standort von einem ganzen Komplex von Formen besiedelt werden, die sich den zur Verfügung stehenden Raum und die Vegetationszeit teilen. Sie besetzen einander ergänzende Rollen (ökologische Nischen). So ist in den außertropischen Steppen neben den sommergrünen Horstgräsern und Stauden im Frühjahr Platz für niedrige Zwiebelpflanzen *(Geophyten)* und Ephemere *(Therophyten)*. In den Prärien Nordamerikas werden diese Rollen von ganz anderen Gattungen eingenommen als in den Steppen Eurosibiriens, wobei zahlreiche Konvergenzen ausgebildet sind. Optimal besetzt sind die ökologischen Nischen im artenreichen Ökosystem des tropischen Regenwaldes. Nicht in jedem Lebensraum sind alle Rollen optimal besetzt. Daher können neu eingewanderte oder eingeschleppte Pflanzen in der natürlichen Vegetation eindringen und sich einbürgern.

Die konvergenten Lebensformen und deren Kombinationen ermöglichen es über die Kontinente hinweg, d. h. in verschiedenen Florenreichen, typische Pflanzenformationen auszusondern und als Vegetationszonen oder Biome zu kartieren, z. B. den tropischen Regenwald und die immergrünen Hartlaubformationen der Winterregengebiete.

2.4.3   *Klassifikationen pflanzlicher Gestalttypen (Lebensformen)*

Mit dem Gestalttyp einer Pflanze wird ihr gesamter Habitus (Größe, Form, Gliederung), ihre Lebensweise und Lebensdauer erfaßt. Im gleichen Sinne werden in der Literatur die Bezeichnungen Wuchsform und Lebensform gebraucht, wobei unter Wuchsform gelegentlich mehr das äußere Erscheinungsbild der Pflanze (z. B. Schopfbaum, Polsterstaude) und unter Lebensform mehr die Lebensweise (z. B. Schwimmblattpflanze, Baumwürger, Epiphyt) verstanden werden. Da sich beides aber kaum voneinander trennen läßt, werden diese beiden Bezeichnungen in neuerer Zeit häufig durch den neutraleren Begriff Gestalttypus ersetzt.

Der Begriff „Lebensform" stammt von Eugen WARMING (1895/96), einem der Begründer der ökologischen Pflanzengeographie. Er ging dabei von der Überlegung aus: „Jede Art muß", um überleben zu können , „im äußeren und inneren Bau mit den Naturverhältnissen, worunter sie lebt, im Einklang sein". Die Lebensform oder der Gestalttyp äußert sich in der Gestalt und im Bau der Blätter, Sproß-, Wurzel- und Fortpflanzungsorgane, dem Ausmaß der Verholzung sowie im gesamten Lebensrhythmus, insbesondere der Art, wie und mit Hilfe welcher Einrichtungen die Pflanze die für sie ungünstige Jahreszeit (Trocken- oder Kälteperiode) überdauert. Wie hoch WARMING die Bedeutung der Lebensformen einschätzte, geht daraus hervor, daß es für ihn der größte Fortschritt der ökologischen Pflanzengeographie gewesen wäre, „die verschiedenen Lebensformen ökologisch zu erklären".

Im Laufe der Erforschung der Pflanzenwelt sind zahlreiche Versuche zur Klassifikation der pflanzlichen Gestalttypen unternommen worden. Sie gehen z. T. vom gesamten Erscheinungsbild der Pflanzen aus und klassifizieren sie hauptsächlich nach morphologischen Merkmalen, die man versucht zu den ökologischen Bedingungen in Beziehung zu setzen. Bezeichnungen nach Wuchsformenmerkmalen verwandte bereits A. v. HUMBOLDT (1806), indem er 19 Pflanzenformen unterschied, z. B. Kakteenform, Horstgrasform, Palmenform u.a. Spätere Ansätze zielen darauf ab, die Klassifikation nach Gestaltmerkmalen zu verfeinern und in zunehmenden Maße ökologische Beziehungen herauszuarbeiten (v. POST 1851, KERNER 1863, GRISEBACH 1872, HULT 1881, DRUDE 1887-1913, HAYEK 1926, DU RIETZ 1921 und 1931, GINZBERGER 1939 u. a.). Eine andere Gruppe von Forschern gründet ihre Einteilungen von vornherein stärker auf das ökologische Verhalten der Pflanzen und stellt Funktionsmerkmale in den Vordergrund, die nur auf einen oder wenige Umweltfaktoren abgestellt sind, so WARMING & GRAEBENER 1933; SCHIMPER & FABER 1935; RAUNKIAER 1905, 1910, 1934; GAMS 1918, 1959 u. a.

A. F. W. SCHIMPER (1898) legte seiner Einteilung die Anpassung der vegetativen Organe an den Wasserfaktor zugrunde. Er unterschied *xeromorphe, mesomorphe* und *hygromorphe* Landpflanzen, denen als weitere Gruppe die *Hydrophyten* (Wasserpflanzen) und später die *Helophyten* (Sumpfpflanzen) gegenübergestellt wurden.

Weltweit Anerkennung gefunden hat nur die Klassifikation der Lebensformen des dänischen Botanikers CH. RAUNKIAER (1905; 1910). Er geht von den Merkmalen der Pflanzen zur Überdauerung der ungünstigen kalten und/oder trockenen Jahreszeit aus und teilt die Pflanzen nach der Anordnung und dem Schutz der Erneuerungsknospen ein. RAUNKIAER (1905) unterschied 30 „Lebensformen" höherer Pflanzen, die er zu fünf Hauptgruppen zusammenfaßte (Abb. 12a)

Durch RAUNKIAER (1907; 1908) selbst und andere ist die Zahl der Hauptgruppen später erweitert worden. So wurden die *Kryptophyten* in *Geophyten* (Erdpflanzen), *Hydrophyten* (Wasserpflanzen) und *Helophyten* (Sumpfpflanzen) aufgeteilt. Von den *Phanerophyten* wurden die *Epiphyten*, Lianen und Stammsukkulenten abgetrennt. Die übrigen *Phanerophyten* wurden nach der Wuchshöhe in *Makrophanerophyten* > 2 m und *Nanophanerophyten* < 2 m bis 1/4 m gegliedert.

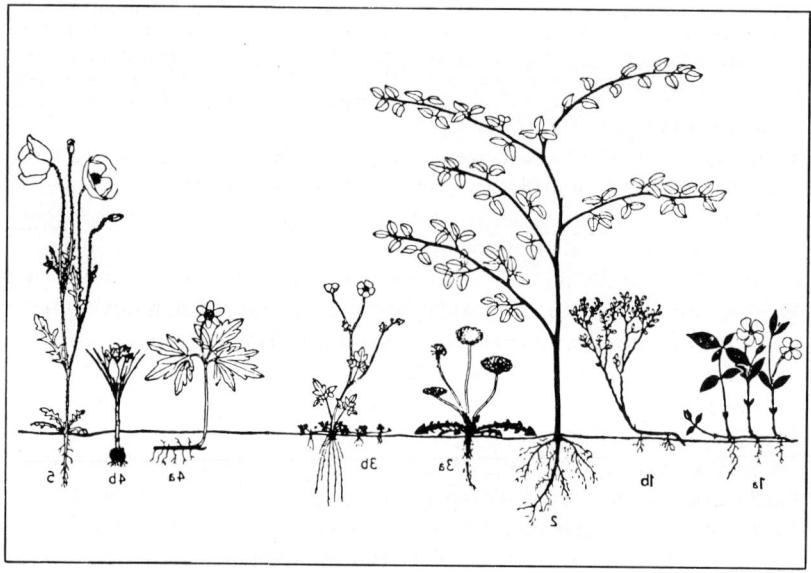

Abb. 12: Lebensformen nach C. RAUNKIAER (nach WALTER 1979)

1a und 1b Chamaephyten, 2 Phanerophyten, 3a und 3b Hemikryptophyten, 4a und 4b Geophyten, 5 Therophyten. Die schwarz gezeichneten Pflanzenteile überleben die ungünstige Jahreszeit (den Winter oder die Trockenzeit), die anderen sterben am Anfang derselben ab.

Tab. 5: Lebensformen nach C. RAUNKIAER (aus HOFMANN, 1985)

---

1. **Phanerophyten** (griech. phanero = offen, sichtbar): Pflanzen, deren Erneuerungsknospen sich in beträchtlicher Höhe über dem Erdboden befinden, z. B. Bäume, Sträucher. Eine Untergliederung in **Makrophanerophyten** (= Bäume über 2 m) und **Nanophanerophyten** (= Sträucher unter 2 m) ist üblich.

2. **Chamaephyten** (griech. chamae- = am Erdboden, niedrig): Pflanzen, die ihre Knospen nur wenig (bis max. 25 cm) über dem Erdboden tragen, z. B. Zwergsträucher wie Heidekraut, Heidelbeere; kriechende bodenbedeckende Zwergsträucher wie Silberwurz, Kriechweiden; Polsterpflanzen wie Azorella; ausdauernde Stauden und Sukkulenten, die ihre Sprosse nahe am Boden haben wie Weißklee, Thymian, Mauerpfeffer.

3. **Hemikryptophyten** (griech. hemikrypto = halbverborgen): Pflanzen, die ihre Überdauerungstriebe und Knospen während der ungünstigen Jahreszeit unmittelbar an die Erdoberfläche anlegen, wo sie durch lebende oder tote Blätter, angewehten Boden oder Schnee leicht geschützt werden können. Die oberirdischen Teile sterben in der ungünstigen Jahreszeit ab. Beispiele: Gräser, Rosettenpflanzen wie Gänseblümchen, Löwenzahn; Halbrosettenpflanzen wie Scharfer Hahnenfuß; Schaftknospenpflanzen wie Distel, Labkraut oder Brennesseln.

4. **Kryptophyten** (griech. krypto = verborgen): Pflanzen, deren oberirdische Organe ganz absterben und deren Knospen entweder im Boden liegen (= **Geophyten** = Erdpflanzen) oder aber die ungünstige Jahreszeit unter Wasser überdauern (= **Hydrophyten** = Wasserpflanzen). Beispiele: Knollenpflanzen wie Kartoffeln; Zwiebelpflanzen wie Tulpen, Rhizompflanzen wie Buschwindröschen, Salomonssiegel; Wasserpflanzen wie Seerosen, Tausendblatt.

5. **Therophyten** (griech. theros = Sommer): Einjährige Pflanzen, deren Erneuerungsknospen die ungünstige Jahreszeit in Form von Samen überdauern. Beispiele: Getreidearten, wie Ackerunkräuter.

Die von RAUNKIAER (seit 1907) als Grundlage für seine statistischen Berechnungen verwendete Einteilung sieht folgende 10 Hauptgruppen vor:

1. *Megaphanerophyten* (> 30 m), *Mesophanerophyten* (8-30 m)
2. *Mikrophanerophyten* (2-8 m)
3. *Nanophanerophyten* (< 2 m-1/4 m) und krautige *Phanerophyten*
4. *Epiphytische Phanerophyten*
5. *Stammsukkulente Phanerophyten*
6. *Chamaephyten*
7. *Hemikryptophyten*
8. *Geophyten* (mit Wurzelstock, Zwiebel oder Knolle)
9. *Helophyten* (Sumpfpflanzen) und *Hydrophyten* (Wasserpflanzen)
10. *Therophyten*

Es fehlt dabei besonders eine Abtrennung der Lianen.

Die prozentualen Anteile dieser Lebensformen sind bereits von RAUNKIAER für unterschiedliche Gebiete in sog. biologischen Spektren oder Lebensformenspektren zusammengestellt worden. Zumindest die Klimazonen der Erde, teilweise auch kleinere Gebiete, weisen charakteristische Unterschiede der Lebensformenverteilung auf. Es dominieren:

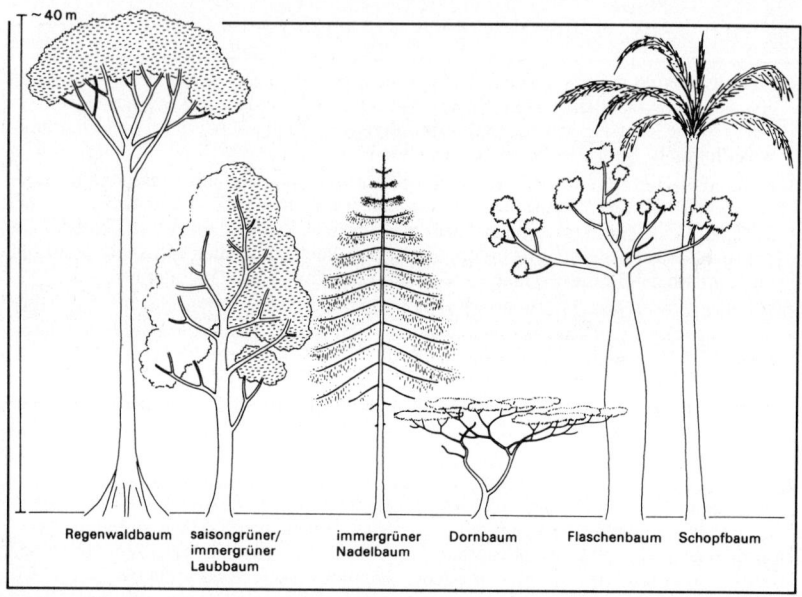

Regenwaldbaum   saisongrüner/   immergrüner   Dornbaum   Flaschenbaum   Schopfbaum
                 immergrüner   Nadelbaum
                 Laubbaum

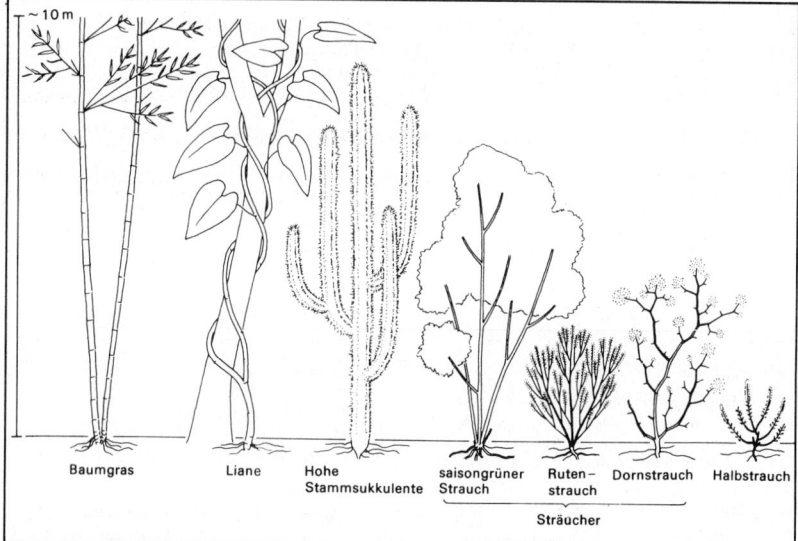

Baumgras   Liane   Hohe   saisongrüner   Ruten-   Dornstrauch   Halbstrauch
                     Stammsukkulente   Strauch   strauch
                                                    Sträucher

Abb. 12a-d: Pflanzliche Gestalttypen in halbschematischer Darstellung
Auswahl und Untergliederung nach E. J. JÄGER (1988)

1. Kronenbäume

1.1 Regengüne Tropenbäume (Regenwaldbaum)
1.2 Sommergrüne Bäume der gemäßigten Breiten
1.3 Immergrüne lorbeerblättrige *(laurophylle)* Bäume
1.4 Immergrüne Hartlaubgewächse: meist niedrige, hartlaubige Bäume der Winterregengebiete

1.5 Mangrovenbäume: immergrüne, tropisch-litorale Bäume, oft mit Viviparie, Stelz- und Atemwurzeln
1.6 Immergrüne Nadelbäume
1.7 Dornbäume (tropische Schirmbäume) der tropischen Trockenwald- und Savannengebiete

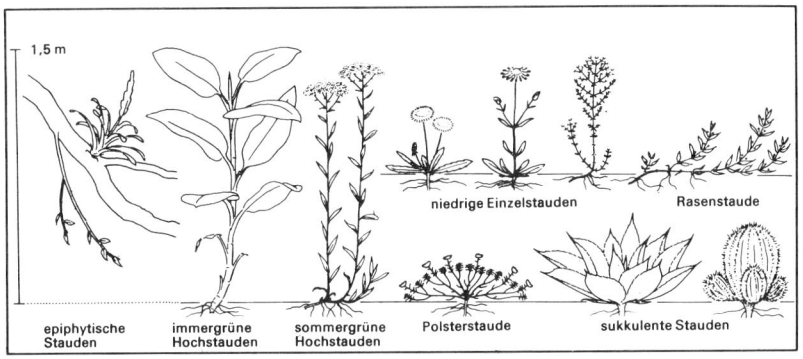

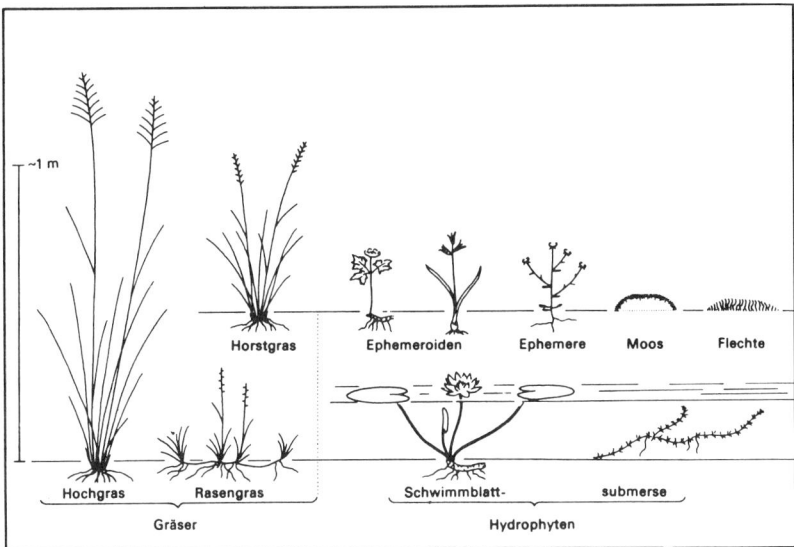

1.8   Tonnen- und Flaschenbäume

2. Schopfbäume: mit Blatt-(Wedel) Krone, unverzweigt, ohne sekundäres Dickenwachstum

3. Baumgräser (Bambusform): bis 30 m hohe Halmstämme der bambusverwandten Gräser

4. Lianen (holzige Kletterpflanzen)

5. Hohe Stammsukkulenten

6. Sträucher (Nanophanerophyten)

7. Halbsträucher

8. Stauden

8.1   Immergrüne Hochstauden: > 1 m, fast immer tropisch

8.2   Epiphytische Stauden

8.3   Sommergrüne Hochstauden: > 1 m, mit basalen Schirmblättern (Pestwurz, Rhabarber)

8.4   Niedrige Einzelstauden (Ganzrosettenstauden und Halbrosettenpflanzen)

8.5   Rasenstauden

8.6   Polsterstauden

8.7   Sukkulente Stauden

9. Gräser

9.1   Hochgräser

9.2   Xeromorphe Horstgräser

9.3   Rasengräser

10. *Ephemeroide* und *Ephemere*: kurzzeitig vegetierende, niedrige Pflanzen mit unterirdischen Überdauerungsorganen *(Geophyten)* und kurzlebige Einjahrspflanzen, die ungünstige Jahreszeiten als Samen überdauern *(Therophyten)*

11. *Chamaephytische Thallophyten*: Strauch- und Laubflechten sowie Moose

12. *Hydrophyten*

12.1   Schwimmblatthydrophyten

12.2   Submerse Hydrophyten: untergetauchte Wasserpflanzen

● in den feuchten Tropen die *Phanerophyten*,
● in den Trockengebieten die *Therophyten*,
● in den gemäßigten Zonen die *Hemikryptophyten*,
● in den Polargebieten die *Chamaephyten*.

Die *Geophyten* haben ein Häufigkeitsmaximum in Gebieten, in denen auf eine Kälteperiode bzw. Feuchteperiode im Winter eine Dürreperiode im Sommer folgt, so in den Steppen und Prärien sowie in den Winterregengebieten, außerdem in bodenfrischen Laubwäldern, wo sich die krautigen *Geophyten* entwickeln solange der Wald noch unbelaubt ist.

Trotzdem vermögen die Lebensformenspektren nicht in jedem Fall eine Vorstellung von dem den Vegetationsaspekt bestimmenden Gestalttypen zu geben, da sie vom gesamten Florenbestand eines Gebietes ausgehen und nicht von den Deckungsverhältnissen bzw. der Häufigkeit der im Pflanzenbestand vorkommenden Arten. So beherrschen die nur ca. 6 % *Phanerophyten* (Bäume) das Vegetationsbild des europäischen Laubwaldes, obwohl der Anteil der *Hemikryptophyten* über 50 % beträgt.

Die weltweite Vergleichbarkeit der RAUNKIAER'schen Lebensformen ist nur dann gewährleistet, wenn die dort aufgestellten Lebensformen in ein umfassenderes System der pflanzlichen Gestalttypen eingebracht werden. Der Aufgabe, eine physiognomisch-ökologische Klassifikation zu schaffen, haben sich in neuerer Zeit SCHMITHÜSEN (1968) sowie ELLENBERG/MÜLLER-DOMBOIS (1967a, b) unterzogen, wobei ältere Entwürfe berücksichtigt wurden. Eine physiognomisch-ökologische Klassifikation der Pflanzenformationen der Erde, welche die beiden zuletzt genannten Autoren erarbeitet haben, bildet die Grundlage für eine weltweite Vegetationskartierung im Maßstab 1:1 Million.

Die Klassifikation von SCHMITHÜSEN (1968) stellt 30 „Wuchsformenklassen" heraus. Er berücksichtigt dabei die Gesamtgestalt der Pflanzen und zwar vor allem solche Merkmale, die landschaftsphysiognomisch und als Anpassung an die großräumig differenzierend wirkenden Standortfaktoren wichtig sind. Zur Geltung kommen dabei insbesondere das Lebensmedium, die Lebensdauer der Pflanzen und ihrer Organe, die Wuchshöhe und die Lage der Erneuerungsknospen zur Bodenoberfläche sowie bestimmte markante Anpassungsformen an die Standortbedingungen (z. B. Sukkulente, Lianen, Epiphyten, Schwimmblattpflanzen).

In der Übersicht (Seiten 78/79) nach JÄGER (1988) werden die pflanzlichen Gestalttypen in Anlehnung an SCHMITHÜSEN (1968) und ELLENBERG & MÜLLER-DOMBOIS (1967b) nach physiognomischen und ökologischen Gesichtspunkten in zwölf Klassen gruppiert, die zum Teil weiter untergliedert werden müssen (siehe Abb. 12a-d: Gestalttypen der Bäume, Sträucher und anderer Gehölze sowie der Stauden in halbschematischer Darstellung).

Die für die Physiognomie von Landschaften unerheblichen Gestalttypen wie Parasiten, Bodenalgen und planktische Algen sind in dieser Übersicht nicht aufgeführt.

2.4.4   Pflanzenformationen

Ähnlich wie der Begriff „Pflanzenassoziation" (Pflanzengesellschaft) für die Pflanzensoziologie Bedeutung erlangt hat, steht am Anfang der physiognomischen Vegetationstypologie der Begriff „Pflanzenformation" (GRISEBACH 1838). Entscheidend für die Ausweisung gleichaussehender Pflanzenformationen sind gleiche Wuchsformengemeinschaften auf größeren landschaftsrelevanten Flächen. Da Pflanzenformationen zumeist klimaökologische Beziehungen (Beziehungen zu bestimmten Klimafaktoren) erkennen lassen, stimmen sie in der natürlichen Vegetation räumlich mindestens mit Klimagebieten, Höhenstufen oder Klimazonen überein. Physiognomisch einheitliche Vegetationsbestände wie sie im topischen Maßstabsbereich (Biotope/Ökotope) innerhalb von Vegetationskomplexen vorkommen, oft nur von einer Art geprägt, wie Bärlauch-, Bingelkraut- oder Perlgras-Herden innerhalb eines artenreichen Buchenwaldes, werden als Synusien bezeichnet. Synusien können auch mit dem Wechsel der jahreszeitlichen Aspekte auftreten und differenzieren dann die Krautschicht einer Waldformation. Beispiel für Pflanzenformationen sind der sommergrüne Laubwald Europas und Nordamerikas, der boreale Nadelwald, die Gebirgsnadelwälder europäischer Gebirge, aber auch die atlantische Zwergstrauchheide, wie sie als Restbestand im „Naturschutzpark Lüneburger Heide" anzutreffen ist und großflächig z. B. die schottischen Highlands überzieht, oder ein größerer Hochmoorkomplex. Da großräumige zonale Pflanzenformationen eine innere Differenzierung aufweisen, hat SCHMITHÜSEN (1968) hierfür den Begriff „Formationskomplexe" vorgeschlagen.

Der Name soll sowohl den Formationscharakter der einzelnen Wuchsformengemeinschaften als auch signifikante ökologische Beziehungen kennzeichnen. Deshalb sind Zusätze, die sich auf das Klima des Verbreitungsgebietes beziehen wie tropisch-immerfeucht, tropisch-wechselfeucht oder kühlgemäßigt (boreal) oder aber den Standort näher kennzeichnen, wie feucht, frisch oder trocken, sinnvoll. Außerdem sollte die Kennzeichnung auf die vorherrschende Lebensform direkt eingehen wie laubwerfend, sommergrün, immergrün, xeromorph, hygromorph oder Dornstrauch- und Sukkulenten-Savanne.

Zur Beurteilung der Merkmale einer Formation ist der Anteil der verschiedenen Lebensformen am Gesamtbestand wichtiger als die Artenzahl, mit der die einzelnen Formengruppen vertreten sind. Ein Lebensformenspektrum, das sich auf den Deckungsgrad (Dominanz) der Arten bezieht, kennzeichnet dabei die Pflanzenformation oft besser als ein nach der Artenzahl berechnetes Diagramm.

Um die Möglichkeiten des weltweiten Vergleichs mit Hilfe der Pflanzenformationen aufzuzeigen, sei ein Beispiel angeführt: Der sommergrüne Laubwald der gemäßigten Klimazone besitzt in Mitteleuropa, im Osten der Vereinigten Staaten und in Ostasien grundsätzlich die gleichen Gestaltmerkmale und Lebensformen, die den ökologischen Charakter widerspiegeln: laubwerfende Kronenbäume und Sträucher, krautige Stauden, frühblühende krautige *Geophyten*, rasenbildende Bodenmoose usw.. In allen ihren Verbreitungsgebieten ist die Formation durch einen schichtweisen Aufbau gekennzeichnet. Der Lebensrhythmus beginnt mit der Entwicklung der Bodenflora (insbesondere bei den *Geophyten*) im zeitigen Frühjahr noch vor der Laubentfaltung der Bäume und Sträucher; im Herbst wird das Laub abgeworfen, und es folgt die winterliche Kälteruhe.

Wie bereits ausgeführt, eignet sich die Einteilung der Vegetation nach physiognomisch-ökologischen Merkmalen (Lebensformen) in der Regel nicht für die kleinräumige Vegetationsbeschreibung im Maßstabsbereich der Ökotope (Biotope). Hierfür sind die Lebensformengemeinschaften nicht differenziert genug, bzw. man würde Synusien beschreiben.

Am Beispiel der Buchen- und Buchenmischwälder des Weser-Leine-Berglandes hat sich jedoch gezeigt, daß Lebensformen-Kombinationen auch Ausdruck kleinräumlich wechselnder Standortbedingungen sein können (DIEMONT 1938, KLINK 1966, 1969) und so für die physiognomisch-ökologische Diagnose dieses Vegetationstyps durchaus herangezogen werden können. Die Buchenwälder, insbesondere die Mull-Buchenwälder auf Kalkuntergrund, in den verschiedenen Hangexpositionen sind hier durch unterschiedliche Lebensformen-Kombinationen in der Krautschicht gekennzeichnet (Abb. 13).

Klassifikationsentwürfe für die Pflanzenformationen
Nach Diskussionen in der UNESCO-Arbeitsgruppe für Vegetationsklassifikation und -kartierung haben ELLENBERG/MÜLLER-DOMBOIS (1967a) eine „physiognomisch-ökologische Klassifikation der Pflanzenformationen der Erde" vorgeschlagen, die als Grundlage für eine globale Vegetationskarte im Maßstab 1:1 Million dienen sollte. Viele mittel- bis kleinmaßstäbliche Vegetationskarten sind seither nach dieser Einteilung, z. T. in abgewandelter Form, aufgebaut. ELLENBERG/MÜLLER-DOMBOIS (1967a) unterscheiden: Formationsklassen (1 usw.), Formationsunterklassen (A usw.), Formationsgruppen (1 usw.), Formationen (a usw.), Subformationen (1 usw.) und andere Untereinheiten (Tab. 6).

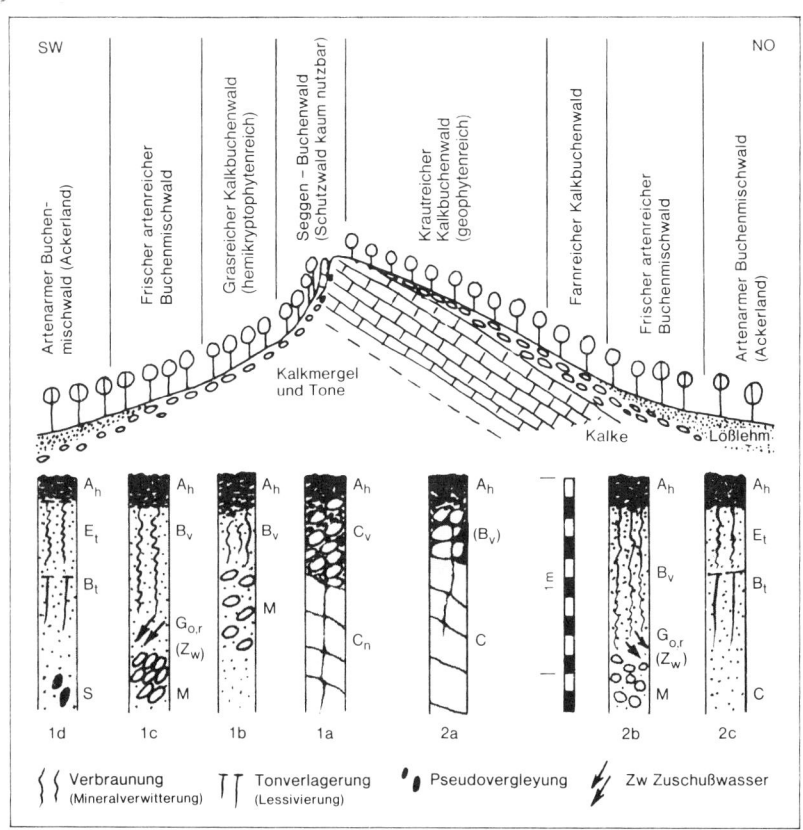

Bodencatena am Stufenhang und im Stufenvorland

Bodencatena am rückwärtigen Hang und in der Senke

1a *flachgründige Mullrendzina (trocken)*
1b *Braune Rendzina bis Rendzina-Braunerde*
1c *Gley-Braunerde (Hangnässe-Gley)*
1d *Parabraunerde aus Löß, im Unterboden z. T. staunaß*

2a *Mullrendzina (Feuchtmull) bis Braune Rendzina*
2b *Rendzina-Braunerde bis nährstofffreiche Braunerde, z. T. Gley-Braunerde durch Zuschußwasser (Żw)*
2c *Parabraunerde aus Löß*

Abb. 13: Typische Anordnung der Buchen- und Buchenmisch-Waldgesellschaften an einem Schichtkamm im Niedersächsischen Bergland (Beispiel Ith) in Abhängigkeit von der Exposition und den Bodenverhältnissen. Bei NO-Exposition des Stufensteilhanges wird der Seggen-Buchenwald infolge des luftfeuchten, kühlen Topoklimas durch Eschen-Ahorn-Schluchtwald ersetzt.

Der artenreiche Buchenmischwald enthält neben der Rotbuche Esche, Stieleiche, Berg-ahorn, Vogelkirsche und Hainbuche, der artenarme – neben Rotbuche als beherrschender Baumart – Stieleiche, Hainbuche und seltener Vogelkirsche. Außerdem zeigt sich im kraut-reichen Kalkbuchenwald des NO-Hanges mit Feuchtmull als Humusform eine Häufung von Frühlings-Geophyten im Vergleich zum hemikryptophytenreichen Gras-Kalkbuchenwald am SW-Hang (Entwurf des Verfassers 1983)

Tab. 6: Beispiel für die systematische Ordnung der Vegetationsformationen (nach ELLEN-BERG/MÜLLER-DOMBOIS 1967a)

Formationsklasse I	dichtgeschlossene Wälder
Formationsunterklasse A	vorwiegend immergrüne Wälder
Formationsgruppe 1	Feuchttropenwälder
Formation a	Tieflands-Feuchttropenwälder
Subformation (1)	laubholzreich
Formationsklasse II	offene Wälder
Formationsklasse III	Gebüsche
Formationsklasse IV	zwergstrauchreiche Formationen
Formationsklasse V	krautige Landpflanzengemeinschaften
Formationsklasse VI	zerstreuter Bewuchs wüstenähnlicher Standorte
Formationsklasse VII	Wasserpflanzenformationen

Einen Bestimmungsschlüssel für physiognomisch-ökologische Vegetationstypen, der auf der Klassifikation der Vegetationsformationen von ELLEN-BERG/MÜLLER-DOMBOIS aufbaut, haben REICHELT/WILMANNS (1973, S. 101 ff.) entwickelt.

Eine weitere Klassifikation der Vegetationsformationen der Erde hat SCHMITHÜSEN (1968, S. 158 ff.) veröffentlicht. Sie sieht neun Formationsklassen vor:

I.   Wälder

II.   Offene Baumgehölze

III.   Strauchformationen

IV.   Offenes Grasland (Savannen, Steppen, Wiesen)

V.   Stauden- und Kräuterfluren

VI.   Zwergstrauch- und Halbstrauchformationen

VII. Wüsten und andere pflanzenarme Formationen

VIII. Pflanzenformationen der Binnengewässer

IX.   Pflanzenformationen des Meeres.

Jede dieser Klassen umfaßt im einzelnen noch recht unterschiedliche Formationstypen. Nur ein geographisch kaum erheblicher Teil der Pflanzendecke der Erde ist darin nicht berücksichtigt. Vgl. hierzu auch die Vegetationskarte der Erde (S. 210/211).

2.5   Reale und potentielle natürliche Vegetation

Bei der Kartierung und Darstellung der Vegetation kann man zwischen tatsächlich vorhandenen (realen/aktuellen) Pflanzenbeständen und, auf Grund der Standortbedingungen und des vorhandenen Florenbestandes, möglichen/gedachten (potentiellen) Pflanzengesellschaften unterscheiden. Die potentiellen Pflanzengesellschaften wiederum lassen sich nach zeitlichen

Kriterien in ehemals vorhandene (historische), heutige/gegenwärtige und zukünftige Gesellschaften gliedern, denn die Vegetation unterliegt einer ständigen Entwicklung in Abhängigkeit von ihren Umweltbedingungen. Am besten untersucht sind die reale/aktuelle Vegetation und die Gesellschaften der „heutigen potentiellen natürlichen Vegetation", die sich auch auf vielen Karten dargestellt finden.

„Die heutige potentielle natürliche Vegetation als Gegenstand der Vegetationskartierung" hat R. TÜXEN (1956) in einer grundlegenden konzeptuellen Arbeit gekennzeichnet. Er verstand darunter diejenige gedachte höchstentwickelte Vegetation, die sich bei Aufhören des menschlichen Einflusses auf Grund der gegenwärtigen Umweltbedingungen (Standortbedingungen) „schlagartig" einstellen würde. D. h. bei ihrer Ableitung sind neben den natürlichen Ausgangsbedingungen auch nachhaltige anthropogene Standortveränderungen zu berücksichtigen. Die heutige potentielle natürliche Vegetation im Sinne von TÜXEN (1956) entwickelt sich nicht langsam aus der realen Vegetation, etwa im Laufe jahrhundertelanger Sukzession, sie wird vielmehr schlagartig sich einstellend gedacht, um Einflüsse von Klimawechseln und sonstigen Standortveränderungen – auszuschließen (vgl. auch KOWARIK 1987). Jedem Standort kommt mithin seine ganz bestimmte potentielle natürliche Vegetation zu, die sich in dem Augenblick ändert , in dem sich – von Natur aus oder infolge menschlicher Einwirkungen – die standortsökologischen Bedingungen verändern.

Das von TÜXEN entwickelte Konzept der potentiellen natürlichen Vegetation erwies sich vor allem für die angewandte Vegetationskunde/Pflanzensoziologie als sehr fruchtbar. Im Gegensatz zur vorangehenden Methode, tatsächlich vorhanden gewesene Vegetationszustände vor der menschlichen Einflußnahme auf die Landschaft sozusagen als Vegetation der Urlandschaft zu rekonstruieren und als „natürliche" oder „ursprüngliche" Vegetation abzubilden (z. B. FIRBAS 1949, 1952), leitet TÜXEN, einem aktualistischen Prinzip folgend, seine potentielle natürliche Vegetation auf der Grundlage des gegenwärtigen Potentials der Standorte ab, wobei irreversible ökologische Veränderungen etwa durch den Menschen ausdrücklich berücksichtigt werden. Als Anhaltspunkte dienen dabei naturnahe Restbestände der Vegetation, vorhandene Kenn- und Trennarten, Bodeneigenschaften, die insbesondere im Bodenprofil zum Ausdruck kommen, und die gesamten Eigenschaften des Standortes. Seit 1956 wurden so mehr als 30 % des Bundesgebietes vor dem 3. Oktober 1990 hauptsächlich durch Mitarbeiter der Bundesforschungsanstalt für Naturschutz und Landschaftsökologie (heute Bundesamt für Naturschutz) in verschiedenen Maßstäben kartiert. Der größte Teil davon ist leider unveröffentlicht. Auch für die Darstellung der Vegetation großer Gebiete, wie die USA, wurde das Konzept der potentiellen natürlichen Vegetation angewandt (KÜCHLER 1964, SCHMITHÜSEN 1976).

Für die Bundesrepublik Deutschland sind vier Musterblatt-Kartierungen der potentiellen natürlichen Vegetation im Maßstab 1:200 000 mit teilweise umfangreichen Erläuterungen von besonderer Bedeutung: Karte der potentiellen natürlichen Vegetation der Bundesrepublik Deutschland Blatt 85 Minden, Blatt CC 3118 Hamburg-West, Blatt CC 5502 Köln und Blatt CC 5518 Fulda, alle veröffentlicht in der Schriftenreihe für Vegetationskunde, Bonn-Bad Godesberg. Für Bayern hat SEIBERT (1968) eine Karte der natürlichen Vegetationsgebiete nach dem Konzept der potentiellen natürlichen Vegetation im Maßstab 1:500 000 entwickelt und für Baden-Württemberg gibt es

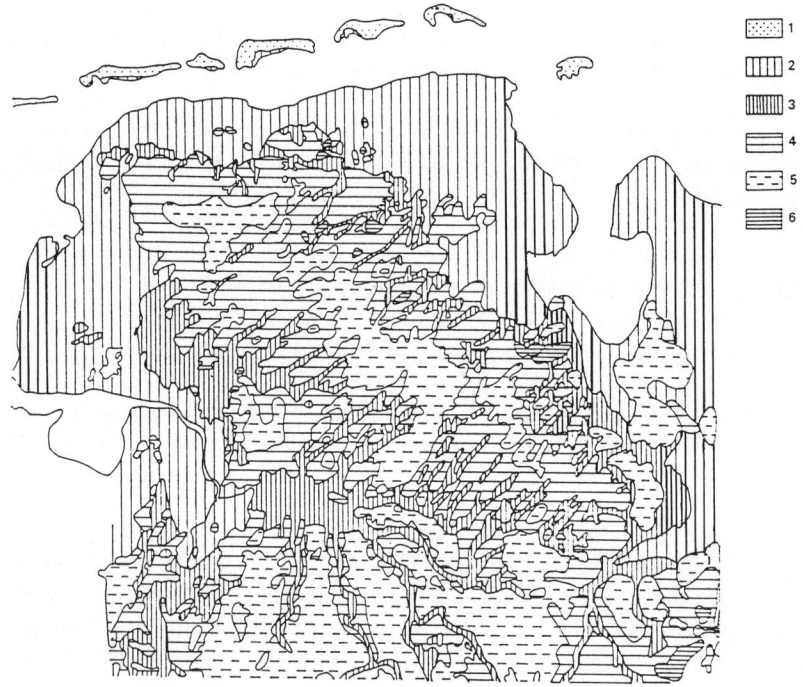

Abb 14a: Ausschnitt aus einer Karte der potentiellen natürlichen Vegetation Niedersachsens (aus: PREISING 1978, etwas verändert von DIERSSEN 1990)

(1) Vor- bis Braundünenvegetation (aktuell und potentiell-natürlich); (2) Salzrasen, Brackröhrichte, Tideröhrichte, Weiden-Erlen-Auenwälder der Küsten- und unteren Flußmarschen; (3) Erlen-Bruchwälder, zum Teil im Komplex mit Seggenrieden und sekundären Weiden- Bruchwaldgebüschen auf Niedermoor, vorwiegend in Flußauen; (4) Buchen-Eichenwälder auf nährstoffarmen, podsolierten Sandböden, aktuell überwiegend unter ackerbaulicher Nutzung oder als Grünland, – bezeichnend für Geestlandschaften; (5) sekundäre Birkenbruchwälder auf entwässerten Hochmoortorfen, kleinflächig auch Vegetationskomplexe nährstoffarmer Moore (Naturschutzgebiete), – bevorzugt in Wasserscheidelagen; (6) vorwiegend reichere Buchen-Eichenwälder auf pseudovergleyten Parabraunerden, teilweise Eschen-Buchenwälder.

eine solche Karte von MÜLLER, OBERDORFER, PHILIPPI (1974, 1992) im Maßstab 1:900 000. Abb. 14a zeigt einen Ausschnitt einer mittelmaßstäbigen pnV-Kartierung aus dem Nordwesten Niedersachsens.

Mit den großmaßstäbigen Karten der potentiellen natürlichen Vegetation, für die das Konzept zunächst entwickelt worden war, sollten praktisch verwertbare Informationsgrundlagen für die Grünordnung, Landschaftsplanung und für andere sektorale Planungen sowie vor allem den Naturschutz geschaffen werden. Eine Karte der potentiellen natürlichen Vegetation ist zugleich ein Abbild der ökologischen Raumgliederung, denn die natürliche Vegetation ist der vollkommenste Ausdruck der standortökologischen Verhältnisse. Eine Karte der realen Vegetation hingegen hat die Vielfalt der naturnahen, halbnatürlichen und naturfremden Pflanzenbestände zu berücksichtigen, die sich nutzungs- und anbaubedingt, oft jährlich wechselnd, in der heutigen Kulturlandschaft finden. Auch Darstellungen von Pflanzenformationen, d.h. physiognomisch-ökologischen Vegetationseinheiten, die sich vor allem in kleinmaßstäbigen Karten finden, geben heute bei der weltweiten Veränderung der natürlichen Vegetation häufig die potentielle natürliche Vegetation wieder.

2.6 Räumliche Gliederung der natürlichen Vegetation

Analog zu den Pflanzensippen lassen sich auch Pflanzengesellschaften bzw. Pflanzenformationen unter räumlichen Ordnungsgesichtspunkten betrachten. Untersucht man nämlich die räumliche Verbreitung von Pflanzengesellschaften, so stellt man fest, daß die meisten eine enge Bindung an bestimmte Klimazonen oder innerhalb dieser sogar an bestimmte Höhenstufen bzw. an eine spezifische Klimaausprägung im Kontinuum zwischen Ozeanität und Kontinentalität aufweisen. Da sich zudem sowohl die Bodenwasserverhältnisse als auch der Bodennährstoffhaushalt auf die räumliche Verbreitung der Pflanzengesellschaften auswirken, werden insbesondere die naturnahen Gesellschaften geradezu zum Abbild des räumlichen Mosaiks der Standorttypen. Besonders trifft das für die Schlußgesellschaften der Vegetationsentwicklung zu, die mit ihren Standortbedingungen in optimaler Übereinstimmung stehen.

Sieht man von den unterschiedlichen Standortbedingungen ab und betrachtet die Verbreitung der Pflanzengesellschaften in ihren Beziehungen zum Großklima, das in den Klimazonen seinen räumlichen Ausdruck findet, so gelangt man zu zonalen Vegetationstypen (vgl. Vegetationskarte der Erde Seiten 210/211). Da die Bodenbildungsprozesse besonders im Tiefland (planare und kolline Stufe) innerhalb der Klimazonen ähnlich ablaufen, entstehen in den Klimazonen weitgehend gleiche Bodentypen. Mit den Klimazonen korrespondieren nicht nur zonale Vegetationstypen, sondern auch zonale Böden.

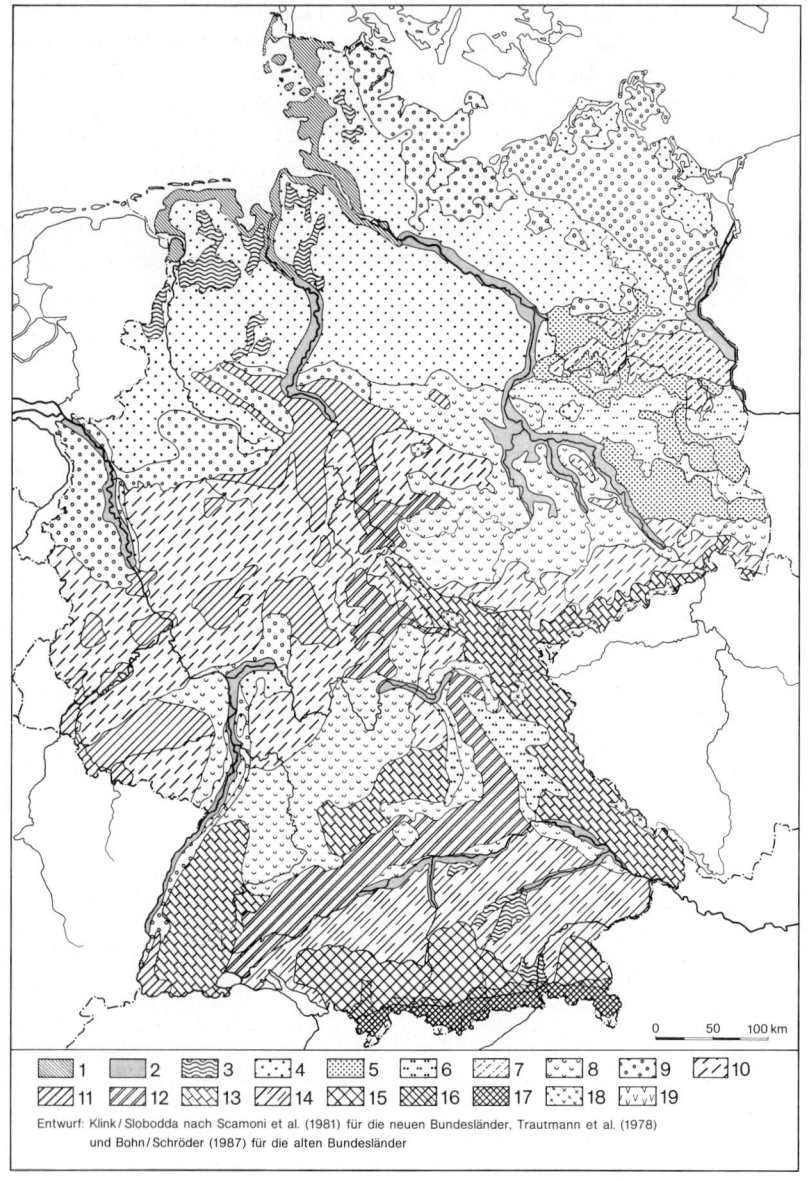

Abb. 14b: Vegetationsgebiete Deutschlands (potentiell natürliche Vegetation), abgeleitet aufgrund pflanzensoziologischer Untersuchungen. Entwurf: KLINK u. SLOBODDA (1995), nach TRAUTMANN 1978, BOHN und SCHRÖDER 1978 für die alten Bundesländer und SCAMONI u. a. 1981 für die neuen Bundesländer, aus LIEDTKE und MARCINEK (Hrsg) 1995.

Vegetationsgebiete sind Ökotopengefüge mit ökologisch einander mehr oder weniger nahestehenden Pflanzengesellschaften; sie entsprechen Vegetationskomplexen.

1 – Küstenvegetation: Salzvegetation des Außendeichlandes, Dünenvegetation, Zwergstrauchheiden, Vegetation der Marschen und Moormarsch

2 – Auenvegetation der großen Stromtäler und feuchten Niederungen: Silberweiden- und Eichen-Ulmenwald, Erlen-Eschenwald, Stieleichen-Eschenwald und feuchter Sternmieren-Hainbuchenwald

3 – Vegetationsgebiete der Moore und Bruchwälder: Flachmoore, baumfreie Regenmoore (Hochmoore), Birkenbruch, Erlenbruch und Erlen-Eschenwald, z. T. mit feuchtem Stieleichen-Hainbuchenwald; im Alpenvorland Kalkflachmoore, Bergkiefernmoore, edellaubbaumreiche Auenwälder (Eschen-Ulmen-, Eichen-Ulmen- und Erlen-Eschenwald) mit Grauerlenauen (z. B. Rosenheimer Becken)

4 – Vegetationsgebiet subatlantischer Eichen-Buchenwälder, Eichenmischwälder und Birken-Eichenwälder: subatlantischer Traubeneichen- und Stieleichen-Buchenwald im Westteil mit Stechpalme, Drahtschmielen-Buchenwald, Geißblatt-Eichen-Buchenwald; im Osten Eichenmischwald mit Kiefer, auf armen Sandböden trockener und feuchter Birken-Eichenwald, in Niederungen Erlenbruch. Erlen-Eschenwald, z. T. im Komplex mit feuchtem Stieleichen-Hainbuchenwald, armes Niedermoor, im Westen auch Regenwassermoor

5 – Vegetationsgebiet subkontinentaler Birken-Stieleichenwälder mit Kiefer im Wechsel mit Erlenbruch, Erlen-Eschenwald und feuchtem Stieleichen-Hainbuchenwald, Niedermoor

6 – Vegetationsgebiet subkontinentaler Kiefern-Eichen- und Kiefernwälder: Reitgras-Kiefernwald, Heidelbeer-, Moos-, Krähenbeer- und Wintergrün-Kiefernwald

7 – Vegetationsgebiet subkontinentaler Eichen-Hainbuchenwälder mit Winterlinde der planaren Stufe und subkontinentaler Kiefern-Eichenwälder (wie 6.)

8 – Vegetationsgebiet vorwiegend subkontinentaler Eichen-Hainbuchenwälder der kollinen Stufe: in Mitteldeutschland Labkraut-Traubeneichen-Hainbuchenwald mit Winterlinde. Stieleichen-Hainbuchenwald mit Zittergras-Segge („Seegras" = *Carex brizoides), z. T.* mit Winterlinde zwischen Mulde und Elbe auch mit Kiefer, Eichen-Hainbuchenwälder mit Rotbuche im feuchteren Übergangsbereich zu den thüringisch-sächsischen Mittelgebirgen; in Süddeutschland hauptsächlich Labkraut-Traubeneichen-Hainbuchenwald, z. T. mit Winterlinde im Komplex mit reichen Buchenwäldern (Waldmeister-Buchenwald, Platterbsen Buchenwald, reicher Hainsimsen-Buchenwald)

9 – Vegetationsgebiet der Tiefland-Buchenwälder und Eichen-Hainbuchenwälder: Flattergras-Buchenwald, Perlgras-Buchenwald, auf ausgehagerten Standorten auch Drahtschmielen-Buchenwald, Sternmieren-Eichen-Hainbuchenwald, z. T. mit Buche, Erlenbruch, Erlen-Eschenwald und Seggenmoor

10 – Vegetationsgebiet der Hainsimsen-Buchenwälder und Buchen-Mischwälder: Hainsimsen-Buchenwald (in der hochmontanen Stufe des Harzes mit Fichte), Hainsimsen-Eichen-Buchenwald in Ostthüringen im Komplex mit Birken-Eichenwald mit Kiefer

11 – Vegetationsgebiet kolliner bis montaner reicher Buchenwälder im subatlantischen Klimagebiet: Seggen-(Trocken-)Buchenwald, Perlgras-Buchenwald, montaner Waldgersten-Zahnwurz-Buchenwald

12 – Vegetationsgebiet kolliner bis montaner reicher Buchenwälder Ostmittel- und Süddeutschlands: Platterbsen-Buchenwald, Waldmeister-Buchenwald, Seggen-(Trocken-)Buchenwald, kleinräumig Steinsamen-Eichenmischwald mit Flaumeiche

13 – Vegetationsgebiet der Tannen-Buchenwälder und Tannenwälder süd- und südostdeutscher Mittelgebirge: Hainsimsen-Tannenwald, Hainsimsen-(Tannen-)Wald, Zahnwurz-Tannen-Buchenwald, Waldmeister-Tannen-Buchenwald, Labkraut-Tannenwald, Beerstrauch-Kiefern-(Fichten-)Tannenwald und Tannenmischwald, im Ostschwarzwald auch Wintergrün-Fichten-Tannenwald, außerdem im Vogtland Birken-Eichenwald mit Kiefer und Fichte

14 – Vegetationsgebiet der Buchenwälder der älteren Moränen, Schotterplatten und Tertiärhügel des Alpenvorlandes: Hainsimsen-Buchenwald, auf reicher Hainsimsen-Buchenwald, auf älteren Moränen und Schotterplatten oft mit Zittergras-Segge („Seegras"), Waldmeister-Tannen-Buchenwald, in tieferen Lagen Hainsimsen-Labkraut- und reicher Labkraut-Eichen-Hainbuchenwald, in Talauen Erlen-Eschenwald, Erlenbruch und hauptsächlich Kalkflachmoor

15 – Vegetationsgebiet der Waldmeister-Tannen-Buchenwälder und Sternmieren-Eichen-Hainbuchenwälder des Jungmoränen-Alpenvorlandes: Waldmeister-Tannen-Buchenwald, edellaubbaumreiche Auenwälder, lokal auch Trockenauen-Kiefernwald, Kalkflachmoor, Bergkiefernmoor (Hochmoor)

16 – Vegetationsgebiet des Labkraut-Tannenwaldes der Flysch-Randalpen: Labkraut-Tannenwald mit Fichte und Buche, Peitschenmoos-Fichtenwald

17 – Vegetationsgebiet der Hainlattich-Tannen-Buchenwälder und Fichtenwälder der Kalkalpen: Hainlattich-Tannen-Buchenwald, Hochstauden-Ahorn-Buchenwald, subalpiner Fichtenwald, in Leelagen nordalpiner Schneeheide-Kiefernwald, in den Berchtesgadener Alpen lokal subalpiner Lärchen-Zirbenwald

18 – Vegetationsgebiete hochmontaner Fichtenwälder auf Silikatgestein: Reitgras-Fichtenwald, Peitschenmoos-Fichtenwald, sonstige Fichtenwälder

19 – Gebiete subalpiner und alpiner Vegetation: Hochstaudenfluren, Alpenrosen-Latschenbusch, Grünerlenbusch auf schweren, wasserzügigen Böden, alpine Grasfluren, Fels- und Schuttfluren

Nach ihrer räumlichen Verbreitung kann man insgesamt die zonale, extrazonale und azonale Vegetation unterscheiden, der sich entsprechende Böden zuordnen.

1. Zonale Pflanzengesellschaften oder „klimatische Klimaxgesellschaften" (Klimax = Leiter bzw. Endstufe einer Leiter) stellen sich großräumig im Tiefland auf durchschnittlichen Böden ohne extreme Eigenschaften wie Überschwemmung, Vernässung oder ohne extreme Flachgründigkeit ein. Die zonale Vegetation steht mit dem Klima im optimalen Einklang und ändert sich in ihrer floristischen Zusammensetzung und ihren standörtlichen Bedingungen nur über große Distanzen hauptsächlich im Zusammenhang mit dem Klimawandel.

2. Extrazonale Pflanzengesellschaften treten bei starker lokaler Abwandlung der durchschnittlichen Standortverhältnisse auf, hauptsächlich hervorgerufen durch das Relief in Verbindung mit dem Gestein, so an stark geneigten Süd- bis Westhängen, auf sehr flachgründigen Böden und unter geländeklimatischen Sonderbedingungen. Pflanzengesellschaften der extrazonalen Vegetation kommen in ähnlicher Artenverbindung in der zonalen Vegetation weiter nördlich oder südlich gelegener Gebiete bzw. auch im mehr ozeanischen oder kontinentalen Klima benachbarter Subzonen vor. Sie ist meist reich an seltenen Arten.

3. Azonale Pflanzengesellschaften hingegen werden von extremen nichtklimatischen, also hauptsächlich bodenökologischen Einflüssen bestimmt, wie regelmäßige Überschwemmungen und Vernässungen. Es sind Gesellschaften bzw. Gesellschaftskomplexe, die auf Grund der extremen Standortbedingungen in zwei oder auch mehr Zonen relativ gleichartig, d. h. mit nur geringen floristischen Abwandlungen vorkommen.

Die zonale Vegetation in Mitteleuropa auf durchschnittlichen Standorten, d. h. tiefgründigen, frischen Böden ohne nennenswerten Grund- und Stauwassereinfluß mit mittlerer Nährstoffversorgung, wird von Buchen- und Buchenmischwäldern sowie Eichen-Hainbuchenwäldern auf Braunerden und Parabraunerden gebildet (vgl. auch Abb. 8b).

Extrazonale Vegetationstypen sind z. B. wärmeliebende Eichenmischwälder des *Quercion pubescenti-petraeae*-Verbandes, wie sie kleinräumig an steilen Süd- bis Westhängen des Kaiserstuhls vorkommen und in größerer Verbreitung im mediterranen Raum auf der Balkan- und Apenninhalbinsel, hier hauptsächlich in der submontanen Stufe. Der azonalen Vegetation hingegen gehören Pflanzengesellschaften regelmäßig überschwemmter und vernäßter Standorte wie Weichholzauen, Erlen- und Birkenbrüche sowie Hochmoorkomplexe an, außerdem Vegetationstypen extremer Küstenstandorte wie Dünen und Salzwiesen.

Besonders regelmäßig ist die zonale Vegetations- und Bodentypen-Gliederung in Osteuropa zwischen der Barentssee und dem Kaspischen Meer ausgebildet. In Abb. 14c sind auf der Grundlage der zonalen Vegetationsformationen die Beziehungen zu wichtigen klimaspezifischen Bodenmerkmalen wie Permafrost, Mächtigkeit des Humushorizontes, Ausbildung eines B-Horizontes und Anstieg der Salzfront sowie zu verschiedenen Klimaparametern dargestellt.

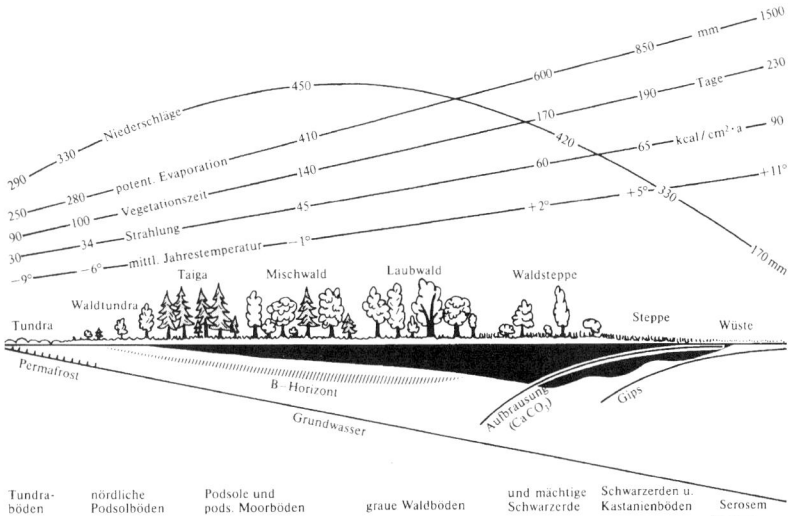

Abb. 14c: Schematisiertes Profil durch die Klima-, Vegetations- und Bodenzonen Osteuropas von Nordwesten nach Südosten (nach SCHENNIKOW aus WALTER 1979). Schwarz = Humushorizont, gestrichelt = illuvialer B-Horizont. Vegetationszeit der Tundra: Tagesmittel über 0 °C, sonst über 10 °C. Grenze zwischen den humiden Klimazonen im Norden und den ariden im Süden im Bereich der Überschneidung zwischen Niederschlags- und Evaporationskurve.

3 Historische Pflanzengeographie – Floren- und Vegetationsgeschichte

3.1 Grundlagen und Methoden

Arten und Pflanzenbestände sind nichts Statisches, Veränderungen im Erbmaterial (Genveränderungen) rufen Mutationen hervor und damit neue Arten, die ältere und schlechter angepaßte verdrängen und sogar zum Aussterben bringen können. Aber nicht allein auf genetischem Wege ergeben sich im Laufe der Zeit Änderungen in den Pflanzenbeständen, auch die Umwelt verändert sich, etwa dadurch, daß durch plattentektonische Vorgänge Meeresgräben aufbrechen, sich das Klima ändert, Gebirge entstehen und wieder abgetragen werden. Dadurch ändern sich nicht nur die Standortverhältnisse, sondern auch die Ausbreitungsbedingungen für die Pflanzen. Die heutige Flora und Vegetation ist lediglich eine Momentaufnahme aus einer langen erdgeschichtlichen Entwicklung. Sie läßt sich nur verstehen, wenn man außer den heutigen Lebensansprüchen und Standortbedingungen auch die geschichtliche Entwicklung der Vegetation kennt. Sie lehrt zudem auch jene Vorgänge richtig einzuschätzen, die langsam und über lange Zeitspannen wirksam sind, z. B. Artbildung, Kontinentalverschiebungen, Klimaveränderungen, Florenwanderungen.

Die Methoden zur Aufhellung der Vegetationsgeschichte sind vielfältig: Schon aus der Arealgestalt, besonders jedoch aus Disjunktionen, läßt sich in Verbindung mit systematischen Studien die Florengeschichte bis zu einem gewissen Grade erschließen. Beweiskräftiger sind paläontologische Untersuchungen anhand von Pflanzenresten aus geologischen Zeiten. Solche Reste erhalten sich vor allem unter Luftabschluß in See- und Meeresablagerungen, Torfen und aus diesen entstandenen Kohlen, hier jedoch oft so gut, daß genaue anatomische Untersuchungen möglich sind (Methode der Untersuchung pflanzlicher Großreste). Auch nach Abdrücken im Gestein (z. B. Kalktuff) und echten Versteinerungen lassen sich insbesondere Früchte, Blätter und Hölzer bestimmen. Sie können danach entweder lebenden Arten zugeordnet oder als eindeutig ausgestorbene Arten identifiziert werden. Insbesondere die Untersuchung von fossilem Blütenstaub (Pollenanalyse) spielt für die jüngere Vegetationsgeschichte, und hier speziell die Waldgeschichte, eine große Rolle. [5] Die Pollenkörner vieler Gattungen und Arten sind formspezifisch und daher bestimmbar. Sie haben sich zumeist in spät- und postglazialen Seeablagerungen und Torfen erhalten. Eine Vielzahl hieraus untersuchter Bohrprofile hat es ermöglicht, ein recht zuverlässiges Bild von der postglazialen Vegetations- bzw. Waldgeschichte Mitteleuropas zu entwerfen (FIRBAS 1949, 1952). Da vor allem die Pollenkörner der windblütigen sowie mancher insektenblütigen Gehölzpflanzen alljährlich in großer Menge verweht und in sich aufhöhende Ablagerungen eingebettet werden, läßt sich aus dem Mengenverhältnis der verschiedenen Pollenformen sogar die zeitlich wechselnde quantitative Zusammensetzung der Wälder, bis zu einem gewissen Grade erschließen, die während der Entstehungszeit der untersuchten Ablagerung in der Nähe wuchsen.

Wichtig ist es, das Alter der bestimmten Pflanzenrelikte zu kennen. Neben den bereits erwähnten Verfahren zur relativen Chronologie haben deshalb Methoden zur absoluten Chronologie der Funde große Bedeutung. Allgemein stützt sich die Paläobotanik, speziell die Florengeschichte, auf Ergebnisse der Geologie, die sie umgekehrt durch das Studium der pflanzlichen Leitfossilien bereichert. Für die absolute Altersdatierung werden dabei die radioaktiven Zerfallszeiten verschiedener Elemente herangezogen. Vor allem für die Nacheiszeit sind durch Auswertung der Jahresschichten der beim Eisrückgang insbesondere in Eisstauseen abgesetzten Bändertone sehr wahrscheinliche absolute Altersangaben möglich (Warvenmethode). Solche absoluten Altersangaben können bei Funden organischer Reste etwa aus den letzten 50 000 Jahren auch mit Hilfe ihres Gehaltes an radioaktivem Kohlenstoff ^{14}C gemacht werden. Für die letzten Jahrtausende läßt sich schließlich das Alter von Pflanzenresten auch feststellen, wenn sie zusammen mit gleichaltrigen vor- und frühgeschichtlichen Gegenständen gefunden werden, die altersmäßig bekannt sind, z. B. Siedlungsreste in pollenreichen Seeablagerungen (Seekreide, Seeton), verkohlte Reste von Hölzern, Reste von Kulturpflanzen usw. Umgekehrt lassen sich vorgeschichtliche Funde leicht bestimmen, wenn sie mit Hilfe der Pollenanalyse in bestimmte Waldzeiten eingeordnet werden können.

Für die letzten zwei bis drei Jahrtausende ergibt schließlich die Auszählung von jahresspezifischen Wachstumsringen (Jahresringen) an Baumstämmen und ihr Vergleich untereinander einen Ansatz zur absoluten Altersbestimmung (Dendrochronologie). Die dendrochronologische Methode findet insbesondere Anwendung für die Altersbestimmung von vorgeschichtlichen

---

[5] Einen Einblick in die Methodik pollenanalytischer Untersuchungen gewähren REICHELT/WILMANNS (1973 S. 142 ff.) weiterhin: STRAKA, HERBERT (1975): Pollen- und Sporenkunde. Stuttgart

Bauten, bei denen Holz verwendet wurde. Sie beruht darauf, daß die Wachstumsringe nicht gleich ausgebildet sind, sondern je nach Witterungscharakter des Jahres dicker oder dünner ausfallen und alle Bäume eines Gebietes die gleichen Dickeschwankungen aufweisen.

Geologie, Vegetationsgeschichte, Vorgeschichte und historische Kulturlandschaftsforschung arbeiten hier eng zusammen und ergänzen sich in ihren Methoden.

3.2   Geschichte der ältesten Flora

Die ersten Landpflanzen traten relativ spät in der Erdgeschichte auf, und zwar im oberen Silur (Gotlandium) vor etwa 450 Mio. Jahren. Es waren die *Rhyniales* (Urlandpflanzen), die zur ausgestorbenen Gruppe der *Psilophyten* gehören. Von diesen leitet man die Moose, die Farngewächse und schließlich auch die nacktsamigen Blütenpflanzen (*Gymnospermen*) sowie den stammesgeschichtlich jüngsten Zweig der Pflanzenwelt, die bedecktsamigen Blütenpflanzen (*Angiospermen*) ab.

Obwohl die direkten Vorfahren der Rhyniales unbekannt sind, so muß man doch annehmen, daß sie unter den Grünalgen (*Chlorophyta*) zu suchen sind. Denn alle autotrophen Landpflanzen besitzen dieselben Chlorophyllfarbstoffe und als Reservestoff Stärke wie die Grünalgen. Außerdem besteht die Zellwandsubstanz bei allen aus Zellulose. Wahrscheinlich lebten die Vorfahren der Landpflanzen im Süßwasser.

Die Entwicklung der Landpflanzen schlug verschiedene Richtungen ein. Ein kleiner Seitenzweig führte zu den Moosen (*Bryophyta*), die auf einer relativ niedrigen Entwicklungsstufe stehengeblieben sind. Den Hauptast bilden die Farngewächse (*Pteridophyta*), welche sich aufspalten in die Bärlappgewächse (*Lycopodiatae*), die Schachtelhalmgewächse (*Equisetatae*) und die Farngewächse (*Filicatae*). Ihre Hauptentwicklungsperiode erreichten sie im Permo-Karbon; damals bildeten sie ausgedehnte Sumpfwälder, aus denen schließlich die Steinkohlenflöze hervorgingen. Infolge des primitiven Leitungssystems der *Pteridophyten* war die Wasserversorgung ihrer oberirdischen Organe noch so erschwert, daß sie nur feuchte Biotope der Landoberfläche zu besiedeln vermochten. Die großen Schachtelhalmgewächse *(Equisetatae)* starben in dem Maße aus, in dem das Klima trockener wurde. Heute ist dieser Zweig des Pflanzenreiches nur noch durch die Gattung *Equisetum*, die nur wenige Arten umfaßt, vertreten. Auch von den *Lycopodiatae*, die im Karbon ausgedehnte Sumpfwälder mit *Sigillaria* und *Lepidodendron* bildeten, gibt es heute nur noch wenige unscheinbare Repräsentanten in den Gattungen Bärlapp (*Lycopodium*), Moosfarn (*Selaginella*) und Brachsenkraut (*Isoetes*). Jedoch leitet sich von ihnen die große Gruppe der Nadelhölzer

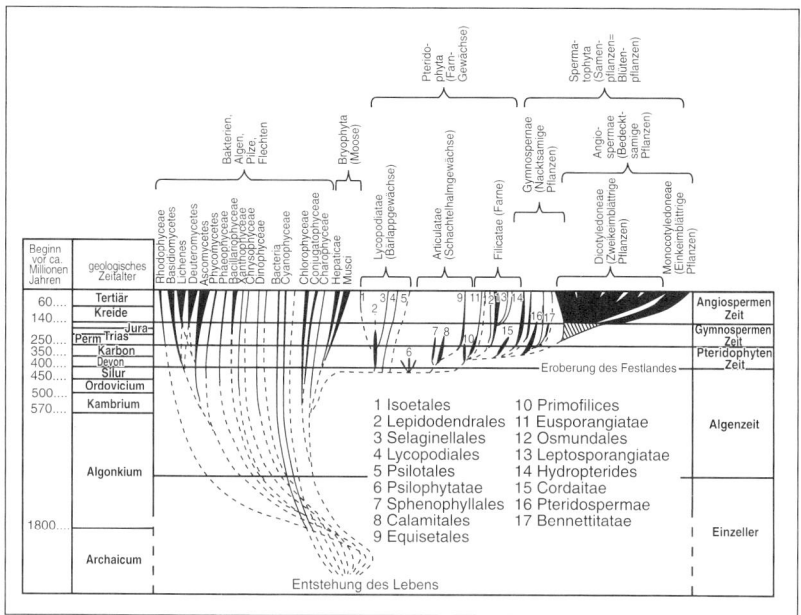

Abb. 15a: Entwicklungsgeschichte der Pflanzen (aus WEBERLING/SCHWANTES 1992, S. 42)

(*Coniferen*) unter den Nacktsamigen (*Gymnospermen*) ab. Zahlreicher vertreten sind heute noch die Farne (*Filicatae*), die in feuchtwarmen Bergwäldern der Randtropen auch baumförmig ausgebildet vorkommen. Sie entwickelten sich weiter zu den *Cycadophytinen*, die uns heute in der kleinen
Gruppe der zu den *Gymnospermen* gestellten Sagobäume (Gattung *Cycas*
u. a.) entgegentreten. Eine weitere Gruppe von *Gymnospermen* stellen die in
ihrer Abteilung noch etwas ungewissen *Ginkgoatae* mit dem einzigen heute
noch „lebenden Fossil" *Ginkgo biloba* dar (vgl. Kap. 2.2.3).

Von der gegenwärtig sehr wichtigen Gruppe der *Coniferen* sind die Fami-
lien der *Podocarpaceae* und *Araucariaceae* spezifisch südhemisphärisch, die
größte Familie, die *Pinaceae*, mit den Gattungen Kiefer (*Pinus*), Fichte
(*Picea*), Tanne (*Abies*), Lärche (*Larix*), Hemlocktanne (*Tsuga*), Douglasie
(*Pseudotsuga*) u. a. hingegen nordhemisphärisch. Die *Cupressaceae* sind
über alle Kontinente verbreitet, wobei die wichtigste Gattung Juniperus der
Holarktis angehört und nur in Ostafrika bis zum Nyassa-See reicht (H. WAL-
TER 1979).

Im Jura entwickelte sich aus den nacktsamigen Blütenpflanzen (*Gymnos-
permae*) die für die Gegenwart wichtigste Gruppe der bedecktsamigen Blütenpflanzen (*Angiospermae*). Die ältesten aus der Unterkreide bekannten

Fossilien von *Angiospermen* gehören bereits sehr verschiedenen noch heute lebenden Familien an, wobei freilich solche mit ursprünglicheren Merkmalen überwiegen (z. B. *Magnoliaceae*). Die Anpassung der *Angiospermen* an das Landleben war so vollkommen, daß sie rasch die älteren Pflanzenformen verdrängten. Bereits im Tertiär hatten sie zusammen mit den *Coniferen* das gesamte Festland erobert, wobei Spezialisten unter ihnen in Wüsten vordrangen und Salzböden besiedelten. Teilweise wurden sie sekundär wieder zu Wasserpflanzen, die mit wenigen Ausnahmen *(Zostera, Posidonia, Salicornia* u. a.) an Süßwasserbiotope gebunden sind.

3.3   Florengeschichte des Tertiärs

Um die Geschichte der europäischen Flora außerhalb der Mittelmeerländer verstehen zu können, müssen wir im Tertiär einsetzen. Auf Grund von fossilen Pflanzenresten, die in Tertiärablagerungen bei Mainz (z. B. Grube Messel), im Geiseltal bei Halle sowie im rheinischen Braunkohlenrevier und im Siebengebirge gefunden wurden, weiß man, daß es im alttertiären Mitteleuropa noch viele tropische bis subtropische Pflanzen wie Palmen aus den Gattungen *Nipa* und *Sabal*, außerdem *Cinnamomum*-, *Ficus*-Arten u. a. gab. Die Vegetation dürfte damals in Mitteleuropa ein ähnliches Aussehen wie die heutigen Berg-Regenwälder des tropischen Südostasiens gehabt haben. Das Tertiär ist durch eine fortschreitende Abkühlung gekennzeichnet, die schließlich zu den quartären Eiszeiten führte. In der Vegetation kommt dies darin zum Ausdruck, daß bereits im Miozän die sehr wärmebedürftigen Pflanzenformen ausgestorben und vor allem Mammutbäume (*Sequoia*) und Sumpfzypressen (*Taxodium*) an der Bildung der Braunkohle beteiligt waren. Mehr und mehr gelangten damals Laubhölzer der gemäßigten Breiten zur Vorherrschaft. Die Vegetation des Pliozäns schließlich bestimmt in Mitteleuropa ein sommergrüner Laubwald mit Nadelbäumen ähnlich wie in der Gegenwart. Er bestand aus Arten, die auch heute noch in der gleichen oder sehr nahe verwandten Form in manchen Teilen der Erde vorkommen. Man kann sagen, der größte Teil der heutigen mitteleuropäischen Flora war gegen Ende des Tertiärs bereits vorhanden.

Die pliozäne Flora Mitteleuropas war allerdings viel reicher als die heutige. Außer den heute hier noch lebenden Arten enthielt sie auch solche, die in der Gegenwart nur noch in anderen Gegenden der Holarktis, besonders in Ostasien, im atlantischen Nordamerika und in der Sierra Madre Oriental Mexikos vorkommen. Es sind Arten aus den Gattungen Götterbaum (*Ginkgo*), Sumpfzypresse (*Taxodium*), Mammutbaum (*Sequoia*), Hemlocktanne (*Tsuga*), Magnolie (*Magnolia*), Tulpenbaum (*Liriodendron*), Storaxbaum (*Sassafras)*, Amberbaum (*Liquidambar*), Hickory (*Carya*), *Nyssa* u. a.

Ähnlich ist es zu erklären, daß sich in den Tertiärfloren Kaliforniens und Alaskas manche Sippen finden, die heute nur auf Asien beschränkt sind.

Zwischen den Erdteilen von heute muß im Tertiär z. T. noch ein reger Florenaustausch möglich gewesen sein. Den Beweis hierfür liefern die alttertiären Floren der Nordpolarländer, die man auf Grönland, Spitzbergen und sogar auf Grinell-Land (81° 45`N) gefunden hat. Sie gleichen weitgehend der miozänen und pliozänen Flora Mitteleuropas oder den heutigen Floren Ostasiens und Nordamerikas. Sie enthalten z. B. die heute noch in Europa lebenden Gattungen *Pinus, Picea, Populus, Corylus, Betula, Alnus, Quercus, Acer, Ulmus, Tilia, Fraxinus, Juglans* und *Vitis*, daneben aber auch solche, die heute in Europa fehlen, z. B. *Ginkgo, Taxodium, Sequoia, Magnolia, Liriodendron, Sassafras, Platanus, Liquidambar* u. a. In diesen heute noch eng benachbarten nördlichen Ländern war somit im frühen Tertiär eine artenreiche Flora mit gemäßigten Wärmeansprüchen verbreitet, die später weiter südwärts wanderte und vom oberen Oligozän an Mitteleuropa eroberte. Diese „arktotertiäre Flora" (ENGLER), von der es heute noch Reste im atlantischen Nordamerika einschließlich Mexikos sowie in Ostasien gibt, ist somit zum Grundstock der Flora Europas außerhalb der Mittelmeerländer geworden.

3.4   Florengeschichte des Eiszeitalters

Das umwälzende erdgeschichtliche Ereignis für die Vegetation Mitteleuropas war das quartäre Eiszeitalter. Die verhältnismäßig einheitliche arktotertiäre Flora wurde durch das kaltzeitliche Klima und die nach Süden vorrückenden Eisloben in südlichere Breiten abgedrängt. Ihre ehemaligen Standorte wurden teils vom Eis bedeckt, teils von waldloser Tundra besiedelt. Insbesondere in Europa ist die arktotertiäre Flora bei diesen Ausweichbewegungen während der Kaltzeiten stark verarmt, denn hier gibt es – im Gegensatz zu Nordamerika – breitenparallel verlaufende, lokalvergletscherte Gebirge, die umgangen werden mußten. Zwar drang die arktotertiäre Flora während der Zwischeneiszeiten und nach der letzten Eiszeit wieder polwärts vor, wobei sie große Gebiete des verlorengegengenen Areals zurückeroberte, jedoch geschah dies unter zunehmender Artenverarmung. Denn viele Arten waren diesen großen Arealverschiebungen nicht gewachsen bzw. konnten das Hindernis der quer zu ihrem Wanderweg verlaufenden Hochgebirge nicht überwinden.

Günstiger war die Situation für die arktotertiäre Flora in Nordamerika, wo die großen orographischen Strukturen mehr nordsüdwärts verlaufen und ausgedehnte, den Kontinent durchziehende Ebenen dazwischenliegen. Die Flora konnte deshalb hier während der Kaltzeiten leichter südwärts ausweichen und anschließend wieder nach Norden einwandern. Am feuchten Ostabhang des zentralmexikanischen Hochlandes (Sierra Madre Oriental) finden sich deshalb sehr artenreiche Reste der arktotertiären Flora. Diese Reliktflora hat auch die Bezeichnung „madro-tertiäre" Wälder (AXELROD 1958) erhalten, weil sie viele Arten mit den arktotertiären Wäldern Nordamerikas und Eurasiens gemeinsam hat.

Insgesamt herrscht eine starke Verarmung der nacheiszeitlichen Vegetation Europas im Vergleich zur nordamerikanischen und zur ostasiatischen Vegetation, die jeweils noch mehr Elemente der arktotertiären Flora enthält. Auch die Disjunktionen innerhalb der Holarktis erklären sich aus den spättertiären und pleistozänen Wanderbewegungen der Flora.

Aber auch Reste der Glazialflora sind in unserer Flora enthalten. Mitteleuropa war während der letzten Kaltzeit – möglicherweise bis auf kümmerliche Birken- und Kiefernwälder in den wärmsten Gegenden – waldlos. Fossile Pflanzenreste und z. T. auch Pollen in den sog. Dryas-Tonen, das sind unmittelbar nach dem Eisrückzug entstandene Seeablagerungen, lehren uns, daß damals Moostundren, Zwergstrauchgesellschaften, staudenreiche Matten, Seggenmoore und verarmte Wassergesellschaften das Land bedeckten (vgl. heutige Tundra und Fjellvegetation Skandinaviens). Die Leitart in den eiszeitlichen Tonablagerungen ist die heute nur in den Alpen vorkommende Silberwurz (*Dryas octopetala*), nach der diese Floren „Dryasfloren" genannt werden, außerdem Blätter und sonstige Reste der Zwergbirke (*Betula nana*), die heute noch als Glazialrelikt auf den Mooren des Alpenvorlandes und einiger zentraleuropäischer Mittelgebirge wächst, sowie Reste arktischer und alpiner Weiden (z. B. *Salix herbacea*). Weitere Glazialrelikte in der heutigen mitteleuropäischen Flora sind Gänsekresse (*Arabis alpina*), Knöterich (*Polygonum viviparum*), Leimkraut (*Silene acaulis*), Troddelblume (*Soldanella alpina*), Alpenhelm (*Loiseleuria procumbens*), Schlüsselblume (*Primula auricula*), Enzian (*Gentiana lutea*), Läusekraut (*Pedicularis sudetica*) u. a. Mit der Wiedereinwanderung der wärmeliebenden Gehölzflora in der Nacheiszeit sind diese arktisch-alpinen Arten in die Gebirge ausgewichen und finden sich heute hauptsächlich im Waldgrenzbereich der Alpen und darüber, teilweise aber auch in den höheren Lagen der Mittelgebirge, besonders im Riesengebirge, Hohen Mährischen Gesenke (Altvater), im Südschwarzwald und den hohen Lagen der Schwäbischen Alb. Die arktisch-alpinen Geoelemente haben somit in den genannten Gebieten disjunkte Areale.

3.5   Vegetationsentwicklung während der Spät- und Nacheiszeit

Die heutige Vegetation Mittel- und Nordeuropas ist das Ergebnis der holozänen Klima- und Vegetationsgeschichte (Tab. 7). Als Holozän (= Alluvium) bezeichnet man den jüngsten Abschnitt des Quartärs, der die Nacheiszeit und im weiteren Sinn auch noch die Späteiszeit umfaßt. Er begann vor etwa 10 000 (bzw. 12 500) Jahren.

Nach dem Höhepunkt der letzten Vereisung (vor etwa 20 000 Jahren) wurde das Klima allmählich unter Rückschlägen wärmer. In den folgenden 10 000 Jahren schmolzen die Eismassen größtenteils ab. Viele Arten konnten bei der Rückwanderung aus ihren kaltzeitlichen Refugialgebieten die vor dem eisbedeckten oder – im periglazialen Bereich, zu dem der größte Teil Mitteleuropas gehört hatte – zumindest waldfrei gewesenen Gebiete wiederbesiedeln. Dabei waren günstige Voraussetzungen für eine Auffrischung des eiszeitlich stark dezimierten Sippenbestandes durch Hybridbildung (Kreuzung)[6] gegeben.

Die Rückwanderung der vegetationsbestimmenden Baumarten erfolgte während der Spät- und Nacheiszeit nicht gleichzeitig, sondern – entsprechend ihren unterschiedlichen Umweltansprüchen und den postglazialen Klimaschwankungen folgend – nacheinander. So lassen sich innerhalb dieses Zeitabschnitts mehrere gut ausgebildete, über große Teile des kühl-gemäßigten Europas annähernd gleichzeitige Pollenzonen (I-XII) und damit Vegetationsbzw. Waldperioden unterscheiden. In den Gebirgen stieg die Waldgrenze allmählich an, die alpine Tundra zog sich mehr und mehr zurück, und an ihrer Stelle entwickelten sich die dem Klima entsprechenden Vegetationsformen.

Die Ursache für die großen spät- und nacheiszeitlichen Vegetationsveränderungen ist offenkundig in erster Linie der in Europa annähernd gleichzeitig eingetretene Klimawechsel. Daneben sind die verschiedenen Ausbreitungsgeschwindigkeiten und Wanderwege der Baumarten, die Lage ihrer eiszeitlichen Rückzugsgebiete, ihre verschiedene Wettbewerbsfähigkeit und die verzögerte Bodenentwicklung zu berücksichtigen. Die zu Ende gehende Würmeiszeit mit ihren Tundren und Kältesteppen (Pollenzone I) im Periglazialbereich leitet in Mitteleuropa über zu einer ersten Ausbreitungsphase lichtbeständiger subarktischer Gehölze (Späteiszeit 10 500-8250 v. Chr.). In ihr kommt es zu einer deutlichen Erwärmung (Pollenzonen II-III, IV = Alleröd) und danach zu einem neuerlichen Kälterückschlag. Die Kältesteppen der Späteiszeit sind durch einen hohen Anteil von Süß- und Sauergräsern (*Poaceae* und *Cyperaceen*) sowie Wermut (Artemisia) ausgezeichnet.

Die Nacheiszeit setzt mit einer merklichen Klimaverbesserung (um 8250 v. Chr.) ein und erreicht in der mittleren Wärmezeit, dem Atlantikum (etwa 5000-3000 v. Chr.), ein Optimum, das bis 2,5 °C wärmer war als heute. Das bringt die Vegetationsentwicklung zum Ausdruck, die in der Vorwärmezeit mit einer neuerlichen Ausbreitung von Birken und Kiefern (Pollenzone V, Präboreal) beginnt. Die frühe Wärmezeit (Boreal) ist durch eine Massenaus-

---

[6] Näheres vergleiche Lehrbücher der Botanik, z. B. E. STRASBURGER u. a., 1991, S. 908f

Tab. 7: Vegetationsentwicklung in Mitteleuropa vom Ende der Weichsel- bzw. Würmeiszeit bis zur Gegenwart mit den Pollenzonen nach FIRBAS (F) und OBERBECK (O), nach WALTER & STRAKA 1970

Zeit	Pollenzone n.F.	Pollenzone n.O.	Vegetationsphasen		Vorgeschichte	
+ 1000	IX	XII / XI	Kulturforste / Buchen	Nachwärmezeit (Subatlantikum)	Geschichtliche Zeit	
0						
− 1000	VIII	X	Buchen Eichen	Späte Wärmezeit (Subboreal)	Eisenzeit	
− 2000		IX			Bronzezeit	
− 3000	VII		Eichenmischwald (Eichen, Ulmen, Linden, Eschen)		Späte	Jungsteinzeit
− 4000		VIII		Mittlere Wärmezeit (Atlantikum)	Mittlere	
− 5000	VII				Frühe	
− 6000	VI	VII	Hasel	Frühe Wärmezeit (Boreal)	Mittel-Steinzeit	
− 7000		VI	Hasel–Kiefern			
− 8000	V	V	Birken–Kiefern	Vorwärmezeit	Alt-steinzeit	
− 9000	IV	IV	baumarme Tundren	Jüngere		
	III	III	Birken Kiefern	Mittlere (Alleröd)		
− 10000	II	II	baumarme Tundren	Ältere		
− 11000						
− 12000	I	I	baumlose Tundren	Späte arktische Zeit (Hocheiszeit)		

Seitliche Beschriftung: Nacheiszeit — subarktische Zeit (Späteiszeit) — Jung-paläolithikum

breitung der Hasel gekennzeichnet, die zunächst zu Hasel-Kiefern-Wäldern führt und schließlich zu einem Rückgang der Birken und Kiefern, an deren Stelle Ulmen und Eichen einwandern. Es bilden sich vorwiegend Hasel-Eichenmischwälder (VII). Das verstärkte Auftreten der anspruchsvolleren Laubhölzer Linde, Ahorn und Esche kennzeichnet die Mittlere Wärmezeit, in der Eichenmischwälder zonal verbreitet sind. In den immer stärker versumpfenden Niederungen breiten sich Erlenbruchwälder aus, und die höheren Lagen der östlichen Mittelgebirge bis zum Harz sowie die Ostalpen und Karpaten bedecken Fichten. Ähnlich wie heute beschränken sich die Kiefernbestände auf arme Sandböden, denn hier fehlen die anspruchsvollen Mitbewerber mit Ausnahme der Eiche und Birke. An sehr trockenen Stellen entwickelt sich eine artenreiche Trockenrasen- und Steppenvegetation.

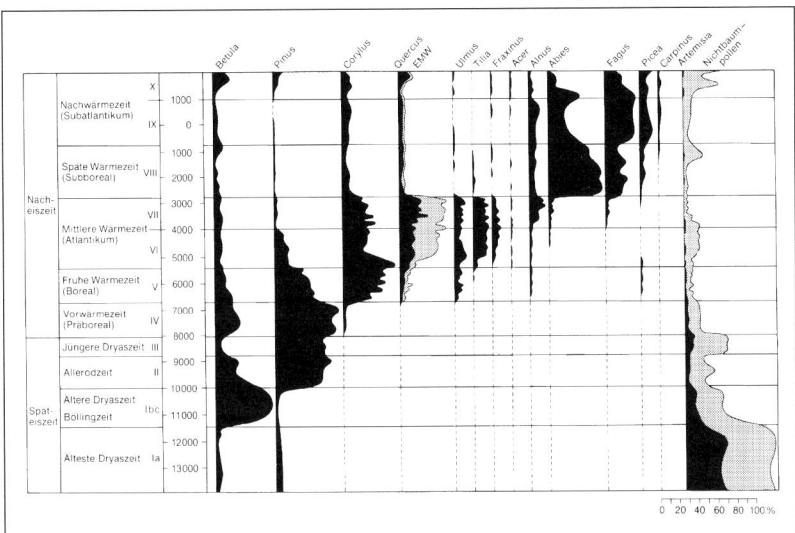

Abb. 15b: Vereinfachtes Pollendiagramm aus dem Horbacher Moor (Südschwarzwald, 950 m NN) (aus Lang 1967)

Durch Forschungen in den Alpen (Patzelt 1977 u. a.) haben sich die Vorstellungen von einer postglazialen Wärmezeit erheblich gewandelt. So sind nach ermittelten Gletscherschwankungen auch für diese Zeit Klimarückschläge anzunehmen. Lediglich für die Zeit von 6000-5000 v. Chr. läßt sich in den Alpen eine längere Wärmeperiode mit einem durchschnittlichen Temperaturanstieg von 1,5 °C nachweisen. Er dürfte einen Anstieg der oberen Waldgrenze von 150-200 m zur Folge gehabt haben. Biogeographisch ist die Wärmezeit außerdem dadurch zu belegen, daß wärmeliebende Gehölzpflanzen wie die Hasel, sowie Wasser- und Sumpfpflanzen wie *Phragmites communis* und die *Cyperacee Cladium mariscus*, thermophile Landtiere sowie marine *Molluscen* jenseits ihrer heutigen nördlichen Verbreitungsgrenze gedeihen konnten.

In der Späten Wärmezeit (Subboreal) macht sich eine deutliche Abnahme der Temperatur und eine Zunahme der Niederschläge bemerkbar. Erstmals treten in der Nacheiszeit Rotbuche, Hainbuche und Tanne auf (Pollenzone IX) und drängen Eichen und Hasel zurück (X). Zu Beginn der Nachwärmezeit (Subatlantikum), die um 500 v. Chr. beginnt, kommt schließlich in den tieferen Lagen auf besseren Böden sowie in den niederen nordwestlichen Mittelgebirgen der mitteleuropäischen Gebirgsschwelle die Rotbuche (*Fagus sylvatica*) zur Herrschaft, die von nun an den Charakterbaum des westlichen Mitteleuropas bildet. Man spricht deshalb nun von der Buchenzeit (XI). Nach Osten zu wird sie auf den besseren Böden von der Hainbuche (*Carpinus betulus*) und auf den ärmeren Böden von Eichen und Kiefern abgelöst. Die Gebirgswälder wandeln sich größtenteils in Mischwälder mit Rotbuche als beherrschender Baumart, auf ärmeren Böden gemischt mit Traubeneiche (*Quercus petraea*), Weißtanne (*Abies alba*) und Fichte (*Picea abies*) in höheren Lagen. Damit stellt sich im wesentlichen das für Mitteleuropa noch heute bestehende Waldbild ein, ungestörte natürliche Bedingungen vorausgesetzt, das in Abb. 15c wiedergegeben ist.

Der vorgeschichtliche Mensch nimmt erstmals während der späten Jungsteinzeit (etwa ab 3000 v. Chr.) stärkeren Einfluß auf die Vegetationsdecke.

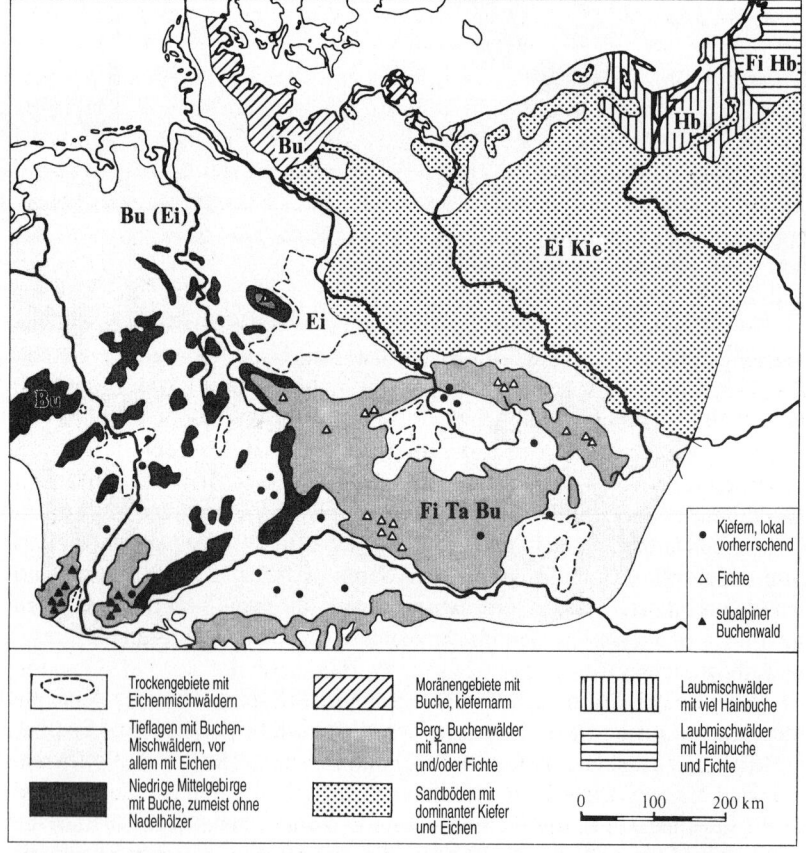

Abb. 15c: Großgliederung der natürlichen Vegetation Mitteleuropas ohne die Alpen zur Zeit um Christi Geburt (Rekonstruktion aufgrund pollenanalytischer Befunde). Nach F_IR-BAS 1949/52.

Mit dem Seßhaftwerden und dem Übergang zum Ackerbau treten in den Pollenzonen X-XII verstärkt Getreidepollen auf. Arealkundlich beweisen vor allem zahlreiche, heute z. T. weltweit verbreitete Ackerwildkräuter die Eingriffe des Menschen in die Vegetationsdecke. Die Ackerwildkräuter sind dabei in Mittel- und Westeuropa mit der Einführung des Ackerbaus und der Schaffung waldfreier Standorte eingewandert bzw. eingeschleppt worden und sodann zu einem festen Bestandteil der europäischen Flora geworden. Diese Alteinwanderer werden als Archäophyten bezeichnet. Zu einer weiteren Einwanderungswelle von Pflanzen ist es seit dem Ende des 15. Jh. mit der Entdeckung Amerikas und der Entwicklung des weltweiten Handels gekommen. Die seit etwa 1500 neu zugewanderten Pflanzen werden als Neophyten (Neueinwanderer) bezeichnet. Zum Teil sind sie unbewußt mit Importgütern eingeschleppt worden wie das schmalblättrige Greiskraut *(Senecio inaequidens),* eine Wollimportpflanze aus dem südlichen Afrika, die sich bisher in Nordwestdeutschland auf Bahnkörpern und anderen künstlich aufgeschütteten Subtraten stark verbreitet hat, zum Teil wurden sie als Zierpflanzen eingeführt wie der Japanische Staudenknöterich *(Reynoutria japonica),* der Riesenbärenklau *(Heracleum mantegazzianum)* oder der Fliederspeer *(Buddleja davidii)* und haben sich spontan verbreitet. In urban-industriellen Räumen mit vielfältigen künstlich geschaffenen Standorten machen Neophyten bereits etwa ein Fünftel der Spontauflora aus, wobei es in mitteleuropäischen Städten, entsprechend den Standortbedingungen, vor allem Pflanzensippen aus dem mediterranen und pontischen Bereich sind (SUKOPP 1990).

Der Bereicherung der mitteleuropäischen Flora entgegengewirkt haben die immer intensivere Landnutzung, der Tourismus und die ständige Ausweitung der Siedlungs- und Verkehrsflächen mit den damit verbundenen Umweltbelastungen. All das hat zu einem erheblichen Rückgang ursprünglich heimischer Arten und ganzer Pflanzengesellschaften geführt.

Die eiszeitlichen Refugien vieler mitteleuropäischer Baumarten lagen südlich der Alpen im mediterranen bzw. submediterranen Gebiet, was ihre nacheiszeitliche Einwanderung erschwert hat. So ist z. B. die Tanne *(Abies alba)* von Süden her durch das Rhône- und Rheintal, das Schweizer Mittelland sowie entlang dem Ostrand der Alpen nach Mitteleuropa eingewandert und hat sich in den südlichen Mittelgebirgen sowie den Karpaten verbreitet .

Andere Arten sind aus den Ebenen Südosteuropas und den südrussischen Steppen nördlich und südlich der Karpaten sowie durch das Donautal und die ungarische Tiefebene nach Mitteleuropa eingewandert und haben sich hier, entsprechend ihren Herkunftsgebieten, vor allem in den kontinental getönten, warm-trockenen Binnenlandschaften ausgebreitet, z. B. im östlichen Österreich, in Innerböhmen, im Thüringer Becken, in der Börde östlich des Harzes und in der Oberrheinebene (um Mainz, Worms und Speyer), sowie in den klimatisch kontinentalen Alpentälern wie dem oberen Inntal.

4 Ökologische Pflanzengeographie

4.1 Der Einfluß der Umweltbedingungen und des Wettbewerbs auf die räumliche Ordnung der Vegetation

Die Umweltbedingungen und der Wettbewerb der Organismen untereinander sind entscheidend für die Zusammensetzung und räumliche Verteilung der Pflanzengesellschaften und Lebensgemeinschaften. Wenn eine stärkere Einwirkung des Menschen auf die Vegetation fehlt, passen sich die Pflanzengemeinschaften den naturbedingten Standortgegebenheiten an, wobei der Wettbewerb der Pflanzen um Raum, Licht, Wasser, Nährstoffe sowie gewisse Unverträglichkeiten zwischen Pflanzen (allelopathische Wirkungen) und Nahrungsbeziehungen zwischen Pflanzen und Tieren die Artenzusammensetzung der Pflanzenbestände beeinflussen. Aufgrund des Wettbewerbs der Organismen untereinander sind physiologisches und ökologisches Optimum durchaus verschiedene Aspekte, und die Standortbevorzugungen von Pflanzen in natürlichen Beständen sind oft lediglich Ausdruck eines ökologischen Verhaltens und nicht optimaler Versorgung. Berücksichtigt man die genannten Einflüsse, ist jedoch die Aussage berechtigt: Die standortökologischen Bedingungen und der Wettbewerb bestimmen die räumliche Ordnung der Pflanzengemeinschaften.

Zu den ökologischen Bedingungen, die das Leben einer Pflanze am Standort ermöglichen und beeinflussen, gehören zunächst klimatische Faktoren wie Strahlung (Licht), Wärme, Niederschläge und Luftfeuchte sowie die Bodenfaktoren Nährstoffe, Bodenfeuchte und -luft. Diese direkt wirksamen Standortfaktoren sind in ihrer Ausprägung und Verfügbarkeit durch indirekt wirksame (sog. Steuerungsfaktoren) beeinflußt. Hierzu gehören das regionale Klima (Mesoklima), die Lage des Standorts im Relief (Höhenlage, Hangneigung und Exposition) und Bodeneigenschaften wie Mineralbestand, Bodenart, Bodengefüge (Bodenstruktur), Säure-Basen-Verhältnis (pH-Wert) und Gehalt an sorptionsfähigen Stoffen. Unmittelbar wirkende Einflüsse sind außerdem Raumeinengung, z.B. durch Wettbewerbsdruck, mechanische

Kräfte wie Wind, Eistrieb, Bodenbewegungen und schwerkraftbedingte Einflüsse, Tierverbiß und -tritt.

Das Zusammenwirken von Lebewesen und Umweltfaktoren wird in der Modellvorstellung vom Ökosystem zum Ausdruck gebracht und operationalisierbar gemacht. Näheres s. Kapitel 4.4 Ökosystemlehre und Lehrbücher der Ökologie (z. B. BICK 1993, LARCHER 1994, REMMERT 1992).

4.2 Der ökologische Standortbegriff und verwandte Raumbegriffe

Die kleinräumige Ordnung der Pflanzengemeinschaften hängt von den unterschiedlichen Standortbedingungen ab. Als Standort bezeichnet H. WALTER (1961) die Gesamtheit der an einem Wuchsort auf ein Lebewesen einwirkenden Außenfaktoren. Abgewandelt findet sich der Standortbegriff bei SCHMITHÜSEN (1968, S. 126), der ihn mehr im praktischen Sinne der Forst- und Agrarwissenschaften versteht. Bei ihm ist es die „Qualität, die ein Ort des Geländes besitzt, unabhängig davon, ob er mit Pflanzen bestanden ist oder nicht". Der Standort ist also nicht mehr nur der Wuchsort einer vorhandenen Pflanzengemeinschaft (Phytozönose), sondern eine „potentielle Lebensstätte", die eine bestimmte Lebensgemeinschaft von Natur aus begünstigt und damit auch einen bestimmten land- und forstwirtschaftlichen Produktionswert hat. Es ist dies eine Betrachtungsweise, die mehr vom Raum und seinem landschaftshaushaltlichen Leistungsvermögen ausgeht. Der zugehörige Arealbegriff bei SCHMITHÜSEN (1968) ist der „Standortraum" oder die „Fliese", heute allgemein als „Physiotop" bezeichnet. Die genannten ökologischen Raumbegriffe lassen sich wie folgt definieren: Ein Standortraum oder Physiotop kennzeichnet einen Raumausschnitt der Geosphäre, der aufgrund seiner abiotischen Bestandteile und den zwischen ihnen wirkenden Kräften eine bestimmte Wuchsqualität und damit auch Nutzungseignung hat. Eine neuere Definition im Sinne der Landschaftsökologie findet sich in ANL (1994, S. 91): Physiotope sind kleinste landschaftsökologisch relevante Raumeinheiten mit gleicher physisch-geographischer Struktur und gleichartigen ökologischen Bedingungen, die sich aus dem Wirkungsgefüge der abiotischen Standortfaktoren ergeben.

Der Physiotopbegriff wird vor allem für standortökologische Untersuchungen im Ackerland mit jährlich wechselnder naturferner Vegetation gebraucht. Bei allen dauerhaft oder langfristig mit einer bestimmten Vegetation bestandenen Räumen stellt er eine Abstraktion dar, weil der jeweilige Pflanzenbestand und im weiteren Sinne die besiedelnde Biozönose den Standort rückwirkend beeinflußt und sich ihre Standorteigenschaften selbst mitschafft. Das gilt für die Bodenentwicklung, die Humusform, den Bodenwasserhaushalt und das Bestandesklima; außerdem spielt die Bodenlebewelt

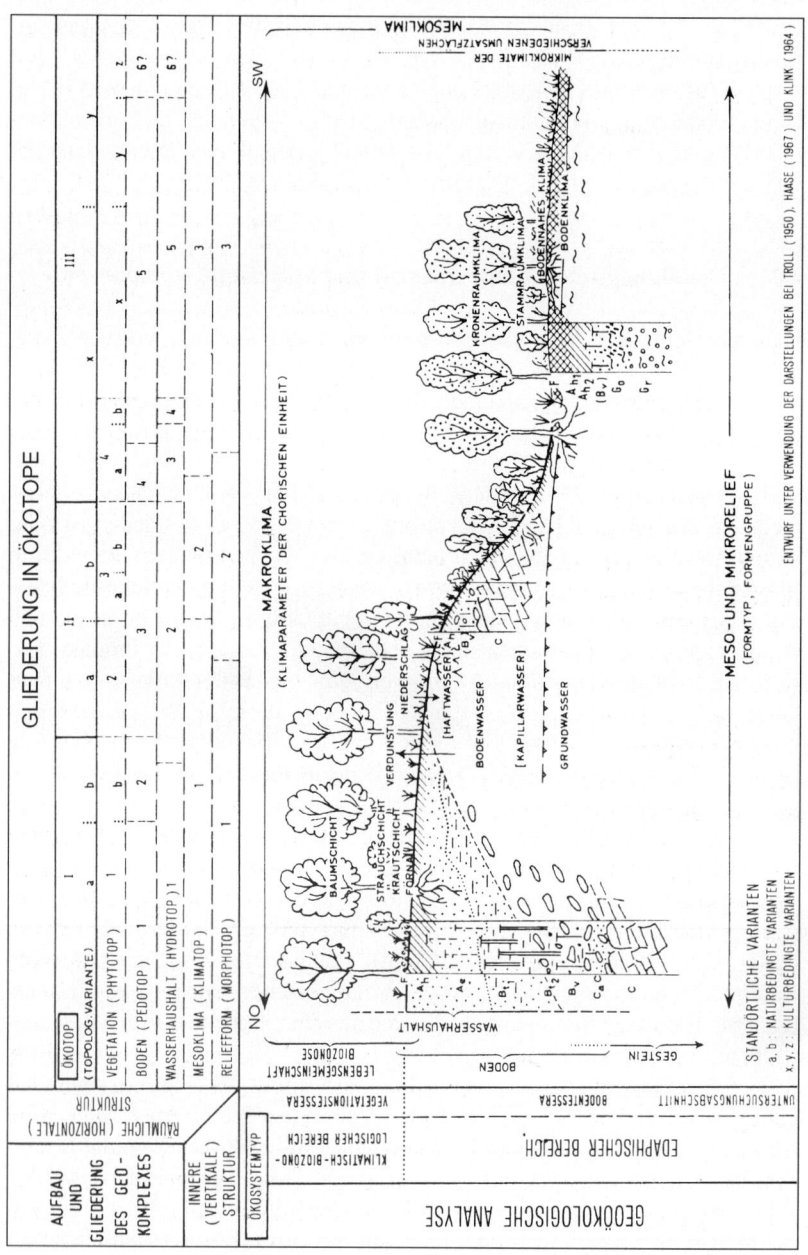

Abb. 16: Anordnung verschiedener Ökotope und ihrer Bestandteile im Berg- und Hügel-land.

(das Edaphon) eine wichtige Rolle. Biozönose und zugehöriger Standort bilden zusammen einen Ökotop. Der Ökotop ist die kleinste landschaftsökologisch relevante Raumeinheit aus einer Biozönose und den sie bedingenden einheitlichen Standortgegebenheiten (ANL 1994, S. 88).

HABER (1995, S. 693) betont, daß der funktional ausgerichtete Begriff „Ökosystem" durch den Ortsbezug des Ökotopbegriffes erst planerisch praktikabel gemacht wird. Das gleiche gilt für den ähnlich gebrauchten Begriff Biotop. Der Ökotop ist die räumliche Ausprägung eines Ökosystems kleiner bis mittlerer Dimension, z. B. eines Waldtyps (Erlenbruch, Seggen-Hangbuchenwald), eines Wiesentyps (Kleinseggenwiese, Borstgraswiese) oder eines Stillgewässers in bestimmtem Trophiezustand. Ökosystem und Ökotop bilden jeweils ein einheitliches Beziehungsgefüge (HABER 1995).

In der Biologie ist daneben vor allem der Biotopbegriff gebräuchlich, der in der Literatur jedoch nicht einheitlich verwandt wird. Bei den meisten Autoren ist es die Gesamtheit der Umweltbedingungen, die an einem festgelegten Ort im Gelände einer bestimmten Lebensgemeinschaft ihre Existenz ermöglicht. Folgende Definition in ANL (1994, S. 23) kann Verbindlichkeit beanspruchen: Unter einem Biotop wird der Lebensraum einer Biozönose von einheitlicher, gegenüber seiner Umgebung mehr oder weniger scharf abgrenzbarer Beschaffenheit verstanden (z. B. eine Salzwiese, ein Erlenbruch, ein Hochmoor, ein trockener Birken-Eichenwald, ein eutropher See usw.). Der Biotopbegriff kann heute auch im Sinne des Ökotops verwendet werden. Dies geschieht u.a. in der amtlichen Biotopkartierung, die zum Zwecke der Biotopsicherung und damit des Artenschutzes durchgeführt wird. Zu erwähnen bleibt der Begriff „Habitat", unter dem eine Lebensstätte verstanden wird, in der Organismen einer Art regelmäßig anzutreffen sind.

Die Konzepte der ökologischen Raumbegriffe erfordern es, auch auf den Begriff der ökologischen Nische einzugehen, die ein Organismus oder auch eine Art besetzt. Der Habitat eines Organismus ist der Raum, in dem er lebt; für eine Art bedeutet er die Lebensstätte, in der sie regelmäßig vorkommt. Die ökologische Nische dagegen ist ein umfassenderer Begriff. Er schließt nicht nur den physikalischen Raum ein, den ein Organismus bzw. eine Art innehat, sondern vor allem deren funktionelle Rolle, die sie in einer Lebensgemeinschaft spielt, so ihre Einordnung in die saisonal wiederkehrende Dynamik einer Pflanzengesellschaft, ihre Stellung in der Nahrungskette und ihr Verhalten gegenüber den Umweltfaktoren. Diese drei Aspekte der ökologischen Nische können als die räumliche oder Wuchsortnische, die trophische Nische und die multidimensionale Nische bezeichnet werden. ODUM (1983, S. 376) bringt die Begriffe Standort (hier besser Wuchsort oder Habitat: Anmerkung des Verfassers) auf einen einfachen Vergleich: Im übertragenen Sinne ist der Habitat die „Adresse" des Organismus und die Nische sein „Beruf" (die Planstelle), den er in einer Lebensgemeinschaft ausübt.

Die gleichzeitige Berücksichtigung der besiedelnden Lebensgemeinschaft ist insbesondere bei Standortuntersuchungen wegen der engen Beziehungen zwischen Standorteigenschaften und Vegetation wichtig. Besonders deutlich wird die Standortbeeinflussung durch die jeweilige Biozönose bei progressiven Sukzessionen (vgl. Kap 2.3.4). Jede vorangehende Lebensgemeinschaft wirkt hierbei standortbereitend für die nachfolgende, und insgesamt stellt sich an ein und demselben Ort eine jeweils charakteristische Abfolge von Biozönosen ein. Bei der Vegetation führen die Sukzessionen zu bestimmten „Schlußgesellschaften" oder „Klimaxgesellschaften", die mit den herrschenden Klimabedingungen in optimalem Einklang stehen und sich erst bei Klimaveränderungen wandeln. Insbesondere zu jeder Schlußgesellschaft der Vegetation gehört ein bestimmter Bodentyp, der im Bodenprofil seinen Ausdruck findet. Beispiele sind Schwarzerden unter Steppengrasvegetation kontinental gemäßigter Klimate, Braunerden und Parabraunerden unter Laubmischwäldern gemäßigter Klimate. Auch menschbedingten Pflanzengesellschaften lassen sich recht stabile, reife Bodentypen zuordnen; so sind die Eisen-Humus-Podsole Norddeutschlands sekundär – nach Entwaldung – unter Callunaheide entstanden. Eine innige Verbindung zwischen Standorteigenschaften und Vegetation zeigt sich auch bei den tropischen Regenwäldern. Rodung des ursprünglichen Waldes, dadurch ausgelöster Humusabbau mit Mineralisation der im Humus gebundenen Nährstoffe und infolgedessen häufig eintretende Bodenerosion führen zu einer erheblichen Minderung der Standortqualität, die sich in geringer landwirtschaftlicher Ertragfähigkeit sowie in ärmeren, weniger wuchsfreudigen Sekundärwäldern äußert.

4.3   Die ökologischen Standortfaktoren

Ökologie ist die Wissenschaft von den Wechselwirkungen der Organismen untereinander und mit ihrer abiotischen Umwelt. Jede Pflanze bzw. Pflanzengesellschaft entwickelt sich in einem Beziehungsfeld von Umweltfaktoren. Die lebensnotwendigen Umweltfaktoren oder ökologischen Standortfaktoren einer höheren Pflanze sind in Abb. 17a schematisch dargestellt.

Ökophysiologisch direkt wirksame Umweltfaktoren sind: Licht, Wärme, Wasser, chemische Faktoren (insbesondere Nährstoffe, Salze, Schwermetalle) und mechanische Einwirkungen (Tierfraß, Tritt, Wind, u. a.). Alle anderen mit dem Gelände verbundenen Faktoren, besonders diejenigen, die bereits Teilsysteme des Ökosystems darstellen, wie Klima, Relief, Boden und Mitbewerber um Raum, Licht, Wasser und um Nährstoffe sind im Hinblick auf die einzelne Pflanze ökologisch nur indirekt wirksam. So beeinflußt das Relief die Ausbildung des Geländeklimas und damit die Licht-, Wärme- und Wasserverhältnisse am Standort; Abtragungs- und Aufschüttungsprozesse in

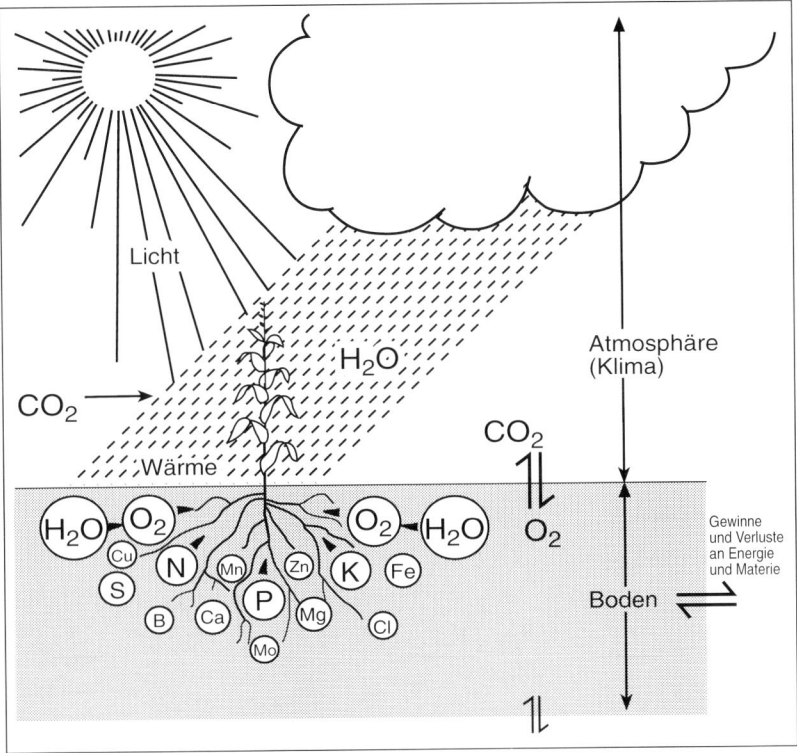

Abb. 17a: Schema des Beziehungsfeldes Pflanze-Umweltfaktoren (nach SCHRODER/BLUM 1992, verändert)

Hanglagen bestimmen die Gründigkeit des Bodens (Wasserkapazität), außerdem kann Zuschußwasser die Unterhang-Standorte zusätzlich mit Nährstoffen versorgen. Bodenart und Bodengefüge bestimmen den Wasser-Luft-Haushalt und damit die Durchwurzelungstiefe, außerdem haben insbesondere feinkörnige Bodenarten neben dem Humusgehalt und der sehr wichtigen Humusform Einfluß auf die Nährstoffversorgung.

Die ökologisch direkt wirksamen abiotischen Faktoren sind in ihrer Pflanzenverfügbarkeit an den verschiedenen Standorten stets das Ergebnis stofflicher und energetischer Transformationsprozesse in der Geosphäre[6]; das gilt für den Strahlungsumsatz in der Atmosphäre und am Boden, den Umsatz von Wasser und Nährstoffen durch den Boden und die Wasser-, Wärme- und

---

[6] Die Geosphäre ist der dreidimensionale Bereich über und unter der Erdoberfläche, in dem sich Atmo-, Litho- und Hydrosphäre berühren, durchdringen und wechselseitig beeinflussen. Es ist der erdumspannende Raum, in dem sich über dem Festland eine Pedosphäre (Böden) und Lebensgemeinschaften entwickelt haben. Man bezeichnet ihn auch als Ökosphäre oder – viele Autoren – als die Biosphäre.

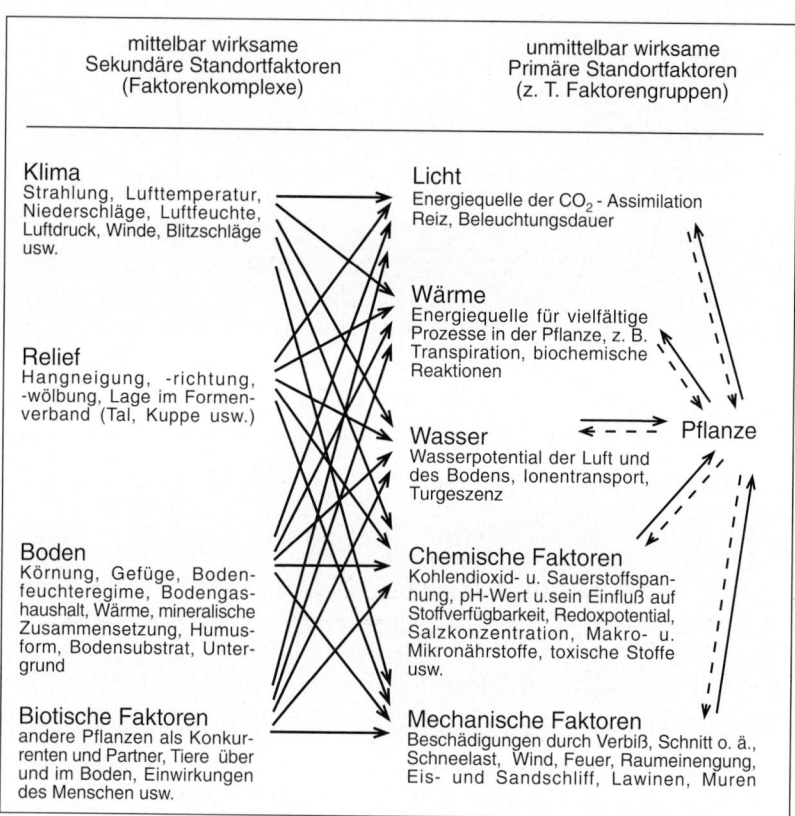

mittelbar wirksame
Sekundäre Standortfaktoren
(Faktorenkomplexe)

unmittelbar wirksame
Primäre Standortfaktoren
(z. T. Faktorengruppen)

Klima
Strahlung, Lufttemperatur,
Niederschläge, Luftfeuchte,
Luftdruck, Winde, Blitzschläge
usw.

Licht
Energiequelle der CO_2 - Assimilation
Reiz, Beleuchtungsdauer

Relief
Hangneigung, -richtung,
-wölbung, Lage im Formen-
verband (Tal, Kuppe usw.)

Wärme
Energiequelle für vielfältige
Prozesse in der Pflanze, z. B.
Transpiration, biochemische
Reaktionen

Wasser
Wasserpotential der Luft und
des Bodens, Ionentransport,
Turgeszenz

Pflanze

Boden
Körnung, Gefüge, Boden-
feuchteregime, Bodengas-
haushalt, Wärme, mineralische
Zusammensetzung, Humus-
form, Bodensubstrat, Untergrund

Chemische Faktoren
Kohlendioxid- u. Sauerstoffspan-
nung, pH-Wert u.sein Einfluß auf
Stoffverfügbarkeit, Redoxpotential,
Salzkonzentration, Makro- u.
Mikronährstoffe, toxische Stoffe
usw.

Biotische Faktoren
andere Pflanzen als Konkurrenten und Partner, Tiere über
und im Boden, Einwirkungen
des Menschen usw.

Mechanische Faktoren
Beschädigungen durch Verbiß, Schnitt o. ä.,
Schneelast, Wind, Feuer, Raumeinengung,
Eis- und Sandschliff, Lawinen, Muren

Abb. 17b: Schema der Beziehungen zwischen den komplexen sekundären Standortfaktoren und den direkt auf die Pflanze wirkenden primären Ökofaktoren (nach WALTER 1951 und ELLENBERG 1986, verändert)

Windverteilung unter dem Einfluß des Reliefs. Die verschiedenen Geo-systeme, die in Wechselwirkung mit den sie besiedelnden Biozönosen stehen, sind also ausschlaggebend für die Verteilung und Verfügbarkeit von Stoffen und Energien. Die Ökologie wird damit zu einem weiten interdisziplinären Wissenschaftsbereich zwischen Geowissenschaften und Biowissenschaften.

Werden die abiotischen, hauptsächlich geowissenschaftlich zu betrachten-den Bestandteile der Ökosysteme wie Klima, Boden und Wasserhaushalt des Bodens in ihrer räumlichen Differenzierung näher in die Untersuchung ein-bezogen, spricht man von Geoökologie oder Landschaftsökologie. Der Begriff Landschaft bringt auch eine Berücksichtigung der menschlichen Ein-flüsse zum Ausdruck, denn Landschaft schließt die kulturlandschaftlichen Bestandteile des Raumes ein.

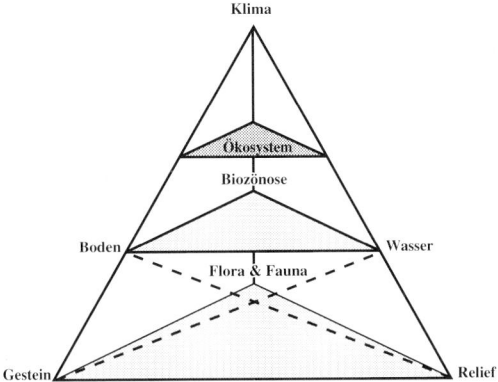

Abb. 17c: Schema zum Beziehungsgefüge der Umweltbestandteile mit der Integrationsebene des Ökosystems, hier Landökosystem der topischen Dimension: Ökotop. Jeder Umweltbestandteil ist Ergebnis einer bestimmten erdgeschichtlichen Entwicklung (Entwurf des Verfassers).

Geoökologie oder Landschaftsökologie ist die Wissenschaft von der Einbindung der Lebewesen in die Stoff- und Energieflüsse der verschiedenen Erdräume[7]. Sie widmet sich der Erforschung der Geoökosysteme in den verschiedenen räumlichen Dimensionen (Größenordnungen) mit maßstäblich angepaßten Methoden vom Ökotop über die Ökotopengefüge verschiedener Dimensionsstufen, die klimatisch bestimmten Landschaftszonen bis zur Erde als globalem Geoökosystem.

In den folgenden Kapiteln wird versucht, das Verhältnis Vegetation-Umwelt auf breiten geoökologischen Grundlagen darzustellen.

---

[7] Den Begriff „Landschaftsökologie" prägte Carl Troll (1939). Er verstand darunter „das Studium des gesamten in einem bestimmten Landschaftsausschnitt herrschenden komplexen Wirkungsgefüges zwischen den Lebensgemeinschaften (Biozönosen) und ihren Umweltbedingungen."
Wegen der leichteren Übersetzbarkeit in fremde Sprachen sprach Troll (1970) später von Geoökologie (engl. geoecology).

4.3.1 Licht

Licht, der sichtbare Anteil aus dem Strahlungsspektrum, ist ein unentbehrlicher ökologischer Faktor für die Entwicklung der grünen Pflanzen und das Leben überhaupt. Mit Hilfe des grünen Blattfarbstoffs (Chlorophyll) nutzt die grüne Pflanze die Lichtenergie, um im Prozeß der Photosynthese unter Verwendung von Lichtenergie aus Kohlendioxid und Wasser Glukose herzustellen. Vereinfacht läßt sich dieser über mehrere Zwischenstufen ablaufende biochemische Prozeß durch folgende Summenformel ausdrücken:

$$6\ CO_2 + 12\ H_2O \underset{\text{2862 kJ (684 kcal)}}{\overset{\text{Lichtenergie}}{\Longleftrightarrow}} C_6H_{12}O_6 + 6\ O_2 + 6\ H_2O$$

Als Photosynthese oder Assimilation bezeichnet man den energiebindenden Prozeß, als Dissimilation oder Atmung den gegenläufigen Prozeß. Bei der Atmung wird Energie freigesetzt und der Pflanze (oder dem Tier) zur Aufrechterhaltung der Lebensfunktionen zur Verfügung gestellt

Licht beeinflußt nicht nur die Geschwindigkeit und Richtung des Wachstums, sondern auch Differenzierungsvorgänge in den Zellen und Geweben, insbesondere an den oberirdischen Teilen der Pflanzen. So hängen Blüten- und Sproßbildung in hohem Maße davon ab. Auch für die Struktur der Pflanzendecke (Schichtung) sowie teilweise ihre Artenzusammensetzung sind die Beleuchtungsverhältnisse von großer Bedeutung. Zeit und Dauer der Belichtung wirken sich außerdem auf die Entwicklung der Pflanzen aus (Photoperiodismus). Besonders durch die Lichtintensität beeinflußt werden:

Die Samenkeimung: Pflanzenarten, deren Samen zur Keimung Licht benötigen, heißen Lichtkeimer. Im Dunkeln, d. h. durch Tiere oder Menschen im Boden vergraben oder im vollen Waldschatten können sie jahrzehntelang keimfähig bleiben. Z. B. Kahlschlagpflanzen wie *Juncus*-Arten, *Hypericum hirsutum* und auch die Hängebirke *(Betula pendula)*, deren Samen in großer Menge in den Waldboden eingetragen werden, haben im Waldschatten keine Entwicklungsmöglichkeit (FISCHER 1987). Dunkelkeimer hingegen sind Arten, deren Samenkeimung durch Licht unterdrückt wird.

Die Pflanzengestalt: Beschattung im Pflanzenbestand fördert insbesondere das Streckungswachstum der Sproßachsen; dadurch sollen die Gipfelknospen möglichst ans Licht gebracht werden. Auch zwischen Sonnenblättern und Schattenblättern an ein und demselben Pflanzenindividuum gibt es Gestaltunterschiede. Schattenblätter sind allgemein größer und weicher als Sonnenblätter.

Die Struktur des Pflanzenbestandes: Sowohl die vertikale Struktur (Schichtung) als auch die horizontale (Artenverteilung) wird durch die Lichtintensität beeinflußt. In schattigen tropischen Regenwäldern entwickeln sich phanerophytische Lianen mit raschem Wachstum und im Vergleich zu Bäumen geringer Holz- und großer Blattmasse. Ferner nutzen Epiphyten mit verschiedenen Spezialeinrichtungen zur effizienten Wasser- und Nährstoff-aufnahme den größeren Lichteinfall im Kronenraum. Auch in schattigen Pflanzenbeständen Mitteleuropas gibt es Lianen, holzige Lianen z. B. *Humulus lupulus*, *Clematis vitalba*, krautige Lianen in Wiesen z. B. *Vicia*-Arten und in Äckern z. B. *Galium aparine*.

Spektrale Energieverteilung

Das sichtbare Licht umfaßt den Wellenbereich von 360-760 nm; das ist der Spektralbereich zwischen blau und rot (Abb. 18, LAUER 1995). Das Sonnenlicht erreicht die Obergrenze der Atmosphäre mit der Intensität der Solarkonstanten (1,95 cal $\times$ cm^{-2} $\times$ min^{-1}= 1359,8 W m^{-2}) (cal $\times$ cm^{-2} min^{-1} = Ly min^{-1}). Beim Durchgang durch die Atmosphäre wird im Mittel etwa die Hälfte reflektiert und absorbiert. Die den Boden erreichende Strahlungsmenge (= Globalstrahlung) hängt hauptsächlich vom Grad der Bewölkung ab. Die Atmosphäre absorbiert dabei einen Großteil der kurzwelligen Strahlung; das Energiemaximum der diffusen Himmelsstrahlung liegt deshalb im blauen Bereich (Himmelsbläue), das der direkten Einstrahlung bei hohem Sonnenstand an der Erdoberfläche im gelben und bei tiefem Sonnenstand im roten Bereich.

Jedoch kommen nicht alle Wellenlängen der Globalstrahlung für die Photosynthese in Frage, sondern nur der Wellenlängenbereich von 380-710 nm, auf den nach LARCHER (1994) durchschnittlich 45-50 % der Globalstrahlung entfallen. Dieser zur Photosynthese genutzte Lichtwellenbereich wird als „photosynthetisch wirksame Strahlung" (engl. photosynthetic active radiation, PhAR) bezeichnet.

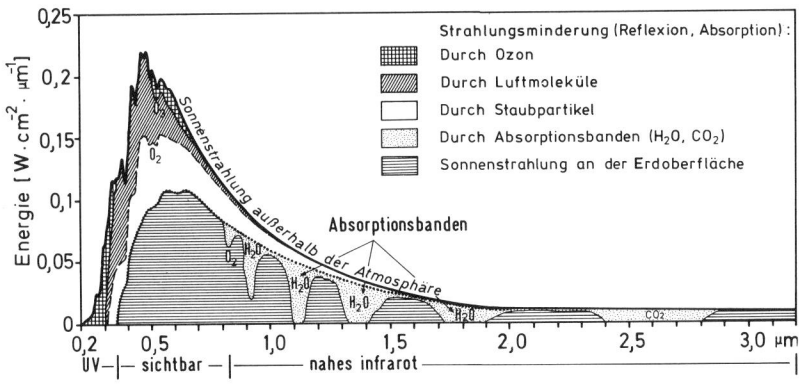

Abb. 18: Die spektrale Verteilung der Sonnenstrahlung und ihre Veränderung beim Durchgang durch die Atmosphäre (aus LAUER ^{2}1995)

Das Chlorophyll filtert hauptsächlich die gelbroten und blaugrünen Anteile des Spektrums heraus und läßt die grünen und dunkelroten passieren. Schattenblätter, die im unteren schattigen Bereich einer Baumkrone oder an schattenertragenden Pflanzen unter einem höheren Laubschirm angeordnet sind und einen etwas anderen Bau als die dem vollen Sonnenlicht ausgesetzten Blätter haben, erhalten deshalb nicht nur mengenmäßig weniger, sondern auch anders zusammengesetztes Licht als die Sonnenblätter. In den Schatten des Blätterdaches dringt vor allem grünes und dunkelrotes Licht (Rot-Grün-Schatten), deshalb ist das Lichtaufnahmevermögen der Schattenblätter diesen Wellenbereichen angepaßt. Für die Photosynthese nutzt die Pflanze am besten die abgeschwächte Strahlung der tiefstehenden Sonne oder das diffuse Himmelslicht aus; am schwächsten ist die Lichtausnutzung bei hohem Sonnenstand.

Die Energie der gesamten Sonnenstrahlung beträgt in allen geographischen Breiten etwa $1,2$-$1,4$ cal $\times$ cm^{-2} $\times$ min^{-1}. Auch in den Tropen und Subtropen sind die Strahlungswerte nicht höher, sondern wegen des Feuchtigkeits- und Staubgehaltes der Luft eher etwas niedriger als in den gemäßigten Klimazonen. Im Laufe eines Tages schwanken die Lichtwerte dagegen sehr stark, besonders wenn der Himmel nicht einheitlich trübe oder klar ist und die Bewölkung wechselt. Hohe Wolken können die Strahlung bis auf etwa 30 % des vollen Tageslichtes abschirmen, niedrige Wolkendecken sogar bis auf etwa 5 %.

Zusätzliche Strahlung erhalten die Pflanzen auf manchen Standorten durch reflektiertes Unterlicht. So reflektieren helle Sandböden 10-20 % des einfallenden Lichtes und eine Wasserfläche 45-85 %, wobei kaum eine Veränderung im Spektrum eintritt. Von Bedeutung ist dies vor allem für Pflanzenbestände an hohen Fluß- und Seeufern, die infolgedessen ein besonders vorteilhaftes Strahlungs- und Wärmeklima haben.

Licht- und Schattenpflanzen

Der Lichtfaktor hat große Bedeutung für die kleinräumige Differenzierung der Vegetation in Pflanzengesellschaften und Wuchsformen (z. B. offene Pioniervegetation auf einer Schutthalde, dichter Waldbestand mit schattenertragender Bodenvegetation). Lichtabhängige Wuchsformen enthalten vor allem die tropischen Regenwälder, die nicht nur aus mehreren Baumstockwerken bestehen, sondern in denen Schlinggewächse und auch Aufsitzerpflanzen (Epiphyten) alle ökologischen Nischen im Kampf um das Licht besetzen. Auch Reliefformen (Hangneigung, -richtung, enge Täler) bestimmen in starkem Maße den relativen Lichtgenuß[8] eines Standortes. Als Folge der unterschiedlichen Beleuchtung stellen sich Licht- und Schattenpflanzen ein.

---

[8] Relativer Lichtgenuß bedeutet $L = \dfrac{\text{Lichtstärke am Wuchsort}}{\text{Lichtstärke des Tageslichts}}$

Eine Vorstellung von der Lichtverteilung in einem mitteleuropäischen Mischwald vermittelt die Abb. 19. Danach erreichen von der im Sommer insgesamt ankommenden photosynthetisch aktiven Strahlung nur 2 % die Bodenvegetation des Waldes; in einem unterwuchsfreien Buchenhochwald kann dieser Wert sogar bis auf 0,5 % absinken. Vor der Laubentfaltung im Frühjahr erhalten sommergrüne Laubwälder allerdings reichlich Licht. Den Frühlingsblühern, insbesondere den Frühjahrsgeophyten, steht zu dieser Zeit ein relativer Lichtgenuß von etwa 50 % zur Verfügung.

Das je nach Standort verschiedene Lichtangebot wird von einer Palette von Licht- und Schattenpflanzen genutzt, bei denen die Reaktionsnorm des Photosyntheseapparates stark voneinander abweicht. Die Zusammensetzung der Vegetation aus Licht- und Schattenpflanzen ist insgesamt ein getreues Spiegelbild der lokalen Lichtverhältnisse. Auch unterschiedliche Anpassungen während der Individualentwicklung gibt es. So sind viele Baumkeimlinge in höherem Maße schattenresistent als der erwachsene Baum, bzw. bildet dieser dann Sonn- und Schattenblätter aus.

Lichtpflanzen entwickeln sich nur bei hohem Lichtgenuß, z. B. Mauerpfeffer *(Sedum acre)*, benötigter Lichtgenuß 100-48 %, oder Wiesensalbei *(Salvia pratensis)*, Lichtgenuß 100-30 %, bei 20 % nur noch steril. Schattenpflanzen sind z. B. Frühlingsplatterbse *(Lathyrus vernus)*, Lichtgenuß 33-20 %, Hasenlattich *(Prenanthes purpurea)*, Lichtgenuß 10-5 %. Die Existenzgrenze liegt für die meisten Gefäßpflanzen (Blütenpflanzen und Farne) bei einem Lichtgenuß von 1-2 %. Moose und Flechten ertragen Minimalwerte von 0,5 %, Luftalgen sogar von 0,1 %.

Besonderen Einfluß haben die Lichtverhältnisse auf Sukzessionen, das sind bei der Besiedlung eines Standortes sich im Laufe der Zeit ersetzende Pflanzengesellschaften. So treten am Anfang einer progressiven Sukzession ausgesprochene Lichtholzarten auf wie Zitterpappel *(Populus tremula)* und Hängebirke *(Betula pendula)*, die bis zu einem Lichtgenußminimum von 11 % gedeihen. Sie vermögen sich in ihrem eigenen Schatten nicht mehr zu verjüngen und werden durch Schattenholzarten wie Stieleiche *(Quercus robur)* und Buche *(Fagus sylvatica)* abgelöst, deren Minimum bei 4 % bzw. 1,6 % liegt.

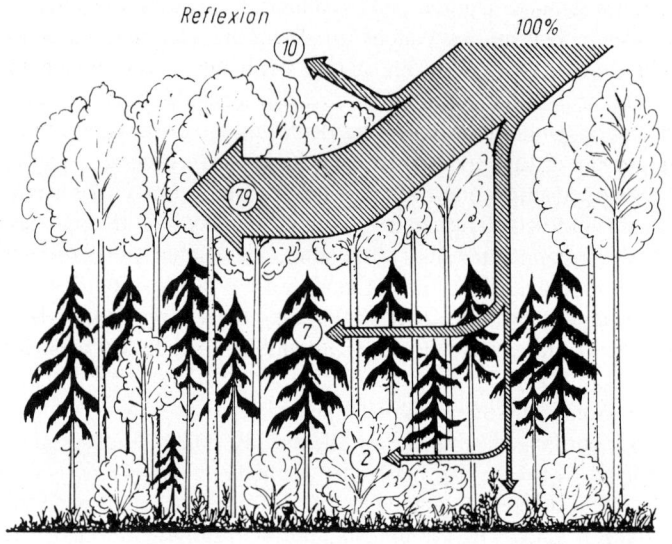

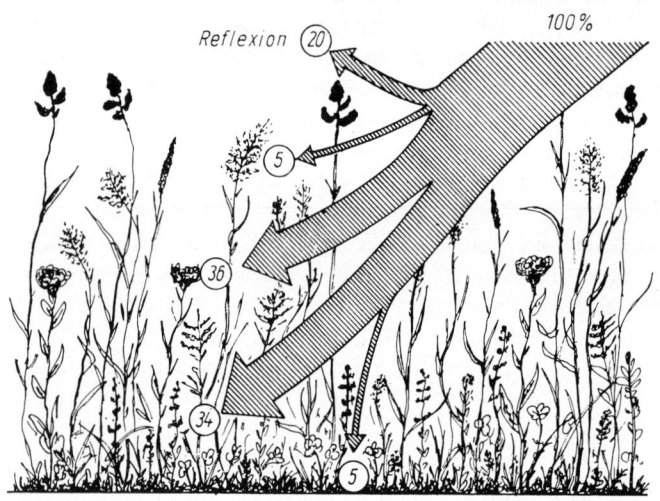

Abb. 19: Lichtverteilung in einem stockwerkartig aufgebauten Laub-Nadel-Mischwald und einer Wiese (aus LARCHER 1984)

Photoperiodismus

Nicht nur der Rhythmus der Jahreszeiten, sondern auch die unterschiedliche Länge von Tag und Nacht während der Vegetationsperiode hat Einfluß auf die Pflanzen, speziell auf ihre Blütenentwicklung. Es gibt Langtag- und Kurztagpflanzen. Langtagpflanzen benötigen zur Blütenentwicklung mehr als neun bis vierzehn Stunden Beleuchtung; sie kommen hauptsächlich in den höheren gemäßigten und subpolaren Breiten vor. Sie vermögen auch die geringen Strahlungsmengen der Morgen- und Abendstunden zur Assimilation zu nutzen, wobei sie mit niedrigeren Temperaturen als 5 °C auskommen (5 °C ist normalerweise die Minimumtemperatur zur Aufrechterhaltung der Assimilation). In den Tropen kommen Langtagpflanzen nur in höheren Gebirgen zur Blüte. Kurztagpflanzen sind hauptsächlich in den Tropen und Subtropen beheimatet. Die Tageslängen sind hier verhältnismäßig kurz und von ziemlich gleichbleibender Länge. In höheren Breiten blühen Kurztagpflanzen im Frühjahr und Herbst. Darüber hinaus gibt es viele tagneutrale Pflanzen, die sich gegenüber wechselnden Tageslängen indifferent verhalten.

4.3.2   Wärme

Das Leben ist an bestimmte Wärmebereiche gebunden, innerhalb derer die physiologischen Prozesse und Lebensäußerungen störungsfrei gewährleistet sind. Die Wärmebereiche finden in Temperaturgrenzen ihren Ausdruck. Warmtropische Pflanzen vertragen nur einen eng begrenzten Wechsel der Temperaturen. In höheren Breiten, wo vornehmlich die jahreszeitlichen Temperaturschwankungen groß sind, haben die Pflanzen eine erhebliche Temperaturspanne auszuhalten. In tropischen Hochgebirgen hingegen und in tropischen Halbwüsten treten vor allem größere tageszeitliche Temperaturschwankungen auf (Tageszeitenklima). Die Lebensvorgänge jeder Pflanze spielen sich zwischen ihrem artspezifischen Temperaturminimum und ihrem -maximum ab, dazwischen liegt der Optimalbereich, in dem das stärkste Wachstum stattfindet. Die Werte sind für die einzelnen Pflanzenarten unterschiedlich und richten sich nach der florengeschichtlichen Herkunft sowie nach morphologischen Merkmalen der Pflanzen. Während die unteren Grenzwerte ziemlich feststehend sind, werden der Optimalbereich und auch die oberen Grenzwerte stärker durch die Möglichkeiten der Akklimatisation bestimmt.

Pflanzen können einem Hitzestreß und einem Kältestreß ausgesetzt sein. Hitzestreß bedeutet Membranschädigung, Eiweiß-Denaturierung schon bei Temperaturen > 40 °C (führt letztlich zum Hitzetod). Vor allem niedere Pflanzen vertragen mehr Hitze, so Blaualgen in Thermalquellen von 70-90 °C. Pflanzen auf sehr warmen Trockenstandorten schützen sich durch Ummantelung mit abgestorbenen Teilen (Strohtunika), durch Haare und Korkschichten. Diese Einrichtungen bieten gleichzeitig Verdunstungsschutz.

Kältestreß erfordert eine Unterscheidung zwischen Erkältungserscheinungen (so werden tropische Pflanzen schon bei Temperaturen von > 0 °C geschädigt) und Frostschäden. Letztere treten bei Temperaturen < 0 °C ein durch Eisbildung, Wasserentzug aus dem Protoplasma (Dehydrierung) und Schädigung des Enzymsystems.

Wärme als bestimmender Faktor der Vegetationszeit

Der thermische Faktor spielt für die Vegetation und ihre räumliche Gliederung vorwiegend in den Mittelbreiten (gemäßigte Zonen) und in den Polargebieten eine entscheidende Rolle. Die Anzahl der „thermischen Vegetationsmonate" bestimmt hier die Länge der thermischen Vegetationszeit. Der thermische Vegetationsmonat ist nach den Ansprüchen des jeweiligen Pflanzenbestandes an das Klima definiert. In der Tundra und den kalten Mittelbreiten (boreale Nadelwaldzone) sind die Pflanzen dem geringeren Wärmeniveau so angepaßt, daß sie bereits bei 5 °C Monatsmitteltemperatur einen deutlichen Stoffgewinn durch Photosynthese erzielen. Eine Monatsmitteltemperatur von 5 °C gilt deshalb als Beginn der Vegetationsperiode. Darunter stellt sich auch bei den immergrünen Nadelbäumen kein deutlicher Zuwachs ein. Die meisten Kulturpflanzen der Mittelbreiten benötigen mindestens 7 °C, die zonalen Laubwälder sowie die Steppen- und Halbwüstenpflanzen der mittleren Breiten sogar 10 °C Monatsmitteltemperatur. Werte über 10 °C bedeuten höchste Aktivität des Wachstums.

In den Subtropen liegt die Spanne für die entsprechenden Schwellenwerte zwischen 6 °C für Hochgebirgspflanzen und 10-12 °C für alle übrigen Pflanzen. In den Tropen besteht keine jahreszeitliche Einengung der thermischen Vegetationszeit. Die Wärme reicht dort für eine ganzjährige Wachstumsperiode (12 thermische Vegetationsmonate). Gegen die Wendekreise werden die Vegetationsmonate jedoch vom hygrischen Jahreszeitenwechsel beherrscht und durch die Anzahl der humiden Monate (Monate mit Überschuß in der klimatischen Wasserbilanz) bestimmt.

Bei einem Monatsmittel von -3 °C als Schwellenwert kann in humiden Klimaten mit einer beständigen Schneedecke gerechnet werden, wie GLAWION (1983) für Island festgestellt hat. Eine Schneedecke bietet den Pflanzen Schutz vor dem Erfrieren und Vertrocknen (Auswintern).

Wichtiger als die Mittelwerte ist jedoch die thermische Bilanz zwischen der Einstrahlung am Tage und der Ausstrahlung des Nachts bzw. der Temperaturunterschied zwischen Winter und Sommer (Kontinentalität). In jedem Fall sind die Extremtemperaturen für die Vegetation entscheidender als Mitteltemperaturen.

Strahlung und Wärme

Die Wärme, welche die Pflanzen umgibt, stammt hauptsächlich aus der an der Erdoberfläche umgesetzten Sonneneinstrahlung. Je steiler die Sonnenstrahlen auf die Erdoberfläche treffen, desto intensiver ist die Strahlung und desto größer damit die Wärmeenergie. Die hohen Temperaturen in den Tropen und Subtropen sind durch steile Einfallswinkel bedingt. An der Obergrenze der Erdatmosphäre kommt die Sonnenstrahlung mit einer Energie von $1,95$ cal $\times$ cm^{-2} $\times$ min^{-1} (= 1360 W/m^2) (Solarkonstante) an. Hiervon durchdringt nur ein Teil die Atmosphäre bis zur Erdoberfläche, wobei Bewölkung und Trübung der Atmosphäre den vorzeitig reflektierten und absorbierten Anteil bestimmen. Im globalen Mittel erreichen weniger als die Hälfte (ca. 47 %) der an der Atmosphärenobergrenze ankommenden Strahlung die Erdoberfläche. Dieser Anteil, der die Erdoberfläche erreicht, wird als „Globalstrahlung" bezeichnet. Sie setzt sich aus der direkten Sonnenstrahlung (I) und der diffusen Himmelsstrahlung (D) zusammen. Es gilt die Strahlungsbilanzgleichung:

$$S = (I+D)-R_k-(A-G)-R_l$$

Es bedeuten: I+D = Globalstrahlung, A-G = effektive Ausstrahlung, R_k = kurzwellige Reflexion (Albedo), A = langwellige Ausstrahlung, G = atmosphärische Gegenstrahlung, R_l = langwellige Reflexion.

Global betrachtet ist die Einstrahlung gleich der Ausstrahlung. Bis zur geographischen Breite von etwa $30°$ herrscht beiderseits des Äquators ein Strahlungsüberschuß, über $30°$ ein Strahlungsdefizit, das polwärts zunimmt. Thermisch wird es durch Wärmetransport (Luftmassentransport und Meeresströmungen) ausgeglichen. Die höchsten Einstrahlungssummen werden jedoch zu den Zeiten der Mitternachtssonne (Sommersonnenwende) kurzfristig an den Polen erreicht.

Von der bis zur Erdoberfläche gelangenden Strahlung (in den mittleren Breiten im Durchschnitt weniger als die Hälfte der an der Obergrenze der Atmosphäre ankommenden Strahlung, im wolkenarmen Hochdruckgürtel im Bereich der Wendekreise etwa 70 %) nutzen die grünen Pflanzen nur etwa 3 % für ihre Photosynthese, teilweise sogar noch weniger. Der Prozeß der Photosynthese ist außer der Chemosynthese von Prokaryoten der einzige, der zu organischer Energiespeicherung führt.

In größeren Höhen verringert sich der Strahlungsverlust, einmal wegen des kürzeren optischen Weges der Strahlen durch die Atmosphäre und zum anderen – und das gilt vor allem für das Hochgebirge – wegen der geringeren Trübung der Luft. Die Einstrahlungssumme nimmt also mit zunehmender Meereshöhe zu, die Pflanzen erhalten im Hochgebirge insbesondere an den der Sonne zugewandten Hängen mehr Strahlung als im Tiefland. Trotzdem ist es im Hochgebirge im allgemeinen kälter, weil die dünnere, trockenere Luft weniger Wärme aufnimmt und stärkere Luftbewegung (Wind) die in Bodennähe entstehenden Temperaturunterschiede immer wieder ausgleicht. Nachts kommt es insbesondere in Strahlungsnächten zu hohen Wärmeverlusten durch Ausstrahlung.

Tab. 8: Veränderung der Strahlungsintensität mit der Höhe

Meereshöhe in m	100	800	1500	2400
Strahlung in cal·cm^{-2} × min^{-1}	0,8	1,2	1,4	1,6

Der von der Erdoberfläche direkt reflektierte kurzwellige Anteil der Strahlung (R_k) wird als Albedo bezeichnet. Ihre Größe richtet sich nach der Beschaffenheit der Oberfläche.

Tab. 9: Reflexzahlen verschiedener Oberflächen (nach GEIGER 1961)*

Neuschnee	75-95 %	Wiesen und Felder	12-30 %
Sandboden	15-40 %	Wälder	5-20 %
dunkler Ackerboden	7-10 %	Wasserflächen, Meer	3-10 %

* Gilt für diffuse Reflexion; Einfallswinkel 90-40 °; bei spiegelnder Reflexion (< 40 °) liegen die Werte für Wasserflächen höher.

Die nicht kurzwellig reflektierte Strahlung wird vom Boden oder vom Wasser oder von Pflanzenbeständen absorbiert. In den Boden dringt sie nur erstaunlich wenig ein. Bereits in den obersten 15 µm des Bodens werden 30-50 % der ankommenden kurzwelligen Strahlung in Wärme umgewandelt und gemäß der folgenden Wärmebilanzgleichung in den Boden bzw. in größere Wassertiefen abgeleitet oder langwellig in die Atmosphäre ausgestrahlt (A). Die Atmosphäre sendet einen Teil als Gegenstrahlung (G) zur Erdoberfläche zurück.

Die Strahlungsbilanz (S) läßt sich nach FLOHN (1968) in folgende wesentliche Wärmetransportglieder zerlegen:

$$S = L + V + B + M + Se + N + R + Biol$$

Es bedeuten:

L = fühlbare Wärme, die mit dem Thermometer gemessen werden kann. Es ist die durch molekulare Bewegungsenergie hervorgerufene Erwärmung, die durch Wärmeleitung bzw. Wärmestrahlung hauptsächlich durch turbulente Luftbewegung (Konvektion) weitertransportiert wird.

V = latente Wärme, auch Verdunstungs- oder Verdampfungswärme genannt. Sie ist im Wasserdampf der Luft enthalten und kennzeichnet die potentielle Energie, die bei der Verdunstung verbraucht bzw. bei der Kondensation freigesetzt wird. Fühlbare und latente Wärme sind die herausragenden Glieder des Wärmehaushaltes.

B = Wärmetransport in den Boden; er hängt von der Wärmeleitfähigkeit des Bodens und dem Temperaturgradienten im Boden ab. Der Bodenwärmestrom reicht, täglich schwankend, 50-100 cm tief. In den Tropen endet er bereits bei 30 cm, in den Mittelbreiten bei etwa 80 bis 100 cm.

M = Wärmestrom ins Meer, der vor allem vom turbulenten Wärmeaustausch besorgt wird. Er dringt bis ca. 100 m Meerestiefe ein. Die Tagesschwankungen sind im Unterschied zum Boden sehr gering, die Jahresschwankungen hingegen sehr groß.

Se = Wärmeverbrauch beim Schmelzen von Eis und Schnee; er ist zumal bei frischen Eis- und Schneeflächen sehr hoch. Da über Schnee- und Eisflächen die Albedo (R_k) sehr hoch ist, kann die eingenommene Strahlung die Temperatur nur wenig erhöhen, denn hohe Strahlungsmengen werden zum Abschmelzen benötigt.

Die Wärmezufuhr zur Erwärmung des fallenden Niederschlags (N), wie auch die Wärmezufuhr durch die Reibung des Windes am Erdboden (R) und die Wärmezufuhr durch biologische Vorgänge (Biol) machen insgesamt nur 4 % der Strahlungsenergie aus. Für die biologischen Energieumsetzungen, wie die für alles Leben wichtige Photosynthese, werden nur 2-3 % der Nettostrahlung umgesetzt.

Die wichtigsten Glieder der Wärmehaushaltsgleichung sind mithin für festländische Ökosysteme:

$$S = L + B + ET$$

ET = Evapotranspiration ist hierbei für V = Verdunstung gesetzt.

Alle ökologisch wichtigen Teilprozesse lassen sich nach den genannten Bilanzen (Strahlungsbilanz und Wärmebilanz) an einem Pflanzenstandort energetisch zueinander in Beziehung setzen und durch ein einheitliches Maß ausdrücken ($J \times cm^{-2} \times min^{-1}$).

Wärmeverlagerung

Die Erwärmung tiefer Bodenschichten hängt von der Temperaturleitfähigkeit des Bodens ab. Für sie gilt:

Temperaturleitfähigkeit = Wärmeleitfähigkeit : (spez. Wärme x Dichte).

Die Temperaturleitfähigkeit nimmt danach mit der Wärmeleitfähigkeit zu und wird umso geringer, je größer die spezifische Wärme und Dichte sind. Luft hat wegen ihrer äußerst geringen Dichte eine sehr hohe Temperaturleitfähigkeit. Ein trockener, gut durchlüfteter Boden oder gar trockene, lufthaltige Streu erwärmen sich besonders rasch. Eine stärkere Erwärmung tritt vor allem im oberflächennahen Bereich ein. Wasser verhält sich thermisch umgekehrt wie Luft. Seine hohe spezifische Wärme bedingt eine geringe Temperaturleitfähigkeit und damit nur ein langsames Ansteigen der Bodentemperatur. Mit Wasser vollgesogene Moorböden oder auch schwere wasserhaltige Lehm- und Tonböden sind deshalb kalte Böden, auch wenn sie große Wärmemengen speichern können.

In der raschen Erwärmung lockerer, reichlich durchlüfteter Böden liegt auch die Ursache für das frühe Austreiben und Blühen der Bodenvegetation in den geophytenreichen Laubwäldern Mitteleuropas im Frühling, noch ehe sich das Laub der Bäume recht entfaltet. Insbesondere die trockene, gut durchlüftete Waldstreu, in der die Blütenknospen stecken, erwärmt sich schon bald auf 25-30 °C und bringt Anemonen, Lerchensporn, Bärlauch u. a. zum Austreiben. Umgekehrt kann man auf feuchten Moorböden eine späte Begrünung und entsprechend spätere Blühtermine beobachten.

Die kurzwellige Strahlung dringt nur 15-30 µm in den Boden ein und wird sodann in langwellige (infrarote) Wärmestrahlung umgesetzt. Die Wärmeabgabe der Erdoberfläche, die vor allem verantwortlich für die Erwärmung der unteren Schichten der Atmosphäre ist, folgt zwei physikalischen Gesetzen (vgl. LAUER 1993, S. 26f):

1. Dem STEFAN-BOLTZMANNschen Gesetz; es besagt, daß die Energie mit der 4. Potenz der absoluten Temperatur (T_0) des Strahlers zunimmt. 2. Dem WIEN'schen Verschiebungsgesetz; es besagt, daß die Wellenlänge (λ) maximaler Ausstrahlung um so kleiner wird, je höher die Temperatur (T_0) des Strahlers ist. Dabei wird von einem strahlenden, absolut schwarzen Körper ausgegangen, der alle Wellenlängen absorbiert hat. Die Erdoberfläche kann vereinfacht als ein solcher Schwarzstrahler aufgefaßt werden.

Das Gesetz von Stefan-Boltzmann lautet: $A = \delta \times T_0^4$.

Das WIENsche Verschiebungsgesetz lautet: $\lambda\,\max \times T_0 = 2{,}897 \times 10^{-3}$

(λ = Wellenlänge des Strahlungsmaximums in der Spektralkurve eines strahlenden Körpers, T_0 = Temperatur des Schwarzstrahlers in Kelvin).

Die Erdoberfläche nimmt nur tagsüber Energie durch Strahlungsabsorption auf. Die Ausstrahlung hingegen geschieht entsprechend den zitierten Gesetzen sowohl tags als auch nachts. Sie ist infolge zunehmender Oberflächentemperatur der Erde am Tage und im Sommer größer als nachts und im Winter. Für die Abkühlung der Erdoberfläche und der darüberliegenden Luft ist der Wärmeverlust durch die effektive Ausstrahlung (A-G) von großer Bedeutung.

Durch die atmosphärische Gegenstrahlung (G) wird die langwellige Ausstrahlung (A) vermindert. In den Übergangsjahreszeiten treten deshalb Fröste stets in klaren windschwachen Nächten auf und nicht bei bedecktem Himmel. Der auf die Erdoberfläche zurückwirkende Strahlungsstrom wird von atmosphärischem Wasserdampf und Kohlendioxid sowie bei Bewölkung auch verstärkt von dieser abgegeben. Dabei strahlen die Wolken im gesamten

Spektralbereich von 4 bis 100 µm, Wasserdampf und Kohlendioxid nur in bestimmten Abschnitten des Spektralbereichs (s. Abb. 18). Beträchtlichen Einfluß auf die effektive Ausstrahlung und damit die Höhe der Gegenstrahlung hat die Art der Wolken. Eine vollausgebildete Nimbostratus-Bewölkung unterbindet praktisch die effektive Ausstrahlung, wohingegen ein dünner Cirrus-Schleier die Ausstrahlung zu 80 % passieren läßt.

Strahlungsumsatz in verschiedenen Pflanzenbeständen
Die Strahlungsumsätze in verschiedenen Pflanzenbeständen variieren mit deren Struktur. Bei vielen Pflanzenbeständen besteht ein mehr oder weniger ausgedehnter Bereich, in dem die Strahlungsumwandlung stattfindet. Er wird als die „aktive Oberfläche" bezeichnet.

Bei offenen, den Boden nur spärlich deckenden Pflanzengesellschaften wie Trockenrasen verhält sich die Ein- und Ausstrahlung ähnlich wie bei einer unbewachsenen Bodenoberfläche, d. h. der Hauptstrahlungsumsatz findet am Erdboden statt. Hohe Tageserwärmung in Bodennähe und nächtliche Abkühlung durch Bodenausstrahlung, die häufig zu Bodeninversion (Temperaturumkehr in Bodennähe) führt, sind die Folgen. In dichten Langgrasbeständen, wozu auch Getreidefelder gerechnet werden können, liegt die aktive Oberfläche in der Hauptsache über der Bodenoberfläche und verteilt sich, je nach Gestalt der die Vegetation bildenden Pflanzen, im Pflanzenbestand. In hochwüchsigen, geschichtet aufgebauten Wäldern liegt bei voll ausgebildetem Laub die aktive Oberfläche hauptsächlich im oberen Kronenraum und verteilt sich dann je nach Dichte der unteren Baumschichten auf diese. Die

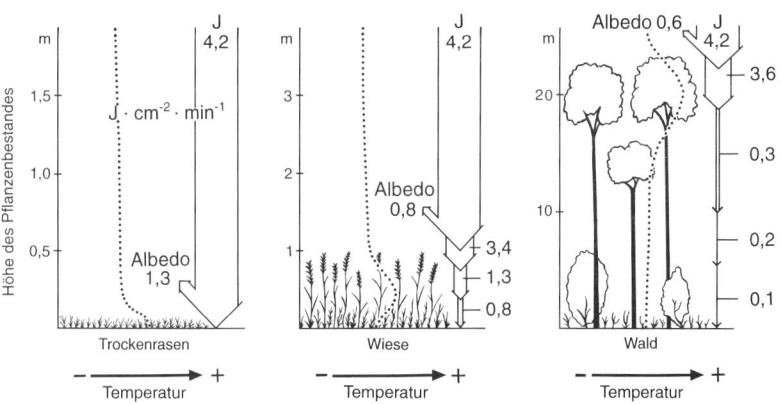

Abb. 20: Verteilung der Strahlungsenergie und Ausbildung aktiver Oberflächen in verschiedenen Pflanzenbeständen. Die gepunkteten Linien kennzeichnen den Temperaturverlauf.

Bodenvegetation erhält nur wenige Prozent der die Bestandsoberfläche errei-
chenden Globalstrahlung (vgl. auch Abb. 19). Bei Vorhandensein eines den
Wind abhaltenden Waldmantels am Bestandesrand herrscht ein ausgegliche-
nes, luftfeuchtes Bestandesinnenraumklima, das wichtig für die Entwicklung
vieler Waldbodenpflanzen und auch einiger Bäume wie der Rotbuche ist. In
plötzlich geöffneten Beständen erleiden insbesondere ältere Bäume durch
Windeinwirkung Trockenschäden. Anders verhalten sich Strahlung und
Wärme im Frühjahr im noch unbelaubten Zustand des Waldes. In dieser
Phase erreicht ein hoher Anteil der einfallenden Strahlung die Bodenoberfläche. Es kommt zu einer starken Erwärmung vor allem der durchlüfteten
Humusschicht und des mit Luft durchsetzten Altlaubs. Das Bestandesinnenraumklima ist zu dieser Zeit des Jahres wärmer als das Freilandklima außerhalb des Waldes. Das zeitige Hervorsprießen der Geophyten in den mitteleuropäischen Laubwäldern beruht nicht zuletzt auf diesem klimatischen Effekt.

Strahlungseinfall und Temperaturverhältnisse
Nach Süden gerichtete Hänge werden in den Mittelbreiten nicht nur anhaltender, sondern auch unter einem steilen Einfallswinkel, also intensiver,
bestrahlt als ebenes Gelände. Die Bodenoberfläche erwärmt sich deshalb stärker, und der Boden trocknet mehr aus; eine wärmebedürftigere, xerophilere
Vegetation ist zumeist die Folge. Umgekehrt werden nach Norden gerichtete
Hänge nicht nur kürzer, sondern auch schräger, d. h. weniger intensiv
bestrahlt als ebenes Gelände. Infolge der schwächeren Erwärmung und Austrocknung stellen sich hier Pflanzen kühlerer und ausgeglichen frischer bis
feuchter Standorte ein.
Für den Strahlungsempfang gilt das folgende allgemeine Gesetz:

$$I = I_o \times \sin h$$

D. h. die Strahlungsmenge, die jeden Quadratzentimeter der Horizont-
ebene pro Minute trifft, ist gleich der Solarkonstanten multipliziert mit dem
Sinus der Sonnenhöhe (= Einfallswinkel der Strahlung). Die Gleichung gilt
selbstverständlich auch, wenn man sich anstelle der Horizontebene einen
Hang vorstellt, der die Einstrahlung empfängt.
I = Strahlungsintensität auf der Horizontebene
I_o = Solarkonstante (zur Berücksichtigung der Trübung der Luft kann hier
       auch der Wert für die jeweilige Globalstrahlung eingesetzt werden)
h = Einfallswinkel der Strahlung (=Sonnenhöhe)
Am krassesten macht sich der unterschiedliche Strahlungsgenuß bei ver-
schiedenen Hangexpositionen im Hochgebirge bemerkbar.
Hier ermöglicht starke sonnseitige Exposition lokal extrazonale Vorposten
einer Vegetation, die erst in wärmeren Klimagürteln geschlossene Verbrei-

tungsgebiete besitzt. Auch die Höhenstufen unterliegen durch die verschiedenen Expositionen starken Abwandlungen, indem Pflanzengesellschaften und Kulturformationen der Vegetation an und für sich tieferer Höhenstufen an südexponierten Hängen infolge der intensiveren Einstrahlung in größere Höhen vorzudringen vermögen. Unter den Bedingungen der Selbstversorgungswirtschaft wurde so in den Westalpen Getreideanbau in südexponierten Hanglagen bis ca. 2200 m Meereshöhe betrieben. Noch 1950 reichte der Winterroggen-Anbau im Wallis in südlichen Seitentälern des Rhônetals (Schweiz) sowie im Haut Queyras (französische Alpen) bis 2200 m z. B. in Findelen bei Zermatt bis 2160 m und in Saint Véran über dem Tal der Aigue Blanche bis 2200 m (F. MONHEIM 1951). Vergleichsweise wurde in den feuchteren und strahlungsärmeren nördlichen Kalkalpen Getreide selten über 1000 m angebaut, in den Ostalpen im Mittel nicht über 1550 m; nur in den Ötztaler Alpen gab es noch einzelne Getreidefelder bis ca. 1900 m.

Die expositionsabhängigen unterschiedlichen Strahlungsverhältnisse haben nicht nur Einfluß auf den Wärmehaushalt der Standorträume, sondern auch auf die Photosyntheseleistung der grünen Pflanzen. Sie ist nur dann in Südexposition höher, wenn auch ausreichend Wasser zur Verfügung steht.

Einfluß der Geländeform auf die Temperaturen

Auch auf den Wärmetransport hat das Relief Einfluß. Die durch Ausstrahlung an der Bodenoberfläche entstehende Kaltluft fließt im geneigten Gelände langsam hangabwärts, sammelt sich in Tälern und sonstigen Hohlformen und bildet Kaltluftseen. Während die Tieflagen des Reliefs in starkem Maße frostgefährdet sind, bilden die Hänge ab einer gewissen Höhe durch von oben nachsinkende Warmluft relativ temperaturbegünstigte Standorte. So sind im Bayerischen Wald die mittleren thermisch bevorteilten Hanglagen mit Buchen-Tannen-Wäldern bestanden, während die spätfrostgefährdeten Tallagen oberhalb ca. 600m NN von Fichten, auf vernäßten, rohhumusreichen Auenböden mit Moorbirken *(Betula pubescens)*, eingenommen werden (Abb. 21a). Vor allem junges Buchenlaub ist sehr frostempfindlich.

Im Talkessel von Scheibe-Alsbach, im Thüringer Schiefergebirge, wurden in einer Strahlungsnacht Temperaturunterschiede von 10 °C zwischen Talboden und Oberhang gemessen. Vor Hindernissen wie Talverengungen oder auch Bauten, Mauern, Bahndämmen usw., die quer zu Talmulden verlaufen, staut sich die Kaltluft. In einer sehr bekannt gewordenen Arbeit konnte SCHNELLE (1950) für das Finkenbachtal im Odenwald nicht nur verschiedene Hangzonen der Frostgefährdung für den Obstbau nachweisen, sondern auch an der wechselnden Höhe der Frostschäden zeigen, daß sich die Kaltluft vor jeder Talverengung und jedem sich dem Kaltluftfluß entgegenstellenden Hindernis staut.

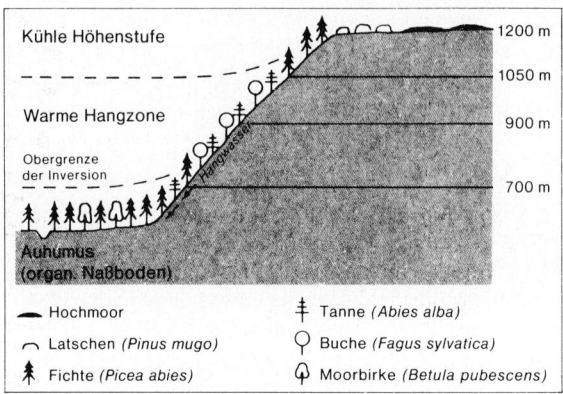

Kühle Höhenstufe — 1200 m

— — — — — — — — — — — 1050 m

Warme Hangzone — 900 m

Obergrenze
der Inversion — 700 m

Auhumus
(organ. Naßboden)

- Hochmoor　　　　　　　　　　‡ Tanne *(Abies alba)*
- Latschen *(Pinus mugo)*　　　♀ Buche *(Fagus sylvatica)*
- Fichte *(Picea abies)*　　　　　♀ Moorbirke *(Betula pubescens)*

Abb. 21a: Vegetationsverteilung im Hinteren Bayerischen Wald (Böhmerwald)

Die thermisch begünstigten mittleren Hanglagen sind mit Buchen-Tannen-Wäldern bestanden, während die stark frostgefährdeten Tallagen von Fichtenwäldern, auf Auhumusböden mit Moorbirke (Betula pubescens), eingenommen werden. Erst oberhalb 1100 m werden die Buchen-Tannen-Fichten-Wälder von reinen Fichtenwäldern abgelöst. Auf Kammflächen sind wegen der kühlfeuchten Klimabedingungen an mehreren Stellen Hochmoore (hier Spirkenmoore) ausgebildet.

Temperaturverhältnisse und Höhenstufen der Vegetation

Mit zunehmender Meereshöhe sinkt die Temperatur, und zwar in den außertropischen Gebirgen um ca. 0,55 °C/100m. Wenn gleichzeitig die Niederschläge mit wachsender Höhe zunehmen, wie das in den Gebirgen der Außertropen allgemein der Fall ist, zeigt die Vegetation der Höhenstufen große Ähnlichkeit mit den weiter polwärts gelegenen, horizontal angeordneten Vegetationszonen. Trotzdem weicht das Klima der Höhenstufen in wesentlichen Merkmalen von dem der entsprechenden horizontalen Vegetationsgürtel ab. Besonders stark sind die Unterschiede zwischen den kühlgemäßigten Klimagürteln und den kühlen Höhenstufen der Tropen. In den gemäßigten und kalten Klimazonen herrschen Jahreszeitenklimate, in den kühlen und kalten Höhenstufen der Tropen hingegen Tageszeitenklimate. Auch bei den hygrischen Verhältnissen bestehen Abweichungen zwischen tropischen und außertropischen Gebirgen. Während beim außertropischen Advektionstyp, wie er für die Alpen charakteristisch ist (HAVLIK 1969), die Niederschläge bis in den Bereich der größten Erhebungen zunehmen, treten beim tropischen Konvektionstyp Höhenstufen maximaler Niederschläge auf (WEISCHET 1965, LAUER 1976), oberhalb derer die Niederschläge wieder sinken. Ausdruck der abnehmenden Niederschläge oberhalb des Hauptkondensationsniveaus sind z. B. die trockenen Höhengrasländer (Puna) in den Anden Südamerikas (TROLL 1961) oder an den großen Vulkanen Mexikos (KLINK/LAUER 1975).

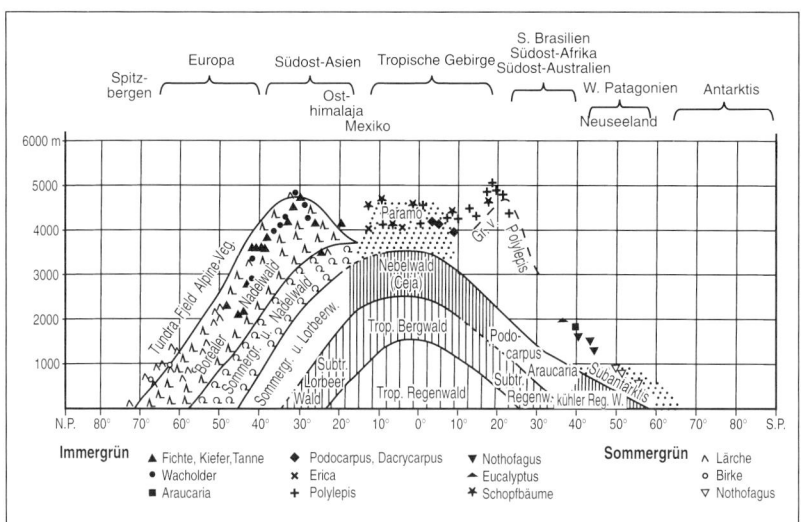

Abb. 21b: Schematisches Vegetationsprofil von der Arktis bis zur Antarktis mit den wichtigsten Vegetationsformationen der humiden Landschaftszonen und Höhenstufen (nach G. und S. MIEHE 1996).

Dargestellt sind jeweils die höchsten Waldgrenzen auf den entsprechenden Breitenkreisen. Die Regionalbezeichnungen über der Darstellung sollen lediglich Lagehinweise geben. Die borealen Formationen steigen südwärts in den Gebirgen an und erreichen ihre äquatoriale Grenze am Rande der Tropen (z..B. Mexiko). Dagegen weisen die südhemisphärischen Formationen eine große Ähnlichkeit mit den Höhenstufen der Tropen auf: der tropische Bergwald mit dem subtropischen Regenwald, der tropische Höhen- und Nebelwald mit dem kühlgemäßigten Regenwald z..B. Neuseelands und West-Patagoniens, die Páramos mit dem subantarktischen Tussockgrasland. Berücksichtigt sind nur die Vegetationstypen der immerfeuchten Klimate. Verwandte Vegetationstypen der tropischen Hochlagen und höheren Breiten sind durch gleiche Signaturen gekennzeichnet. Zu beachten ist die Asymmetrie im Aufbau der Nord- und Südhemisphäre.

Auch das Klima der Fichtenwaldstufe und des Zwergstrauchgürtels in den Alpen ist nicht einfach dem des borealen Nadelwaldgürtels und der subarktischen Tundra gleichzusetzen. Die Vegetation ist sich zwar in beiden Fällen sehr ähnlich und weist viele gemeinsame Arten auf, die Vegetationsperiode ist jeweils kurz, auch weichen die Monatsmittel der Temperatur nur wenig voneinander ab, aber sie kommen auf verschiedene Weise zustande. Im Polarsommer sind die Tage lang, die Sonne geht zeitweise nicht unter. Die effektive Ausstrahlung ist deshalb gering. Insgesamt herrschen in der Subarktis recht ausgeglichene, tagsüber nicht sehr hohe und nachts nicht sehr tiefe Temperaturen. In den Breiten der Alpen hingegen steht die Sonne tagsüber sehr viel höher, wobei im Hochgebirge noch die Expositionsunterschiede zu berücksichtigen sind. Infolge der geringen Lufttrübung findet tagsüber intensive Einstrahlung mit starker Erwärmung in Bodennähe statt; nachts herrscht bei klarem Wetter ungehinderte Ausstrahlung, wodurch die Temperatur jäh absinkt. Insgesamt zeigt der Temperaturgang in den

Höhenregionen der Alpen eine starke tageszeitliche Komponente; hingegen ist in den hohen Breiten die jahreszeitliche Komponente ausgeprägter.

Eine sehr eindeutige Gliederung nach thermischen Höhenstufen zeigen auch tropische Hochgebirge, bei denen die tageszeitliche Komponente im Temperaturgang überwiegt.

Auf der östlichen Mesa Central Mexikos und am sich anschließenden Gebirgsabfall der Sierra Madre Oriental beruht die Höhenstufengliederung der Vegetation nicht allein auf den Temperatur-Höhenstufen, denen sich bestimmte hygrische Verhältnisse überlagern (hygro-thermischer Klimahaushalt), sondern sie hat auch florengeschichtliche Ursachen. Das gilt besonders für die Eichen- und Koniferenwälder, die etwa ab 1800 m die durch eine warmtropische Flora bestimmte Vegetation überlagern. Vor allem unter eiszeitlichen Klimabedingungen konnte hier das boreale Florenelement (Eichen, Kiefern, Tannen, u. a.) infolge des meridionalen Verlaufs der nordamerikanischen Gebirgsketten, vor dem Eis ausweichend, nach Süden bis in die heutigen Randtropen vordringen. Mit der nacheiszeitlichen Wiedereinwanderung der warmtropischen Vegetation von Süden her wurden die borealen Arten hauptsächlich in die Höhenstufen abgedrängt, wodurch sich das heutige Bild der Überschichtung verschiedener Floren ergibt (s. Tab. 10).

Tab. 10: Thermische Höhenstufen und Vegetationstypen der östlichen Mesa Central Mexikos (nach KLINK/LAUER 1975)

Jahres-mittel-temperatur in °C	ungefähre Höhe in m	thermische Stufe	vorherrschender Vegetationstyp	Zahl der Frostwechseltage und Eistage ab tierra helada
		nevado	klimatische Schneegrenze bei ca. 4950 m	>280
— 1 —— 4800				
		subnevado	Hochgebirgsgras- und Kräuterfluren	200-280
— 5 —— 4000			Baumgrenze	
		helado	*Pinus hartwegii*-Wald	150-230
— 9 —— 3300				
		frio	Kiefern-Tannen-Wald und Kiefern-Mischwald	100-160
— 13 —— 2700				
		semifrio	Kiefern-Eichen Wälder	65-120
— 15 —— 2400				
		fresco	Eichen-Mischwald und Dorngehölze	20- 70
— 17 —— 2100		templado		0- 50
— 19 —— 1800			mittlere Frostgrenze	
		semicálido —	warmtropische Vegetation, deren Gliederung durch die Feuchteregime bestimmt ist	vereinzelt
— 21 —— 1500				
		cálido		0

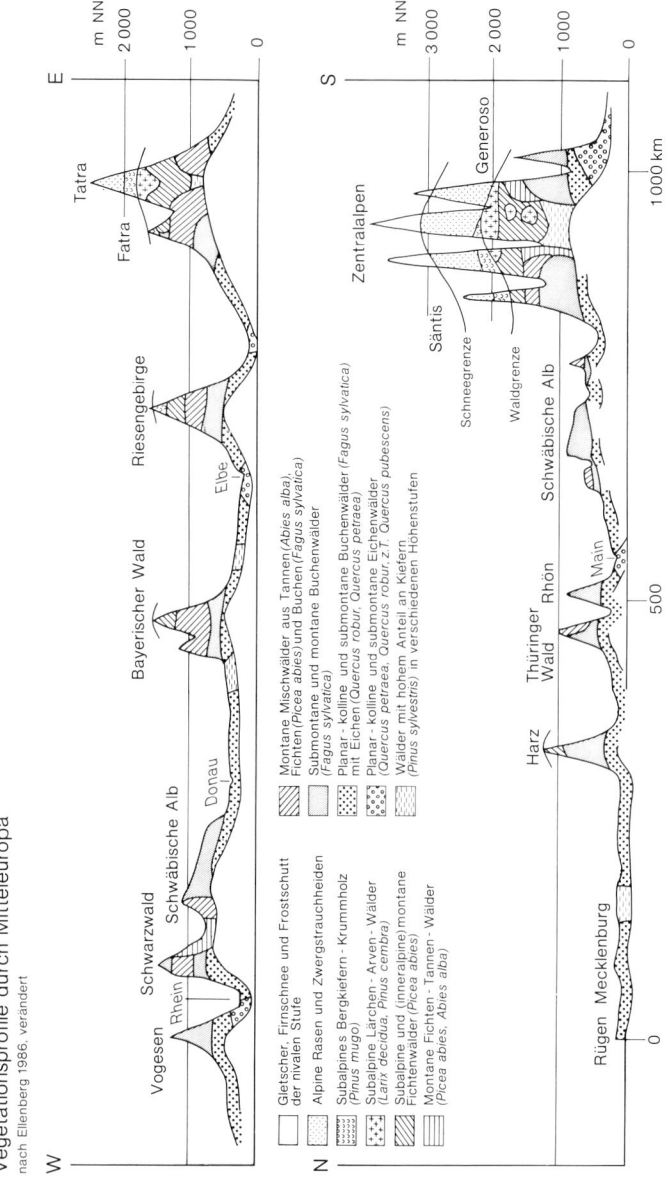

Abb. 21c: *Vegetationsprofile durch Mitteleuropa. Die Höhenstufen steigen nach Süden und mit zunehmender Massenerhebung an. Die Rotbuche nimmt im Osten ab und setzt in den kontinental getönten Zentralalpen aus; die Fichte dominiert dort, sie fehlt aber von Natur aus im Westen (Vogesen). Nach* ELLENBERG *1986, ergänzt vom Verfasser (aus* LIEDTKE *und* MARCINEK *1995).*

Phänologie

Wichtige Hinweise auf die thermischen Standortverhältnisse vermittelt die Phänologie. Diese in Deutschland insbesondere durch H. Hoffmann und E. Ihne sowie F. Schnelle, F. Seyfert, S. Uhlig u. a. geförderte Methode geht von der Beobachtung charakteristischer Phasen im Lebensrhythmus der Pflanze aus wie Blüte, Blattentfaltung, Fruchtreife, Laubverfärbung, Laubfall, deren Eintrittsdatum festgehalten wird. Durch Anlage eines großräumigen, möglichst dichten Beobachtungsnetzes lassen sich Isolinienkarten, sog. Isochronenkarten, erstellen, die über das zeitliche Fortschreiten der jeweiligen Entwicklungsphase (Einsetzen der Blüte, Laubentfaltung, Fruchtreife usw.) der ausgewählten Pflanzenart Auskunft geben; sie informiert damit über die klimatische Gunst der verschiedenen Standorträume. Im weiteren Sinne gehören auch Beobachtungen über die Verbreitung anderer standörtlich bedingter Phänomene wie Frostschäden, Dürreschäden, Reaktionen auf starke Windeinwirkungen (Kronendeformation, Windschur) hierher. Ausführlich auf die Methodik der Phänologie gehen Reichelt/Wilmanns (1973, S. 39f.) in ihrem Buch „Praktische Arbeitsweisen – Vegetationsgeographie"

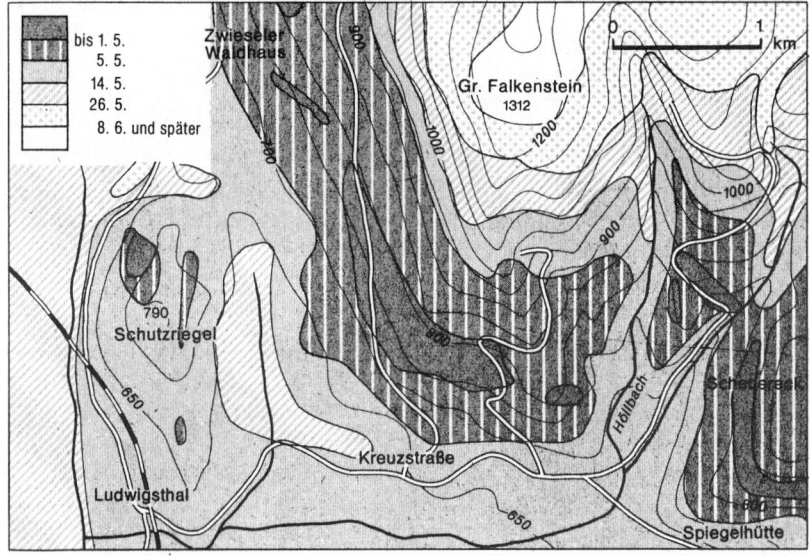

Abb. 22a: Erscheinen des ersten Blattgrüns der Buche an den Hängen des Großen Falkensteins (nach Baumgartner, Kleinlein *und* Waldmann *1958, neu gestaltet).*

Ein anschauliches Beispiel für eine phänologische Kartierung, die vor allem den Wärmefaktor berücksichtigt. Die Autoren haben hier die erste Laubentfaltung bei der Buche (Fagus sylvatica) an den Hängen des Großen Falkensteins im Hinteren Bayerischen Wald aufgezeichnet. Deutlich kommen die thermisch begünstigte mittlere Hangzone und die besonders warme SW-Exposition zum Ausdruck; als relativ kühl (spät) erkennt man Tallagen, in denen sich nachts die Kaltluft sammelt, sowie die oberen Höhenstufen.

ein. Gesagt werden muß, daß die Phänologie nur bei Anwendung großer Sorgfalt und ständiger kritischer Überprüfung der Testpflanzen und der stand-örtlichen Verhältnisse brauchbare Ergebnisse für die standortklimatische Indikation liefert. Denn die Pflanze reagiert nicht nur auf die Außentempera-turen, sondern wird außerdem durch Bodenfeuchte, Nährstoffangebot sowie individuelle physiologische Merkmale, wie Alter, Vitalität, genetischer Zustand in ihrem Lebensrhythmus beeinflußt. Auch hat es zumeist wenig Sinn, zu kleinräumige Temperaturunterschiede zu erfassen, wie sie in der Bodenvegetation zum Ausdruck kommen (z. B. in der Schneeglöckchen- und Löwenzahnblüte). Die sorgfältige Auswahl des Testpflanzenmaterials wird also einen wichtigen Einfluß auf das Ergebnis haben. Eine kritisch-abwä-gende Untersuchung zu diesen Fragen hat am Beispiel des Marburger Lahn-tals DICKEL (1966) durchgeführt.

Die Pflanzenphänologie dient nicht nur dazu, geländeklimatische (meso-klimatische) Abstufungen zum Ausdruck zu bringen, sondern auch groß-räumige Klimaunterschiede können damit erfaßt werden. So beginnt die Blüte des Flieders *(Syringa vulgaris)* im Oberrheingraben zwei bis drei Wochen früher als in Schleswig-Holstein. Die Ursachen hierfür liegen im Temperaturregime der vorangehenden Monate (Spätwinter und Vorfrühling). Insgesamt erzeugen die Tag- und Nachttemperaturen, die Minimum- und Maximumtemperaturen als Temperatursummen die Entwicklungsphasen des Phänotyps (Erscheinungsbild) der Pflanze. Von der Klimatologie ist für die „thermische Standortbedingung" ein phänologischer Kalender aufgestellt worden (nach WALTER 1979).

Vorfrühling:	Vom Beginn der Blüte der Hasel *(Corylus avenella)* bis zum Beginn der Blüte der Osterglocken *(Narcissus pseudonarcissus)*;
Erstfrühling:	Vom Anfang der Laubentfaltung der Roßkastanie bis zum Beginn der Apfelblüte;
Vollfrühling:	Vom Blühbeginn des Bergahorns bis zu dem des Pfaffenhütchens;
Frühsommer:	Vom Beginn der Winterroggenblüte bis zum Blühbeginn des Ligu-sters;
Hochsommer:	Vom Beginn des Fruchtens der roten Johannisbeere bis zu dem des Holunders;
Frühherbst:	Vom Blühbeginn der Herbstzeitlose bis zur Fruchtreife der Roßka-stanie;
Spätherbst:	Von der Laubverfärbung des Spitzahorns bis zu der der Stieleiche.

Praktische Bedeutung haben die phänologischen Jahreszeiten z. B. zur Bestimmung der optimalen Zeiten für die Einsaat der Landwirtschaft.

Aus derartigen phänologischen Karten lassen sich Gesetzmäßigkeiten des Vegetationsablaufs herauslesen, die für alle Pflanzen einschließlich der Wald-bäume gelten. Freilich ist bei Verwendung landwirtschaftlicher Phasen eine kritische Einstellung geboten.

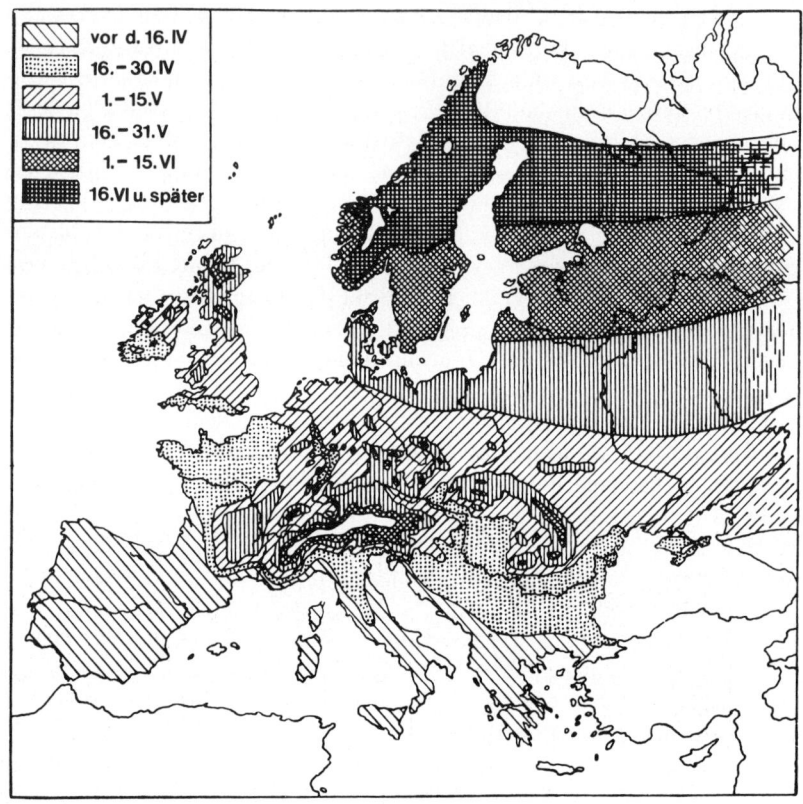

Abb. 22b: Frühjahrseinzug in Europa aufgrund des Beginns der Fliederblüte. In Lappland (66° N) blühte der Flieder 1950 erst am 28. Juli auf (aus WALTER 1979)

Auch die sogenannten Wuchsklimakarten (ELLENBERG 1956), die eine Weiterentwicklung der phänologischen Karten darstellen, sind mit Hilfe phänologischer Phasen definiert. Ihre Ableitung wird durch die unterschiedliche Blüten- und Blattentwicklung zu einem bestimmten Zeitpunkt, je nach Höhenlage und Geländebeschaffenheit, ermöglicht. Durch die Wiederholung der Beobachtungsfahrten entlang bestimmter Eichstrecken und die Einbeziehung vieler Wild- und Kulturpflanzen während der Vegetationsperiode läßt sich schließlich auf Grund der phänologischen Befunde ein gutes Bild der thermisch verschiedenen Geländeausschnitte entwerfen.

Für die Städteregion des Ruhrgebietes haben SCHREIBER und Mitarbeiter (1985) eine derartige Wärmeklimakarte auf der Basis der Entwicklung von 80 Kultur- und Wildpflanzen aufgenommen und unter der Bezeichnung „Wuchsklimakarte" veröffentlicht.

Abwandlung der phänologischen Phasen mit der Höhe

Mit zunehmender Höhe im Gebirge wandeln sich die phänologischen Phasen. Die Entwicklungsstadien des Pflanzenwachstums treten nämlich in den Höhenstufen nicht nur später ein, sondern die Vegetationsperiode selbst wird immer kürzer; auch die innerhalb der Vegetationsperiode zur Verfügung stehende Wärmesumme nimmt dabei ab. Empfindliche Pflanzen erreichen schließlich die Höhengrenze ihres Vorkommens. Allgemein rechnet man mit einem mittleren Höhengradienten von 3-4 Tagen pro 100 m Höhenunterschied, d. h. eine phänologische Phase wie etwa die Hauszwetschgen- oder die Apfelblüte treten an einem 100 m höher gelegenen Ort im Schnitt eine halbe Woche später ein. Insgesamt hängt die Verzögerung jedoch sehr von den geländeklimatischen Gegebenheiten ab und läßt sich kaum verallgemeinern. Allenfalls kann man vergleichbare Lagen, z. B. bestimmte Expositionen, zur Beurteilung heranziehen.

Für die Zentralalpen hat GAMS die Höhenabhängigkeit der phänologischen Jahreszeiten untersucht und ein Zeithöhendiagramm entworfen (s. Abb. 23).

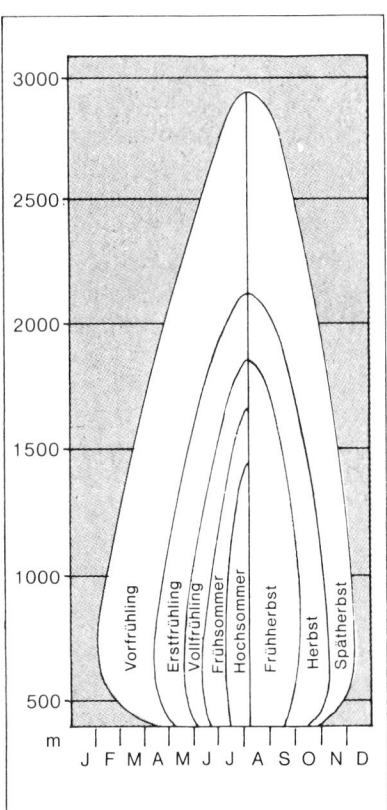

3000
2500
2000
1500
1000
500
m

Vorfrühling Erstfrühling Vollfrühling Frühsommer Hochsommer Frühherbst Herbst Spätherbst

J F M A M J J A S O N D

Abb. 23: Phänologische Höhenstufen in den Alpen (nach GAMS aus SCHMIDT 1969)

Die äußere Umgrenzung der zwiebelförmig aufgebauten Figur trennt die Vegetationsperiode von der Zeit der winterlichen Vegetationsruhe. Oberhalb ca. 3000 m beginnt die Höhenregion mit ewigem Frost, in der es kein höheres Pflanzenleben mehr gibt. Interessanterweise ist die Vegetationsperiode um 700 m Meereshöhe am längsten, länger als im Grunde der Alpentäler. Dies ist eine Folge der Kaltluftansammlung und Temperaturinversion in den Tälern; nach oben zu schließt die Inversionsschicht häufig mit einer Nebeldecke ab. Oberhalb der Inversionsgrenze kann dann bei Strahlungswetter der Vorfrühling – markiert durch das Stäuben der Hasel- und die Schneeglöckchenblüte – bereits Anfang Februar einziehen; am Grunde der Täler hingegen wird diese Phase durch niedrige Temperaturen und andere Strahlungsverhältnisse erst Ende März bis Anfang April erreicht. Mit zunehmender Höhe nehmen die jahreszeitlichen Unterschiede innerhalb der Vegetationsperiode immer mehr ab, und die Pflanzen, welche die betreffenden Phasen charakterisieren, kommen nicht mehr vor. So folgen die Höhengrenzen des Obstbaus, Ackerbaus und schließlich des Waldes in Abständen übereinander. Oberhalb ca. 2000 m bleiben nur noch zwei Jahreszeiten übrig, ein verspäteter Frühling und ein sehr früh einsetzender Herbst; in der Nähe der klimatischen Schneegrenze rücken dann diese Zeiten auf wenige Wochen zusammen. Die Pflanzen, die hier gedeihen wie Gletscherhahnenfuß (Ranunculus glacialis), Alpenmannsschild (Androsace alpina) oder Zwergherold (Eritrichium nanum), müssen ihren gesamten Vegetationsrhythmus mit allen Lebensprozessen wie Blüte, Blattbildung, Frucht- und Samenreife in sehr kurzer Zeit abwickeln.

4.3.3   Wasser

Das Leben ist im Wasser entstanden. Alle Lebensvorgänge sind mittelbar oder unmittelbar an Wasser gebunden. Es ist Bestandteil der biochemischen Stoffwechselprozesse, dient als Lösungs- und Quellungsmittel für fast alle natürlichen Stoffe und ist Transportmittel für die am Stoffwechsel beteiligten Substanzen. Schon geringe Schwankungen in der Wasserversorgung können die Zusammensetzung der Pflanzendecke kleinräumlich erheblich verändern. Nach THIENEMANN (1941) gebührt dem Wasser in der Rangordnung der Lebensvoraussetzungen der erste Rang.

Die Landpflanze ist im Gegensatz zu den meisten Tieren fest an ihren Standort gebunden und muß mit den ihr dort zur Verfügung stehenden Wasservorräten auskommen. Der Wasserumsatz ist ein ökologisches Zentralproblem, an dem sich die Wechselbeziehungen zwischen Pflanze bzw. Pflanzendecke und dem jeweiligen Geosystem besonders augenfällig zeigen. NEEF/SCHMIDT/LAUCKNER (1961) haben deshalb im Bodenwasserregime ein „landschaftsökologisches Hauptmerkmal" gesehen. So ist der Wasserhaushalt ein sehr wichtiger Ordnungsfaktor für die Vegetationsverteilung auf der Erde. Dies gilt besonders für die Tropen, wo zumeist ganzjährig genügend Wärme für die Vegetationsentwicklung zur Verfügung steht und in der Hauptsache das Wasserregime die räumliche Differenzierung der Vegetation bedingt. Aber auch in den gemäßigten Breiten hat sich gezeigt, daß Vorgänge im Lebensrhythmus der Pflanze, die anscheinend rein thermisch hervorgerufen werden, eine wesentliche Komponente im Wasserhaushalt haben. So ist der Laubfall auch in den gemäßigten Breiten – in den wechselfeuchten Tropen ohnehin – ein Problem physiologischer Trockenheit; denn in Zeiten der Bodengefrornis und dadurch erschwerter oder gar unmöglicher Wasseraufnahme muß die Pflanze ihre Transpiration drastisch einschränken.

Bedeutung des atmosphärischen Wassers für den Wasserkreislauf und die Versorgung der Landpflanze

Atmosphärisches Wasser hält den Wasserkreislauf aufrecht und versorgt die Landpflanzen. Die Landpflanzen, deren Vegetationskörper in den Luftraum ragen und ständig aus dem Boden gesogenes Wasser in den Luftraum verdunsten (transpirieren), sind eingebunden in den Kreislauf des Wassers. Er vollzieht sich teilweise über dem Land (kleiner Kreislauf) und teilweise zwischen Meer und Land (großer Kreislauf), indem dem Land advektiv feuchte Luft zugeführt wird, die Niederschlag abgibt, der über die Flüsse ins Meer zurückfließt. BUDYKO[9] hat eine Wasserbilanz der Erde berechnet, aus der hervorgeht, daß das Meer dem Land jährlich fast $40\,000$ km³ $(40 \times 10^{12}$ t) Wasser spendet, das über die Flüsse in gleicher Menge jährlich wieder

---

[9] Nach LARCHER, W. (1984): Ökologie der Pflanzen. UTB 232, 4. Aufl. Stuttgart, 401 S.

zurückkehrt. Aus dieser Bilanzrechnung geht außerdem hervor, daß global betrachtet der Feuchtigkeitszuschuß vom Meer nur rund 40 % der Niederschlagsmenge ausmacht, die auf das Festland fällt. Alles übrige Wasser wird durch Verdunstung der Festlandoberfläche, insbesondere der Vegetation gedeckt; der Anteil der Verdunstung von der Bodenoberfläche (Evaporation) beträgt im Mittel nur 5-20 % der Gesamtverdunstung (Evapotranspiration). Der Wasserkreislauf ist wegen der hohen Umsatzgeschwindigkeit (Verweilzeit des Wasserdampfes in der Atmosphäre durchschnittlich 10 Tage) mengenmäßig der bedeutendste Stoffumsatz auf der Erde und außerdem der wichtigste Energieumsatz, denn der größte Teil der von der Erdoberfläche absorbierten Energie der Sonnenstrahlung wird für die Wasserverdunstung verbraucht. Darstellungen des irdischen Wasserkreislaufs finden sich bei z. B. HÄCKEL 1993, LARCHER 1984, MARCINEK 1988. Die von den Landpflanzen benötigten Wassermengen werden fast gänzlich von Regen und Schnee geliefert.

Durch das Gelände bedingt kann das in den Boden einsickernde Niederschlagswasser sich lokal anreichern (Zuschußwasser) oder rasch abfließen. Hieraus ergeben sich verschiedene Ökotope (Hydrotope). Ein insgesamt geringer Anteil an der Wasserversorgung der festländischen Vegetation entfällt auf Tau und Nebel. Bei kleinmaßstäbiger Betrachtung ist die natürliche Vegetation der verschiedenen Erdgebiete hauptsächlich durch die dort herrschenden Temperatur- und Wasserverhältnisse geprägt; es bestehen folgende Zusammenhänge (nach STOCKER 1952 verändert).

Tab. 11: Vegetation in Abhängigkeit von den klimatischen Bedingungen (nach STOCKER 1952 verändert)

Klima		feucht <==============> trocken		
arktisch		Tundra		
gemäßigt	kühl	Moor	Nadelwald	Steppe bis Wüste
	temperiert	Laubwald		
subtropisch		Lorbeerwald	Hartlaubgehölze (Winterregengebiete)	Halbwüste bis Wüste
tropisch		Regenwald	Monsunwald (laubwerfend)	Savannentypen je nach Feuchte bis Wüste

Eine Übersichtsdarstellung der Vegetation der Erde vermittelt die Karte auf den Seiten 210/211. In dieser Karte wurde versucht, die Beziehungen der Vegetation zum Wasserfaktor durch Farbabstufungen wiederzugeben.

Tau und Nebel

Tau und Nebel spielen insgesamt eine quantitativ geringe Rolle bei der Wasserversorgung der Pflanzen. Da ihr Anteil am Niederschlag mit den normalen Regenmeßgeräten nicht bestimmbar ist, werden sie auch als „nicht meßbare Niederschläge" bezeichnet. Für den Wasserhaushalt der Pflanze sind dabei drei Fragenkreise auseinanderzuhalten:

a) Wie weit kann eine Pflanze durch Quellung Feuchtigkeit direkt aus der Luft aufnehmen oder – wie bei höheren Pflanzen der Fall – sich durch oberirdische Organe direkt mit Wasser versorgen?

b) Wie stark wird die Bodenfeuchtigkeit durch Nebel und Tau beeinflußt?

c) Welche indirekten Wirkungen üben Nebel und Tau auf den Wasserhaushalt der Pflanze aus?

Dabei genügt nicht die bloße Feststellung derartiger Einwirkungen, sondern erheblich für den Wasserhaushalt der Pflanzen ist die Größenordnung. Sie entscheidet darüber, ob der betreffende Vorgang ein Ausmaß erreicht, welches das Pflanzenleben merklich beeinflußt.

Blätter und Stengel der Pflanzen sind zwar durchaus in der Lage, Wasser durch die Epidermis aufzunehmen, aber dieser Vorgang verläuft so langsam, und die von Tau und Nebel gelieferten Wassermengen sind so gering (maximal 40 mm im Jahr), daß der Wasserhaushalt der Pflanze auf diesem direkten Weg nicht nennenswert bereichert wird.

Ausnahmen:

1. Thallophyten, vor allem Flechten, können sehr rasch atmosphärisches Wasser in flüssigem oder dampfförmigen Zustand durch ihre gesamte Oberfläche aufnehmen.

2. Luftwurzeln zahlreicher Epiphyten nehmen durch ihr Velamen von den Kronen der tropischen Regenwaldbäume abtropfendes Tauwasser direkt auf.

3. Saugschuppen, wie sie bei zahlreichen epiphytischen Arten aus der Familie der Bromeliaceen über den gesamten Sproß verteilt sind, nehmen Tau- und Nebelwasser unmittelbar auf. Für echte Nebelpflanzen, wie sie in der Nebelvegetation der peruanischen Anden vorkommen, ist dies die einzige Art der Wasserversorgung.

Der Einfluß von Nebel und Tau auf die Bodenfeuchte ist durchaus unterschiedlich. Untersuchungen in der regenlosen, aber sehr nebelreichen Küstenwüste Südwestafrikas haben ergeben, daß selbst bei stärkstem Nebel die Feuchtigkeit nur 1-2 cm tief in den Boden eindringt. Nach Erscheinen der Sonne trocknet diese dünne oberste Bodenschicht rasch wieder aus; Pflanzen können unter diesen Bedingungen nicht gedeihen (LERCH 1980).

Anders, wenn feuchte, nässende Nebelmassen, durch Wind ins Land getrieben, auf Hindernisse wie Hecken und Wälder stoßen: Die Nebelfeuchte wird dann ausgekämmt, tropft nach unten ab und sickert in den Boden ein. Hecken und Waldränder erhalten dadurch besonders auf der Luvseite einen erheblichen Niederschlagsgewinn. Verstärkt wird dieses Phänomen durch sehr beständig wehende Winde wie Passate, die dort, wo sie auf Gebirge treffen, Nebelwaldstufen hervorrufen (z. B. auf den Kanarischen Inseln und in den peruanischen Anden). In einigen Fällen wird die Nebelniederschlagsspende durch besonders an diese Bedingungen angepaßte Wuchsformen noch verstärkt. So fördert die feuchtmesophytische Kiefer *Pinus patula*, die in der Nebelwaldstufe der Sierra Madre Oriental Mexikos geschlossene Bestände bildet, durch ihre langen, weichen, hängenden Nadeln den Niederschlagseintrag in den Boden um ein Beträchtliches (bis 60 % der Wasserzufuhr auf nicht bewachsener Bodenoberfläche). Eine konvergente Wuchsform, die unter ähnlichen ökologischen Bedingungen im Pandjab- und Garhwal Himalaya gedeiht, ist die Langnadelkiefer *Pinus roxburghii*.

In der sonst völlig trockenen Nebelwüste Südafrikas sammelt sich Nebelwasser in Felsspalten, über deren Grund einige Pflanzen ausreichend Feuchtigkeit finden. Ähnliche Verhältnisse gelten für die südamerikanische Atacama, die extremste Küstenwüste der Erde.

Auch Tau kommt der Bodenfeuchte zugute. Da sich die Bodenoberfläche nachts abkühlt, dringt Wasserdampf aus der Luft infolge des Energiegefälles in den Boden ein und kondensiert dort. Ebenso steigt aus tieferen, wärmeren Bodenlagen Wasserdampf nach oben und schlägt sich an den kühleren Bodenteilchen und Pflanzenwurzeln nieder (unterirdischer Tau).

Die Hauptbedeutung von Tau und Nebel besteht jedoch in der indirekten Wirkung auf den Wasserhaushalt der Pflanze. Tau und Nebel über der Oberfläche der vegetativen Organe vermindern die Transpiration. Die Spaltöffnungen bleiben daher lange offen und Gasaustausch und Stoffproduktion können in den Blättern uneingeschränkt stattfinden.

Insgesamt können Tau und Nebel trockenes Klima zwar nicht in feuchtes umwandeln, aber sie können den Wasserhaushalt der Pflanzen vorteilhaft beeinflussen; insbesondere können sie die Wirkung vorübergehender Trockenheit mildern. Als direkte, alleinige Wasserquelle für Pflanzen kommen Tau und Nebel nur in Sonderfällen in Betracht.

Pflanzentypen in Anpassung an den Wasserhaushalt
Wegen der Bedeutung des Wasserfaktors für das Pflanzenleben haben sich im Laufe der Entwicklungsgeschichte besondere Anpassungsmerkmale an den Wasserhaushalt herausgebildet. Seit SCHIMPER (1898) werden in der Pflanzengeographie verschiedene Wasserhaushaltstypen unterschieden:

1. *Xeromorphe Pflanzen oder Xerophyten*: Sie können längere Trockenzeiten überstehen und kommen insgesamt mit sehr geringen Wassermengen aus. Hierzu werden sie durch besondere Baumerkmale befähigt, wie sklerenchymreiche Blatt- und Sproßorgane, gerollte, gefaltete oder stark reduzierte fiederteilige Blätter, bisweilen Blattsukkulenz, verstärkte Kutikula, Behaarung, Wachsüberzug, Harzreichtum, gestauchte Sproßachsen (Kleinwüchsigkeit) und große tiefreichende Wurzelsysteme. Sklerenchym ist

Festigungsgewebe, das der Pflanze auch in Trockenzeiten, in denen Turgor-
und Gewebespannung nachlassen, die nötige Festigkeit verleiht. Bei einigen
Holzgewächsen sind Stammverdickungen, z. B. (*Boabab*) *Adonsonia digita*
in Ostafrika, bei anderen Wurzelverdickungen, sog. Xylopodien (z. B.
bei einigen *Bursera*-Arten in Mittelamerika), zur Wasserspeicherung ausgebildet.

Auch in den Kältegebieten gibt es durch Bodenfrost eine jahreszeitliche
Trockenperiode (Winter), in der die Pflanzen gezwungen sind, ihre Transpiration einzuschränken. So weisen viele Bäume des borealen Nadelwaldgürtels xerophytische Merkmale auf (mehrschichtige Epidermis zugleich Kälte-
schutz, dicke Kutikula, eingesenkte Spaltöffnungen).

2. *Mesomorphe Pflanzen oder Mesophyten*: Sie nehmen eine Zwischenstellung zwischen den Xerophyten und den Hygrophyten ein und haben
weder ausgesprochen xeromorphe noch hygromorphe Merkmale. Die meisten Arten des Laubmischwaldgürtels Europas und Nordamerikas gehören zu
den Mesophyten.

3. *Hygromorphe Pflanzen oder Hygrophyten*: Sie sind an stets ausreichend
mit verfügbarem Wasser ausgestattete Böden angepaßt. Es sind saftige Pflanzen, meist mit großen, weichen, leicht welkenden Blättern und insgesamt
sklerenchymarmen Organen. Viele, insbesondere die Holzgewächse, haben
gestreckte Sproßachsen (großwüchsige Pflanzen). Zur Transpirationsförde-
rung haben manche erhaben angeordnete Spaltöffnungsapparate, während sie
bei den Mesophyten in der Ebene der Blattepidermis liegen. Die Epidermiszellen selbst sind zumeist dünnwandig (weiche Blätter). Viele Waldbodenpflanzen unserer feuchten Laubmischwälder sind Hygrophyten, z. B. das
Springkraut (*Impatiens noli-tangere*) und der Sauerklee (*Oxalis acetosella*).

4. *Hydrophyten*: Das sind die Wasserpflanzen, die Anpassungsmerkmale
an den ständigen Wasserüberschuß aufweisen (z. B. Durchlüftungsgewebe,
Ausbildung von Schwimmorganen).

5. *Helophyten*: Das sind Sumpfpflanzen, die an ständigen Wasserüberschuß im Wurzelraum angepaßt sind. Viele sind grasartig (Juncus- und
Carex-Arten) und zeichnen sich durch Durchlüftungsgewebe (Aerenchym)
im Sproß aus.

Eine eigene Gruppe bilden die Sukkulenten: Sie weisen die größtmögliche
morphologische Anpassung an Trockenstandorte auf. Es sind ausgesprochen
stenotope Pflanzen, deren Wasserspannung (Hydratur) durch gespeichertes
Wasser aufrecht erhalten wird. Ihr gesamter Bau ist darauf ausgerichtet, diesen Wasservorrat möglichst verlustarm zu bewahren (bei Kakteen u. U. mehrere Jahre). Die Sukkulenten sind auf sparsamsten Wasserverbrauch während
des gesamten Jahres eingestellt. Ihre Oberfläche ist stark reduziert, häufig
abgerundet, teilweise bis zur Kugelgestalt. Den größten Raum im Pflanzenkörper nimmt das Wassergewebe ein. Es wird nach außen von einer oft

mehrschichtigen Epidermis, der noch eine dicke Kutikula (teilweise mit Wachsüberzug) aufliegt, bestmöglich gegen Wasserverlust geschützt. Die wenigen Spaltöffnungen – Sukkulenten besitzen die geringste Zahl von Spaltöffnungen pro Blattflächeneinheit – sind meist tief eingesenkt und gestatten nur eine äußerst schwache Transpiration. Die Pflanzen sind auch in Regenzeiten zu keinem stärkeren Gasaustausch fähig. Der Stoffwechsel der Sukkulenten ist infolgedessen sehr träge, sie wachsen sehr langsam und haben eine lange Lebensdauer.

Am häufigsten sind Stammsukkulenten (*Cactaceae, Euphorbiaceae, Agave, Aloe, Aizoaceae* u. a.). Verschiedene Sukkulenten haben auch verdickte Wurzeln als *Wasserspeicher (Pachypodium bispinosum)*. Hauptverbreitungsgebiet der Sukkulenten sind Halbwüsten mit zwei kurzen Regenzeiten, in denen sie das Niederschlagswasser mit ihrem weitausladenden, flachen Wurzelsystem rasch aufnehmen. Einen besonderen ökologischen Typ bilden sukkulente Salzpflanzen wie die Queller (*Salicornia spp.*).

Bei dieser herkömmlichen kausalen Betrachtungsweise, die Bau und Funktion der Pflanze (bzw. ihrer Organe) zueinander in Beziehung setzt, wird die Rolle des Protoplasmas zu wenig berücksichtigt. Die aktiven Lebensvorgänge in der Zelle und damit in der Pflanze sind stets von einem ausreichenden Wassergehalt des Protoplasmas abhängig. Für die Aktivität des Protoplasmas ist nicht nur der absolute Gehalt an Wasser, sondern vor allem der für chemische Reaktionen frei verfügbare Teil des Wassers von Bedeutung. Da sehr viel Wasser in Form von Hydrathüllen an Zellorganellen, Enzyme und sonstige Inhaltsstoffe gebunden ist, muß der absolute Wassergehalt des Plasmas bei den meisten höheren Pflanzen mehr als 96 % betragen, um Aufbauleistungen vollbringen zu können. Die freien Wasserreserven sind deshalb nicht sehr groß, und es bedarf einer ständigen Ergänzung des Wassers aus der Vakuole[10] oder durch Nachlieferung über das Leitungssystem.

Bei der Betrachtung des Wasserumsatzes und der daran gekoppelten Lebensvorgänge ist es wichtig, den Blick auf den ganzen Organismus und damit die Gesamtsteuerung des Wasserhaushalts zu richten. Der Wasserhaushalt ist als geregelter, und zwar bei den meisten höheren Pflanzen als vom Organismus selbst geregelter, Vorgang zu verstehen. Geht man vom Modell eines unbelebten Quellkörpers aus, der bei höherer Feuchtigkeit der Umgebung Wasser aufnimmt, etwa aus der Atmosphäre, und bei niederer Feuchtigkeit Wasser abgibt, kann man zwei Gruppen von Pflanzen unterscheiden:

1. Wechselfeuchte oder *poikilohydre Pflanzen*, die sich wie unbelebte Quellkörper verhalten und sich im Wasserpotential[11] ihres Plasmas dem

---

[10] Als Vakuole bezeichnet man den flüssigkeitserfüllten Innenraum der Zelle im Gegensatz zum Cytoplasma, das eine solartige Konsistenz hat, der Zellwand anliegt und in das die Zellorgane (Kern, Mitochondrien, Plastiden u. a.) eingebettet sind.

[11] Unter dem Wasserpotential eines Körpers versteht man vereinfacht ausgedrückt sein Saugvermögen, Wasser bzw. Wasserdampf aus der Umgebung bis zur Sättigung aufzunehmen.

jeweiligen Wasserpotential der umgebenden Luft angleichen. Bei hoher Luftfeuchte ist das Protoplasma stark gequollen und im aktiven Zustand. Ist die
umgebende Luft trocken, dann trocknet auch das Protoplasma aus, ohne
jedoch abzusterben. Wechselfeucht sind meist niedere Landpflanzen: Bakterien, Algen, Pilze, Flechten, Moose, einige Farne und wenige Blütenpflanzen.
2. Eigenfeuchte oder *homoiohydre Pflanzen* regulieren ihren Wasserhaushalt durch besondere Einrichtungen selbsttätig und sind so bis zum gewissen
Grade unabhängig von den Feuchtebedingungen der Umwelt. Es sind stets
höhere Pflanzen (Blütenpflanzen und Farne), die ihre Transpiration bei
Trockenheit durch Schließen der Stomata einschränken und Wasserverluste
durch Wasseraufnahme aus dem Boden wieder ausgleichen. Zu dieser
Gruppe gehören vor allem die in feuchten Böden wurzelnden Gefäßpflanzen
(Blütenpflanzen und Farne), bei denen das Wasserpotential des Plasmas
unabhängig von den Außenbedingungen stets hoch ist. Diese Pflanzen besitzen die Fähigkeit auszutrocknen nicht mehr. In den ariden Gebieten haben
sich unter den homoiohydren Pflanzen bestimmte ökologische Gruppen entwickelt (Xerophyten und Sukkulenten), die auf unterschiedliche Weise selbst
eine lange Trockenzeit zu überdauern vermögen. Näheres s. Lehrbücher der
Ökophysiologie, z. B. LARCHER (1994)

Wasser im Boden
    Von dem in den Boden eindringenden Niederschlagswasser wird ein Teil
als Haftwasser in den oberen Bodenschichten festgehalten, der Rest sickert
als Sickerwasser (Gravitationswasser) in die Tiefe und ergänzt das Grundwasser. Wieviel Wasser im Boden gespeichert wird, hängt einmal vom Porenvolumen ab, in dem das Wasser vor allem als Kapillarwasser festgehalten
wird, und zum anderen vom Kolloidgehalt, der die „Saugkraft" des Bodens
bestimmt. Bei dem gegen die Schwerkraft im Boden festgehaltenen Wasser
unterscheidet man demgemäß zwischen Adsorptionswasser, das an den Oberflächen kolloider Bodenpartikel (hauptsächlich Ton und Huminstoffe) haftet,
und Kapillarwasser, das in Kapillaren und Poren festgehalten wird, wobei die
Übergänge gleitend sind.
    Die maximale Wassermenge, die entgegen der Schwerkraft von einem
natürlich gelagerten Boden mit freiem Wasserabzug gespeichert wird, ist die
Feldkapazität (FK), genauer Feld-Wasserkapazität. Sie wird in ml H_2O pro
100 ml Boden gemessen. Die Höhe der Feldkapazität ist abhängig von folgenden Bodenfaktoren:
    a) *Körnung*: je feinkörniger der Boden, d. h. je mehr Partikel mit großer
spez. Oberfläche, umso mehr Adsorptionswasser;
    b) *Bodengefüge*: je feinporiger, umso mehr Kapillarwasser;

c) *Art der Bodenkolloide*: Humuskolloide binden mehr Haftwasser als Tonminerale, d. h. der Gehalt an Huminstoffen kolloider Größenordnung ist ein wichtiger Faktor;

d) *Art der an die Bodenkolloide adsorbierten Kationen mit unterschiedlichen Hydrathüllen*: Na-Kolloide > K-Kolloide > Mg-Kolloide > Ca-Kolloide.

Die Werte der Feldkapazität sind bei den verschiedenen Böden sehr variabel, je nach Ton- und Schluff-Gehalt, Gefüge, Gehalt an organischer Substanz und deren Zersetzungsgrad, Humusform sowie Ionenbelag der Bodenkolloide. In der Regel gilt: Sande < Lehme < Schluffe < Tone < Torfe (vgl. auch Abb. 25).

Für die Wasserversorgung der Pflanzen entscheidend ist der im Wurzelraum vorhandene nutzbare Anteil an der Feldkapazität, die sogenannte nutzbare Feldkapazität (nFK). Sie wird neben der Feldkapazität durch die Saugkraft der Pflanze bis zu ihrem Welkepunkt (WP) bestimmt. Der Welkepunkt (WP) kennzeichnet den Wassergehalt des Bodens, bei dem die Pflanze permanent welkt, d. h. auch in wasserdampfgesättigter Luft ihre Turgeszenz nicht wiedererlangt. Nicht hiervon berührt sind Wasser- und Sumpfpflanzen; sie wurzeln direkt in der wäßrigen Lösung, alles Wasser ist hier frei verfügbar.

Adsorptionswasser: Tonminerale und Huminstoffe sind die wichtigsten Wasserträger im Boden. Die Wasserbindung wird hierbei durch elektrostatische Anziehungskräfte zwischen den Grenzflächen der hochmolekularen festen Bodenpartikel mit elektronegativen Ladungen (Riesenanionen) und den H_2O-Dipolmolekülen bewirkt. Die festen Bodensubstanzen ziehen einen Schwarm von Wassermolekülen an, so daß jedes Ton- und Humusteilchen von einer Wasserhülle umgeben ist.

Unmittelbar an der Kolloidoberfläche werden die H_2O-Moleküle mit sehr starken Kräften (bis 400 at) gebunden. Sogar Wasserdampf wird hier festgehalten, daher enthält auch lufttrockener Boden noch hygroskopisches Wasser. Dieses Wasser bezeichnet man als das innere Schwarmwasser oder als hygroskopisches Wasser. Mit der Entfernung von der Oberfläche der Kolloidteilchen nehmen deren Wasserbindungskräfte sehr rasch ab. Dieses ist der Bereich des äußeren Schwarmwassers oder Filmwassers. Die Wassermoleküle sind hier leichter beweglich und können in Bereiche mit größerer Saugkraft abwandern, d. h. auch die Pflanzen können, je nach Saugkraft, Teile dieses Filmwassers absaugen. Es macht einen Teil der nutzbaren Feldkapazität aus.

Kapillarwasser: Daneben gibt es das für die Pflanze besonders gut nutzbare, weil weniger fest gebundene Kapillarwasser. Es stellt sich nur in Poren < 10 µm Durchmesser ein; in Poren > 10 µm bewegt sich das Wasser unter dem Einfluß der Schwerkraft (Sickerwasser). Die Kapillarität des Wassers beruht auf einem Zusammenwirken von Kohäsionskräften (wirken zwischen

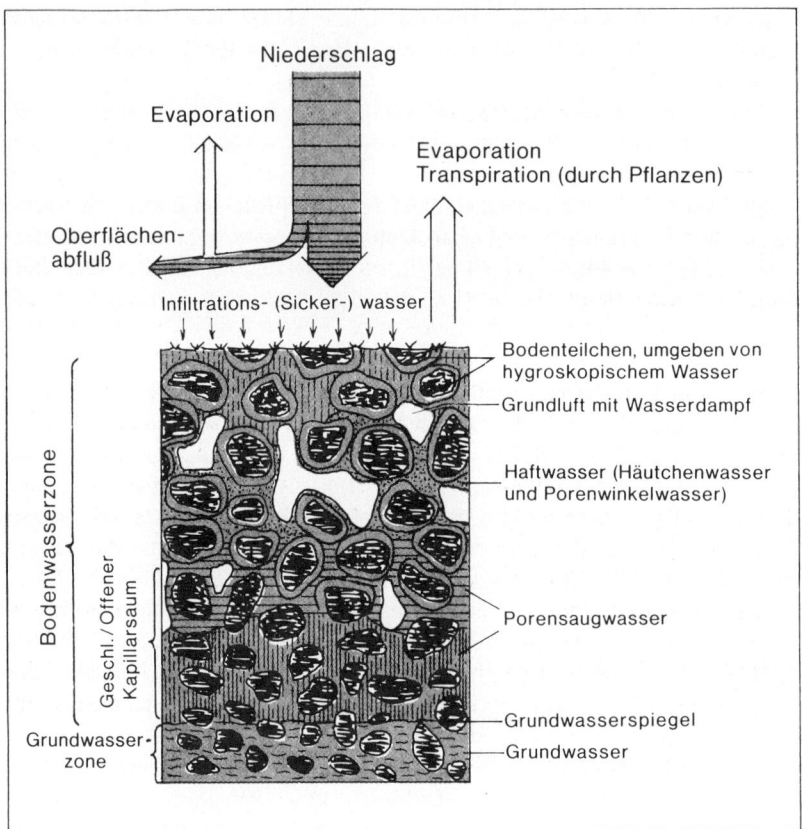

Niederschlag

Evaporation

Evaporation
Transpiration (durch Pflanzen)

Oberflächen-
abfluß

Infiltrations- (Sicker-) wasser

Bodenteilchen, umgeben von
hygroskopischem Wasser

Grundluft mit Wasserdampf

Bodenwasserzone

Geschl./Offener
Kapillarsaum

Haftwasser (Häutchenwasser
und Porenwinkelwasser)

Porensaugwasser

Grundwasser-
zone

Grundwasserspiegel

Grundwasser

Abb 24: Formen des Wassers im Boden

den Wassermolekülen) und Adhäsionskräften (wirken zwischen Grenzflächen der festen Bodenteilchen und den Wassermolekülen). Aus dem
Grundwasserbereich steigt das Wasser in Bodenkapillaren auf und bildet
einen Kapillarsaum. Insbesondere das offene Kapillarwasser (s. Abb. 24)
wird von grundwasserständigen Pflanzen, wie den Bäumen der Auenwälder,
genutzt.

Landpflanzen müssen das im Boden festgehaltene Wasser mit den Saugkräften ihrer Wurzeln überwinden. Je nach Größe der gegeneinander wirkenden Kräfte gestaltet sich die Wasseraufnahme unterschiedlich. Die Wurzeln
saugen zunächst das Kapillarwasser auf und greifen sodann das locker gebundene äußere Schwarmwasser (Filmwasser) der festen Bodenpartikel an.
Durchschnittlich können sie einen Sog von 50 at aufwenden, jedoch ist das
Saugvermögen der verschiedenen Pflanzenarten unterschiedlich groß. Kul-

turpflanzen haben ein Saugvermögen von 20-50 at, Trockenpflanzen erreichen einen wesentlich höheren Wert, in Ausnahmefällen bis zu 100 at.

Wasserversorgung der Pflanze

Gute Wasserversorgung des Pflanzenbestandes verlangt ein ausgewogenes
Verhältnis zwischen Porenraum und Kolloidgehalt. Böden aus Kies und
Grobsand haben ein großes Porenvolumen, aber kaum Kolloide. Es ist zwar
genügend Raum für Wasser vorhanden, da aber die Saugkraft der Kolloide
fehlt, wird es kaum festgehalten und sickert zum größten Teil in den Untergrund. Dichter Tonboden dagegen besteht fast nur aus Kolloiden, die Wasser
mit großer Kraft an sich reißen und dabei so stark aufquellen, daß sie kaum
Poren (nur Feinporen) und damit nur wenig für die Pflanzen verfügbares
Wasser übrig lassen. Der Tonboden hat zwar eine große Feldkapazität, d. h. er
kann eine große Wassermenge speichern, aber infolge der festen Wasserbindung nur eine geringe nutzbare Feldkapazität. Am günstigsten für das Was-
serangebot ist ein Lehmboden, der sowohl sandige Bestandteile als auch
tonige und damit Bodenkolloide enthält. Der hohe Anteil an Mittelporen mit
viel Kapillarwasser begründet hier eine gute Wasserverfügbarkeit für die
Pflanze (Abb. 25).

Außerdem hängt von der Porenverteilung der Lufthaushalt des Bodens ab.
Ein ausgewogenes Wasser-Luft-Verhältnis im Boden, das ebenfalls im Mit-
telporenbereich am ehesten gegeben ist, ist wegen der Wurzelatmung wichtig
für die Durchwurzelung des Bodens. So werden dichte, mit Wasser aufge-
füllte, Böden wegen ihres Sauerstoffmangels kaum durchwurzelt.

Durch Adsorptions- und Kapillarkräfte übt der Boden eine bestimmte
Saugspannung auf das Bodenwasser aus, das infolgedessen unter einer entsprechenden Wasserspannung steht; die Wasserspannung wird auch als
Matrixpotential bezeichnet (Potential = Maß für die Stärke des Kraftfeldes,
Matrix meint hier die feste Bodensubstanz). Diese wird in cm-Wassersäule
oder in bar gemessen. Wegen des weiten Spannungsbereiches wird die Wasserspannung durch den logarithmischen pF-Wert (p von Potenz, F von „Freier
Energie" des Wassers) angegeben: pF = log cm WS (WS=Wassersäule). Beispiel: Wasserspannung ist hoch, wenn der Wassergehalt gering ist, d. h. wenn
der Boden nur noch inneres Schwarmwasser und festgebundenes Porenwinkelwasser enthält.

Die Pflanze nutzt zunächst das locker gebundene Kapillarwasser und greift
sodann die äußere Schwarmwasserhülle der Bodenmatrix an. Nicht erreich-
bar ist für sie das fest gebundene innere Schwarmwasser sowie das hygro-
skopische Wasser. Dieser nicht verfügbare Anteil wird auch als „Totwasser"
bezeichnet.

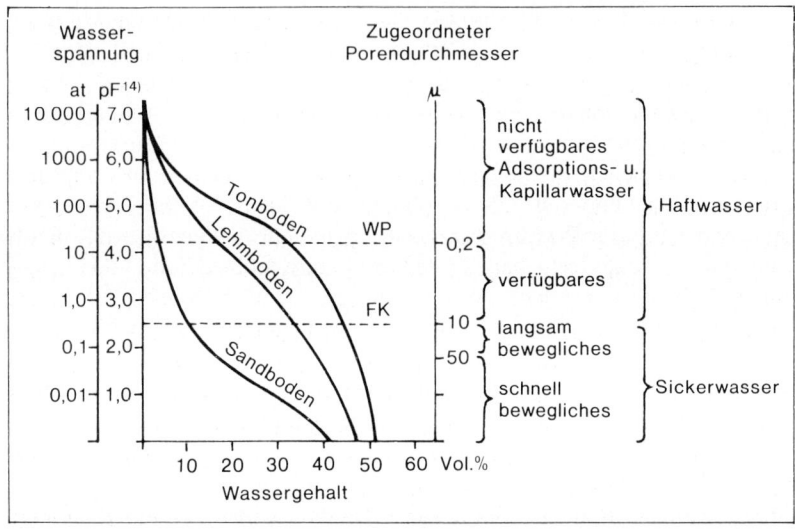

Abb. 25: *Wasserspannungskurven (Matrixpotentialkurven) eines Sandbodens (S), eines Lehmbodens (L) und eines Tonbodens (T) in logarithmischer Darstellung (nach* SCHROE-DER/BLUM *1992)[12].*

Die Wasserspannung hängt vor allem von der Bodenart ab. Das pflanzenverfügbare Bodenwasser wird durch Welkepunkt (WP) und Feldkapazität (FK) bestimmt. Wasser- und Sumpfpflanzen wurzeln direkt in wäßrigen Lösungen; hier ist das gesamte vorhandene Wasser frei verfügbar, und die beiden genannten Größen spielen praktisch keine Rolle. Landpflanzen hingegen müssen mit ihren Saugkräften die Wasserspannung überwinden. Der Welkepunkt kennzeichnet den Grenzwert der Saugkraft einer Pflanze, bei dessen Überschreiten die Pflanze kein Wasser mehr aus dem Boden zu entnehmen vermag und infolgedessen welkt. Die Feldkapazität gibt die maximale Haftwassermenge an, die am natürlich gelagerten Boden mit freiem Wasserabzug gemessen wird (ml $H_2O/100$ ml Boden). Der Feldkapazität entspricht eine bestimmte Wasserspannung. Wird diese durch weitere Wasserzufuhr unterschritten, so gelangt das überschüssige Wasser in den abwärts gerichteten Sickerwasserstrom und geht damit der Pflanze verloren. Pflanzenverfügbar ist also das Wasser im Bereich zwischen WP und FK, oberhalb des WP ist es zu fest gebunden, unterhalb FK so locker, daß es versickert.

Wasseraufnahme durch die Pflanze – Bedeutung der Wurzelsysteme

Die Wasseraufnahme durch die Pflanze geschieht durch feine Wurzelhaare, die unmittelbar hinter den Wurzelspitzen ständig neu gebildet werden. Sie saugen das Haftwasser im Boden auf und hinterlassen trockene Stellen. Dadurch ensteht ein Mosaik aus trockenen und feuchten Bodenpartien. Die Wasseraufnahme erfolgt nur solange, wie die Feinwurzeln ein niedrigeres Wasserpotential als der Boden in ihrer unmittelbaren Umgebung aufweisen. Durch rasches Wachstum der Wurzelspitzen (täglich 5-10 mm) wachsen die Wurzelhaare aus den trockenen Partien regelrecht heraus, den feuchten entgegen. Das Wachstum der Wurzelspitzen erfolgt im allgemeinen schneller

[12] Die Wasserspannung wird wegen des weiten Spannungsbereiches durch den logarithmischen pF-Wert (p von Potenz, F von „Freier Energie" des Wassers) angegeben: pF = log cm WS (WS = Wassersäule) Beispiel: Wasserspannung von 1 at = 10^3 cm WS = pF 3.

als die Feuchtigkeitsunterschiede durch Wanderung des Adhäsionswassers (Filmwassers) infolge von Saugkraftunterschieden der festen Bodenpartikel ausgeglichen werden. Die Pflanze sucht also mit ihren rasch wachsenden Wurzelspitzen und den sich daran bildenden Wurzelhaaren den Boden aktiv nach feuchten Stellen ab.

Die meisten Wurzelhaare sind kurzlebig. Sie sterben ab, sobald das verfügbare Wasser in ihrem Umkreis abgesaugt ist. Die ständig weiter wachsende Wurzelspitze mit den sich immer neu bildenden Wurzelhaaren hat inzwischen längst neue Feuchtigkeits- und Nährstoffvorräte im Boden erschlossen.

Die Wasserversorgung der Pflanzen wird nicht nur von der Menge des verfügbaren Bodenwassers bestimmt, sondern wesentlich auch von der Leistungsfähigkeit ihrer Wurzelsysteme. Die Wurzelsysteme sind zunächst Teil der Wuchsformen und damit artspezifisch. Aber sie passen sich den Umweltbedingungen an und ändern sich je nach Bodenbeschaffenheit und Wasserführung in einem ziemlich weiten Rahmen.

Die Wurzelsysteme in Pflanzengesellschaften ordnen sich nicht nur horizontal einander ein, sondern bilden in vielen Fällen auch vertikal stockwerkartige Schichten. Je nach Klimagebieten, Bodenverhältnissen und pflanzlichen Wuchsformen läßt die Bewurzelung unterschiedliche Typen erkennen:

1. Flachgründige Wurzelbildung: Ein weitreichendes, aber nur flach in den Boden eindringendes Wurzelsystem entwickeln sowohl unsere heimischen sukkulenten Pflanzen (z. B. *Sedum, Sempervivum*) als auch die meisten Kakteen und Sukkulenten der Tropen. Es ist eine Anpassungsform an sehr flachgründige Böden (wie im Hochgebirge, hier bei unserer heimischen Fichte, oder in felsigen Halbwüstengebieten) oder an geringe Niederschlagsmengen, die nur wenig in den Boden eindringen und aus einem weiten, oberflächennahen Bereich von der Pflanze genutzt werden müssen (z. B. Dorn- und Sukkulentensavannen).

2. Intensive dichte Wurzelfilze: Diese Form der Bewurzelung ist für Grasland-Gesellschaften (Steppengräser) charakteristisch. Das dichte Wurzelsystem befähigt dazu, aus kleinem Raum eine verhältnismäßig große Wassermenge rasch aufzunehmen. So hat man bei einzelnen Getreidegräsern, die zumeist nur eine Durchwurzelungstiefe bis zu 1,5 m erreichen, eine Gesamtwurzellänge von 100 km errechnet.

3. Tiefgründige, stockwerkartig gegliederte Wurzelsysteme: Diese Form der Wurzelbildung findet sich insbesondere in den artenreichen Laubmischwäldern der gemäßigten Breiten mit verschiedenen Holzgewächsen, Kräutern und Gräsern, die zusammen das gesamte Bodenprofil mehr oder weniger gleichmäßig durchwurzeln.

Die Wasserabgabe durch die Pflanze

Bei der Wasserabgabe an der Bodenoberfläche und durch die Pflanze geht Wasser aus dem flüssigen in den gasförmigen Zustand über, es verdunstet. Im Unterschied zur unbewachsenen Oberfläche, wo nur die Evaporation (direkte Verdunstung) herrscht, setzt sich beim bewachsenen Standort die verdunstete Gesamtwassermenge aus einem Anteil aus der Transpiration (Verdunstung durch die lebende Pflanze) und einem Anteil aus der Evaporation zusammen; beide zusammen werden als Evapotranspiration bezeichnet. In der Biologie nennt man die Evaporation auch „unproduktive Verdunstung" und die Transpiration entsprechend „produktive Verdunstung".

Wenn überall und stets genügend Wasser an der Bodenoberfläche und für die Vegetation zur Abgabe an die Atmosphäre zur Verfügung steht, spricht man von potentieller Evapotranspiration (größtmögliche Verdunstung). Dieser theoretische Fall wird jedoch auf Grund der zeitlich und örtlich stark wechselnden Bodenfeuchte- und Transpirationsbedingungen in der Natur kaum verwirklicht. Die ökologisch bedeutende aktuelle (wirkliche) Evapotranspiration weicht daher von der potentiellen mehr oder weniger stark ab.

Die Wasserabgabe durch die Pflanze umfaßt im wesentlichen zwei Anteile:

1. Die kutikuläre Transpiration: Cuticula[13] und kutinisierte Epidermisaußenwände lassen durch ihren Gehalt an wachsartigen, wasserabweisenden Substanzen nur sehr wenig Feuchtigkeit an die Oberfläche der Pflanzenteile dringen und dort austreten. Die kutikuläre Transpiration ist daher gering und beträgt in der Regel nur 5-10 % der Gesamtwasserabgabe durch die Pflanze; sie ist artspezifisch und kaum regulierbar. Durch Wachsüberzüge und eine Verstärkung der Cuticula wie bei Nadel- und Hartlaubgehölzen ist ein zusätzlicher Schutz gegen kutikuläre Transpiration entstanden.

2. Die stomatäre Transpiration: Die weitaus größte Menge des abgegebenen gasförmigen Wassers stammt aus dem Blattinneren, den Interzellularräumen, und entweicht durch die Spaltöffnungen (Stomata). Durch Änderung der Spaltenweite kann die Transpiration eingeschränkt oder sogar unterbunden werden. Die Pflanze kann so ihre Wasserabgabe durch die Spaltöffnungen weitgehend regulieren.

Das Regulationsvermögen erstreckt sich jedoch nur auf eine Verminderung, nicht aber auf eine Erhöhung der Wasserabgabe, denn der Gasaustausch folgt in jedem Fall dem Dampfdruckgefälle zwischen Innen- und Außenluft.

Durch die Spaltöffnungen findet der gesamte Gasaustausch der Pflanze statt, d. h. bleiben die Spaltöffnungen bei anhaltender Trockenheit längere

---

[13] Cuticula: Die Außenwände der Epidermiszellen sind mit einem mehr oder weniger lückenlosen Häutchen, der hauptsächlich aus Kutin bestehenden Cuticula, überzogen. Bei vielen Pflanzenteilen lassen sich außerdem Wachsabscheidungen beobachten, die die Oberfläche reifartig überziehen.

Zeit geschlossen, so wird auch die CO_2-Zufuhr unterbrochen. Damit setzt die Photosynthese aus, die Pflanze stellt ihre Stoffproduktion ein und gerät in einen Hungerstoffwechsel.

3. Die Guttation: Neben der Transpiration von gasförmigem Wasser kommt bei einigen Pflanzen auch die aktive Ausscheidung von flüssigem Wasser vor, die Guttation genannt wird. Nach feuchtwarmen Nächten beobachtet man an den Blattspitzen von Gräsern oder den Blatträndern des Frauenmantels *(Alchemilla)*, der Kapuzinerkresse *(Tropaeolum)* oder Fuchsia-Arten oft Wassertropfen, die das Ergebnis der Guttation sind. Die Guttation erfolgt durch Wasserspalten, sog. epidermale *Hydathoden*, oder auch durch Drüsenhaare *(Trichomhydathoden)*.

Durch besondere morphologische Merkmale, wie Blattreduktion, Verstärkung der Cuticula, Rollblättrigkeit sowie insbesondere Bau und Verteilung der Spaltöffnungen, kann die Transpiration gehemmt oder gefördert werden. Pflanzen in feuchter, schattiger Umgebung haben oft große dünne Blätter mit schwach kutinisierter Epidermis (Oberhaut). Sie besitzen nur wenige Spaltöffnungen, Trockenpflanzen hingegen mehr, aber kleinere Spaltöffnungen auf gleicher Blattoberfläche. Eine Ausnahme von dieser Regel bilden die Sukkulenten, die eine auffallend niedrige Zahl von Spaltöffnungen haben. In vielen Fällen liegen die Spaltöffnungen der Trockenpflanzen eingesenkt und sind zur Minderung der Transpiration zusätzlich von einem dichtem Haarfilz umgeben. Bei ausgesprochenen Feuchtpflanzen dagegen kommen ausgestülpte Spaltöffnungen vor.

Tab. 12: Spaltöffnungsverteilung ökologischer Pflanzengruppen (nach STALFELT *aus* LERCH *1980)*

Pflanzengruppe	durchschnittl. Zahl von Spaltöffnungen je mm^2 Blattfläche
Wüstenpflanzen (nicht sukkulent)	129
Hochmoorpflanzen	114
Pflanzen an Waldrändern	83
Wasser- und Sumpfpflanzen	61
Schattenpflanzen in Wäldern	46
Sukkulenten in Halbwüsten	45

Die höhere Zahl von Spaltöffnungen bei Xerophyten wird durch kleinere Zellen hervorgerufen (dieser Unterschied besteht auch zwischen Sonnen- und Schattenblättern an derselben Pflanze) und wirkt sich vorteilhaft auf die Assimilationsleistung aus, wenn die Spalten während der kurzen humiden Perioden geöffnet sind.

Die Transpiration ist die Haupttriebkraft für die Wasserleitung in der Pflanze. Die Kohäsionskräfte des Wassers bewirken, daß sich der durch die

Transpiration ausgeübte Sog von den Blättern über die Sprosse bis in die Wurzeln fortsetzt. Die Hauptmenge des durch die Pflanze ziehenden Wasserstromes wird so rein passiv, ohne Energieaufwand durch die Pflanze, von den Wurzeln bis in die Sproßspitzen gesogen. Bei der Transpiration verdunstet das Wasser nicht aus dem Boden direkt in die Luft, sondern durch die Pflanze. Auf diesem Wege nimmt es, solange es sich noch im flüssigen Zustand befindet, die für die Pflanzenernährung notwendigen gelösten Bodensalze mit.

Nur bei fehlender Evaporation oder bei unzureichender Ausbildung der Transpirationsorgane (z. B. im Frühjahr, wenn die Blätter noch nicht entfaltet sind), treibt der Wurzeldruck das Wasser in der Pflanze aufwärts. Das erfordert jedoch erhebliche Energiemengen.

Transpiration und Umweltbedingungen
Ökologisch bedeutsame Unterschiede im Transpirationsverhalten zeigen sich weniger bei guter Wasserversorgung als in der Reaktion auf Wassermangel. Dabei lassen sich bei den Pflanzen zwei Grundtypen unterscheiden: Beim anisohydrischen Typ hält das Plasma ohne Schaden größere Wasserverluste aus; die Transpiration wird deshalb nicht eingeschränkt und folgt in ihrer Intensität etwa der Evaporation. Beim isohydrischen Typ erträgt das Plasma keine Austrocknung. Die Spaltöffnungen reagieren bereits auf geringe Wasserverluste und senken die Transpiration. Der Wassergehalt des Plasmas ändert sich insgesamt nur wenig, dafür zeigt die Transpirationskurve um die Mittagszeit einen deutlichen Einbruch.

In jedem Fall wird die Transpiration nur bei Wassermangel im Boden eingeschränkt, nicht jedoch bei herabgesetzter Luftfeuchtigkeit. Bei ausreichender Bodenfeuchte transpirieren die Pflanzen selbst in trockener Luft unvermindert, wodurch auch der Gasaustausch aufrechterhalten bleibt. Das ermöglicht die ertragreichen Bewässerungskulturen, die seit Jahrtausenden in Wüstengebieten angelegt werden.

Organisationsformen und ökologische Typen des Wasserhaushalts
Die entwicklungsgeschichtlich ältesten Pflanzen waren im Wasser lebende Thallophyten mit einfacher Zellorganisation ohne Stütz-, Leit- und Abschlußgewebe, z. B. Algen. Mit dem Übergang zum Landleben traten Schwierigkeiten auf, die sowohl der Ausbreitung als auch der Formengröße Grenzen setzten. Die Ursachen liegen in der Quellkörper-Organisation des hydrolabilen Thallus (poikilohydrer Typ). Da Abschlußgewebe fehlen, kann Wasser oder Wasserdampf wie bei einem Quellkörper unmittelbar aus feuchter Luft, Regen, Nebel oder Tau aufgenommen werden. Andererseits aber hat die Pflanze keine Möglichkeit, Feuchtigkeit in einer nicht wasserdampfgesättigten Atmosphäre festzuhalten. Das Wasserpotential (Hydratur) hängt allein

von den jeweiligen Umweltbedingungen ab. Die Pflanzen leben in einem steten Wechsel zwischen Durchfeuchtung, gleichbedeutend mit aktivem Leben, und Austrocknung, einem passiven Zustand, in dem alle Lebensvorgänge ruhen (Algen, Flechten, Moose, einige Farne und sehr wenige Blütenpflanzen). Die so organisierten Pflanzen sind zumeist sehr überdauerungsfähig.

Der entscheidende Entwicklungsschritt zur Eroberung des festen Landes war die Spaltöffnungs-Organisation des hydrostabilen Kormus (homoiohydrer Typ). Er vollzog sich von den noch in Sümpfen lebenden Urfarnen (Psilophyten) des Obersilurs zu den leistungsfähigeren Gymnospermen und schließlich Angiospermen der jüngeren Erdzeitalter. Sie konnten sich auf Grund ihrer wesentlich leistungsfähigeren Organisation, die sie in die Lage versetzte, ihren Wasserhaushalt bis zum gewissen Grade selbständig gegenüber ihrer Umwelt aufrechtzuerhalten, nun großräumig über die Kontinente ausbreiten. Dies war vor allem durch die folgenden Neuentwicklungen im Bau der Pflanze möglich geworden:

● Wurzelsysteme zur Wasseraufnahme,
● Leitungssysteme zum Wassertransport,
● Abschlußgewebe mit Cuticula als Verdunstungsschutz,
● Durchlüftungssysteme mit Spaltöffnungen.

Pflanzen trockenwarmer Standorte (Xerophyten)

Besonders interessant für die Wasserhaushaltsökologie sind die unter erschwerter Wasserversorgung lebenden Xerophyten. Für die Vegetationsgeographie haben sie deshalb große Bedeutung, weil nahezu die Hälfte des Festlandes von Wüsten, trockenen Gehölzformationen oder Steppen eingenommen wird. Auch außerhalb der großen Trockengebiete gibt es zahlreiche kleinere Bereiche, in denen Wasser zum Mangelfaktor wird. Die in den trockenwarmen Gebieten lebenden Pflanzen zeigen wohl am eindringlichsten, wie verschiedenartig sich das Zusammenspiel zweier extremer Umwelteinflüsse, nämlich Wassermangel und hohe Temperaturen, auf Bau und Lebensvorgänge der Pflanze auswirkt. Unterschiede können schon an ein und derselben Pflanze beobachtet werden, so zwischen den Sonnenblättern eines Baumes, die deutlich mehr xeromorph gebaut sind, und seinen Schattenblättern.

Hauptproblem der ausgesprochenen Xerophyten ist es, trotz erschwerter Wasserzufuhr eine ausreichende Stoffproduktion zu sichern. Das erfordert einen besonderen Bau und ein entsprechendes physiologisches Verhalten. Beides hat sich unter dem Einfluß von Menge, Häufigkeit und jahreszeitlicher Verteilung der Niederschläge sowie der Strahlungs-, Temperatur- und Windverhältnisse, unter denen die Pflanzen leben, im Laufe der Entwicklungsgeschichte herausgebildet. Als xeromorphe Baumerkmale gelten:

Verstärkte Wurzelbildung: Umfangreiches und leistungsfähiges Wurzelsystem, um größere Bodenvolumen mit höheren Saugkräften zu erschließen.

Erhöhte Leitfähigkeit: Bei Xerophyten ist die relative Leitfläche[14] fünf- bis zehnmal so groß wie bei Mesophyten.

Gehemmtes Wachstum: Nicht nur die Pflanzen als ganze bleiben kleiner, sondern auch die Zellen in ihren Geweben. Dadurch werden das Ader- und Interzellularnetz dichter und die Abstände zwischen den Spaltöffnungen geringer als bei den übrigen Pflanzen mit Ausnahme der Sukkulenten, die besonders wenige Spaltöffnungen pro Flächeneinheit haben.

Schutzeinrichtungen gegen Verdunstung: Die Epidermis der Blätter und der krautigen Stengel hat dicke kutinisierte Außenwände und ist mit einer dichten Cuticula überzogen. Als zusätzlicher Verdunstungsschutz fungiert oft ein dichter Haarfilz; er läßt ein isolierendes Luftpolster zwischen Pflanzenoberfläche und trockener Atmosphäre entstehen. Ältere Sproßteile sind von Korkschichten bzw. einer dicken Borke umgeben. Eingesenkte Spaltöffnungen, über denen durch „Windfang" ein ruhender Luftraum entsteht, verringern die Transpiration.

Verkleinerung der austrocknungsgefährdeten Oberfläche: Die Blätter bleiben zumeist klein, sind oft fiederteilig, das Sproßsystem ist stark reduziert und teilweise in den Boden zurückgezogen. Im Extremfall sind die Blätter ganz zurückgebildet und in Dornen umgewandelt; Sproßorgane (Phyllokladien) übernehmen die Assimilation. Außerdem treten bei Holzgewächsen nadel- und schuppenförmige Blätter auf. Steppengräser haben zumeist schmal-riemenförmige Blattspreiten. Auch eingerollte Blätter sind ein wirksamer Verdunstungsschutz. In lichten Trockenrasen bildet sich um die büschelförmig zusammenstehenden Gräser außerdem eine Strohtunica aus abgestorbenen Gräsern als Schutz gegen Verdunstung und übermäßige Erwärmung.

Wasserspeichergewebe haben die Sukkulenten ausgebildet. Dabei wird Wasser in einem großzelligen, dünnwandigen Parenchym gespeichert, das sich entweder flach unter der Epidermis ausbreitet oder in mächtiger Ausdehnung das Innere der dickfleischigen Sprosse ausmacht. Auch bei Holzgewächsen kommt Wasserspeicherung in verdickten Stämmen und in Sproßachsen (Tonnenbäume, Flaschenbäume) vor. Zur Wasserspeicherung verdickte Wurzelteile werden als Xylopodien bezeichnet.

Die kutikuläre Transpiration ist bei den Xerophyten im allgemeinen sehr schwach, die stomatäre Transpiration während der kurzen Perioden ausreichender Wasserversorgung sehr hoch. Dies ist durch die große Zahl von Spaltöffnungen, die zumeist auf beiden Blattseiten angeordnet sind (bei den Mesophyten Mitteleuropas nur auf der Unterseite der Blätter), möglich. Eine ausreichende Wasserzufuhr wird durch das dichte Adernetz sichergestellt.

---

[14] relative Leitfläche = $\dfrac{\text{Ges. Querschnittsfläche der Gefäße im Stengel}}{\text{Frischgewicht der versorgten Pflanzenteile}}$

Die zumeist kurze humide Jahreszeit wird so optimal zur Stoffproduktion genutzt. Eine Ausnahme bilden die Sukkulenten, die infolgedessen sehr langsam wachsen.

Wasserumsatz bewachsener Flächen

Es ist verhältnismäßig einfach, die Transpiration einzelner Pflanzen hinreichend genau zu bestimmen, jedoch sehr schwierig, den Wasserverbrauch von Pflanzengesellschaften zu ermitteln. Das Problem dabei wird um so größer, je verschiedenartiger die Pflanzengesellschaft zusammengesetzt ist. Schon bei gleichartig zusammengesetzten Pflanzenbeständen lassen sich die an Einzelpflanzen ermittelten Werte nicht einfach durch Multiplikation auf die Fläche übertragen. Denn im geschlossenen Bestand ändert sich das Verhalten der Einzelpflanzen durch vielfältige Wettbewerbswirkungen von der Wurzelkonkurrenz bis zur gegenseitigen Beschattung und zu sonstigen Transpirationsbehinderungen im Laubwerk.

Überschlagsrechnungen auf Grund von Messungen an Einzelblättern, die POLSTER in Gefäßversuchen in verschiedenen Bereichen des Waldes vorgenommen hat, ergaben als Richtwerte:

Tab. 13: Mittlere Tagestranspiration von Waldbeständen im Sommer (nach POLSTER aus STOCKER 1952)

	Blattmasse kg/ha	Transpiration l/ha	mm
Birke	4 940	47 000	4,7
Buche	7 900	38 000	3,8
Lärche	13 950	47 000	4,7
Fichte	31 000	43 000	4,3
Kiefer	12 550	23 500	2,35

4.3.4   Nährstoffe und sonstige chemische Faktoren

Lebensmilieu der Pflanzen kann das Wasser (Süß- oder Meerwasser) oder bei Landpflanzen teils der Boden, teils die Luft sein. Zwischen Wasser- und Landpflanzen bestehen grundlegende ökologische Unterschiede, das betrifft jedoch weniger ihre Nährstoffansprüche. Die einen leben umgeben von einer wäßrigen Lösung oder wurzeln zumindest darin, die anderen sind oberirdisch der Atmosphäre und unterirdisch dem komplizierten Transformationssystem des Bodens ausgesetzt.

In jedem Fall benötigt die grüne Pflanze CO_2 für die Photosynthese, das der Landpflanze als atmosphärisches Spurengas (0,03 Vol.-%) zur Verfügung steht und die submerse Wasserpflanze in gelöster Form dem Wasser entnimmt. Außerdem sind die Pflanzen auf Sauerstoff (O_2) zur Atmung angewiesen. Die Landpflanze bezieht ihren Atemsauerstoff teils aus der freien Atmosphäre und teils aus der Bodenluft (Wurzelatmung), die submerse Wasserpflanze wiederum aus der wäßrigen Lösung (in der Atmosphäre etwa 20 Vol.-% O_2, im Wasser dagegen nur 1 Vol.-% bei 0 °C und 0,55 Vol.-% bei 30 °C).

Weiterhin bedürfen die Pflanzen für Wachstum und Reproduktion bestimmter Nährstoffe, die sie in gelöster Form entweder aus dem Wasser oder aus dem Boden bzw. auch aus organischer Substanz (Pilze, Bakterien) in unterschiedlichen Mengen aufnehmen. Unter den Hauptnährstoffen spielen Stickstoff (N), Phosphor (P) und Kalium (K) für die Pflanzenernährung die größte Rolle; in geringerem Umfang werden Schwefel (S), Kalzium (Ca) und Magnesium (Mg) aufgenommen. Weitere Elemente werden nur in Spuren und nicht von allen Taxa in gleicher Weise benötigt. Solche Spurennährstoffe sind Eisen (Fe), Mangan (Mn), Kupfer (Cu), Zink (Zn), Molybdän (Mo), Bor (B), Selen (Se) u. a. Bestimmte Taxa brauchen einige Metalle zur Synthese bestimmter Enzyme, so *Chenopodiaceen* das für Tiere unentbehrliche Natrium (Na) und Leguminosen Kobalt (Co). Die außerdem in Pflanzenaschen gefundenen Elemente Silizium (Si) und Aluminium (Al) sind offenbar für viele Pflanzen entbehrlich. Al-Ionen wirken sogar auf viele Pflanzenarten toxisch.

4.3.4.1   Pflanzenleben im Wasser

Neben und mit dem Wasser wirkt eine Vielzahl chemischer Faktoren auf die Pflanzen ein, jedoch bestehen grundlegende ökologische Unterschiede zwischen Wasser- und Landpflanzen.

Kohlendioxid

Entsprechend dem geringen Anteil von CO_2 in der Atmosphäre ist bei Lösungsgleichgewicht mit der Luft relativ wenig CO_2 im Wasser gelöst (durchschnittlich 0,3 Vol.% $\triangleq$ 0,6 mg/l). Allgemein hat Wasser jedoch eine hohe Löslichkeit für CO_2. So enthält Süßwasser, bedingt durch den Kalkgehalt, beträchtlich mehr CO_2 als dem Lösungsgleichgewicht entspricht. Es stammt teils aus dem Grundwasser, teils aus Zuflüssen, teils aus Niederschlägen und vor allem aus Atmungs- und Gärungsprozessen. Kalziumkarbonat verbindet sich im Wasser mit Kohlendioxid zu löslichem Kalziumhydrogenkarbonat.

$$CaCO_3 + H_2O + CO_2 \iff Ca(HCO_3)_2$$

Letzteres dissoziiert zu Ca^{2+} und $2\ HCO_3^-$. Durch Hydrolyse folgt:

$$HCO_3^- + H_2O \iff H_2CO_3 + OH^-$$

Da die OH^--Menge größer ist als die der H^+-Ionen (bzw. H_3O^+-Ionen) aus der Dissoziation der Kohlensäure, reagiert die Hydrogenkarbonatlösung schwach alkalisch.

Kalziumhydrogenkarbonat bleibt nur so lange in Lösung wie eine bestimmte Menge CO_2 („Gleichgewichtskohlensäure") vorhanden ist. Geht diese Menge durch Diffusion oder autotrophe Prozesse zurück, fällt $CaCO_3$ aus, das sich auf Pflanzen oder am Boden ablagert (Seekreidebildung). Umgekehrt wird $CaCO_3$ bei reichlich vorhandenem CO_2 wieder aufgelöst.

Im Hypolimnion von Seen entsteht durch Abbau von organischer Substanz reichlich CO_2. Viele untergetauchte (submerse) Samenpflanzen und Algen können Hydrogenkarbonat verarbeiten, wenn das CO_2 knapp wird. Insgesamt weist der CO_2-Gehalt in der trophogenen Zone (Aufbauzone) von Seen, wo durch Belichtung Photosynthesemöglichkeit besteht, deutliche Tag-Nacht-Unterschiede auf. Obwohl den Wasserpflanzen am Tage ein erheblich höherer CO_2-Gehalt (etwa das 60fache) zur Verfügung steht als den Landpflanzen, kann es bei reger Photosynthesetätigkeit in unbewegten Gewässern örtlich zu CO_2-Verarmung kommen, weil die Diffusionsgeschwindigkeit von CO_2 im Wasser nur ein Zehntausendstel von der in freier Luft beträgt.

Das Kalziumhydrogenkarbonat hat neben seiner Bedeutung für die Photosynthese noch die wichtige Rolle eines Puffers zur Regulierung des pH-Wertes. Grundsätzlich führt der Entzug von CO_2 durch Pflanzen zu einem Anstieg des pH-Wertes.

Im anorganischen Bereich bedeutet der Entzug der freien „Gleichgewichtskohlensäure", daß diese aus dem $Ca(HCO_3)_2$ (Bikarbonat) nachgeliefert und $CaCO_3$ ausgefällt wird (Kalksinterbildung). Umgekehrt wird $CaCO_3$ im kohlensäurehaltigen Milieu unter $Ca(HCO_3)_2$-Bildung aufgelöst, was bei Verkarstungsprozessen eine wichtige Rolle spielt.

Sauerstoff

Wie bei allen Gasen ist die Löslichkeit von O_2 in Wasser von Temperatur und Luftdruck abhängig. Bei einem Sauerstoffgehalt der Atmosphäre von fast 21 Vol.-% enthält Wasser von 0 °C etwa 1 Vol.-% und bei 30 °C nur 0,55 Vol.-%. Ähnlich wie beim CO_2 bestehen auch beim O_2 erhebliche Unterschiede zwischen Tag und Nacht, nur mit umgekehrtem Vorzeichen. Während der Sauerstoffpegel am Tage durch starke Photosynthese von Blaualgen und grünen Pflanzen bis zur Sättigung ansteigen kann (bei Übersättigung, d. h. mehr O_2-Lösung als der jeweiligen Temperatur entspricht, Abgabe von O_2 an die Luft), sinkt des Nachts der Sauerstoffpegel ab, weil die im Wasser lebenden Organismen auch dann weiteratmen und dabei Sauerstoff verbrauchen. Sauerstoff diffundiert im Wasser ebenso langsam wie CO_2. Sehr sauerstoffbedürftige Organismen sind deshalb auf kalte, schnellfließende Gebirgsbäche beschränkt. Auch eine vergrößerte Oberfläche (z. B. zerteilte Blattspreiten) vermehren die Sauerstoffaufnahme untergetauchter Pflanzenteile. Die im Wasser lebenden Sproßpflanzen halten jedoch möglichst an einer Sauerstoffversorgung aus der Luft fest. Schwimmblattpflanzen haben einen besonders hohen Sauerstoffbedarf, weil ihr Nährlösungstransport fast ausschließlich vom Wurzeldruck bewältigt wird, was zusätzlich Energieverbrauch und damit Sauerstoffbedarf schafft. Die Interzellularen des Grundgewebes bilden hier ein geräumiges Luftkammersystem, das die gesamte Pflanze durchzieht. Es erhält die Blätter schwimmfähig, speichert den bei der Photosynthese freigesetzten Sauerstoff und leitet ihn zusammen mit der durch die Spaltöffnungen der Blattoberseite aufgenommenen atmosphärischen Luft über den Stengel bis in die im Schlammboden wachsenden Rhizome und Wurzeln. Bei manchen Sumpfgehölzen, insbesondere den im Schlick tropischer Flußmündungen wurzelnden Mangroven, treibt das Wurzelsystem Abzweigungen über der Bodenoberfläche, die als Atemwurzeln Luftsauerstoff aufnehmen. Sumpfzypressen (*Taxodium distichum*) bilden aus demselben Grund Wurzelknie, die über die Bodenoberfläche aufragen.

Schichtung: Die Sauerstoff- und Kohlensäureverteilung wird in den stehenden Gewässern noch durch Temperaturschichtung beeinflußt. Die vom Wasser absorbierte Strahlung erwärmt nur die oberen Schichten. Im Sommer bildet sich so eine leichtere und wärmere, im allgemeinen gut durchmischte Oberflächenschicht (Epilimnion) über einer kalten, stehenden Tiefenschicht (Hypolimnion). Beide werden durch die Sprungschicht (Metalimnion) getrennt, die auch die meisten Zuflüsse aufnimmt, weil sie kälter als die Oberflächenschicht, aber wärmer als die Tiefenschicht ist. Das Wasser eines tiefen Sees wird so im Sommer nur bis zur Sprungschicht erneuert, erst im Herbst und im Winter sinkt das kalte Oberflächenwasser ab, und es kommt zu einer Durchmischung des Wasserkörpers, sog. Vollzirkulation (s. auch Abb. 39a).

Das durchleuchtete Epilimnion bildet allgemein die Nährschicht. Durch hohe photosynthetische Aktivität entsteht darin eine gewisse CO_2-Verarmung und O_2-Übersättigung. Da die Durchleuchtung zumeist nur bis zur Sprung-schicht wirksam ist (insgesamt hängt die Durchleuchtung vom Eutrophie-rungsgrad ab), findet im dunklen Hypolimnion kaum noch Photosynthese statt. Die Lebewesen ernähren sich dort heterotroph von den aus der Nähr-schicht absinkenden organischen Resten und verbrauchen dabei Atmungs-sauerstoff. In dieser Zehrschicht herrscht Sauerstoffmangel und CO_2-Über-schuß. Kommt es in der Nährschicht durch zusätzliche künstliche Einleitung von Nährsalzen oder abbaubaren organischen stickstoff- und phosphathalti-gen Verbindungen (aus der Landwirtschaft und aus Siedlungsabwässern) zu pflanzlicher Überproduktion und damit zu einem verstärkten Absinken abge-storbener Pflanzensubstanz, kann dieser Sauerstoffmangel bedrohlich wer-den. Es bildet sich dann am Seeboden leicht Faulschlamm, und das Gewässer kann „umkippen" (Näheres s. BICK 1993; SCHWOERBEL 1993).

Mineralstoffe
Meer- und Süßwasser unterscheiden sich nicht nur im Gesamtsalzgehalt, sondern auch grundsätzlich in der Ionenzusammensetzung.

Dem Natriumchlorid-Typ des Meerwassers steht der Kalziumbikarbonat-Typ des Süßwassers gegenüber. Diese beiden Standard-Ionenkombinationen sind am weitesten verbreitet, das Leben hat sich in seiner Geschichte am läng-sten an sie anpassen können. Daher herrscht in diesen beiden Gewässertypen die größte Vielfalt an Arten, die im allgemeinen streng voneinander getrennt sind und durch das bedeutend artenärmere Brackwasser ineinander überge-hen. Andere Ionenkombinationen treten nur vereinzelt und in isolierten Seen auf und haben eine nur für sie typische, meist sehr spärliche Lebewelt zur Folge.

Tab. 14: Ionengehalt von Meer- und Süßwasser (nach LERCH 1980)

Gesamtsalzgehalt		Meer 35 000 mg/Liter	Binnengewässer 50-2000 mg/Liter
Kationen	K+	1,6 m val. %	3,6 m val. %
	Na+	**77,2** m val. %	15,7 m val. %
	Ca²⁺	3,4 m val. %	**63,5** m val. %
	Mg²⁺	17,8 m val. %	17,4 m val. %
Anionen	Cl⁻	**90,4** m val. %	10,1 m val. %
	SO₄²⁻	9,2 m val. %	16,0 m val. %
	HCO₃⁻	0,4 m val. %	**73,9** m val. %

Phosphor und Stickstoff, die für die Pflanzen unentbehrlichen Nährstoffe, sind in den Gewässern sehr gering, oft nur in Spuren vorhanden. Sie begrenzen daher als Minimumfaktor die Lebenstätigkeit der Pflanzen, die allein auf die im freien Wasser gelösten Stoffe angewiesen sind. Der Mangel wird dabei noch durch die Temperaturschichtung verschärft. Sie beeinflußt den jahreszeitlichen Wechsel der Häufigkeit des Planktons in hohem Maße. Mit dem winterlichen Absterben vieler Lebewesen reichert sich lösliches Phosphat und Nitrat vor allem in der oberen Wasserschicht an; das ermöglicht im Frühjahr eine Massenvermehrung des pflanzlichen Planktons. Dadurch wird aber der Phosphat- und Stickstoffvorrat des Epilimnions in kurzer Zeit aufgezehrt. Das absterbende Plankton sinkt in die Tiefe und wird dort mineralisiert. Dadurch werden zwar lösliche Stickstoff- und Phosphorverbindungen frei, die verbleiben aber im Hypolimnion bis sie durch die herbstliche Vollzirkulation wieder in die oberen Wasserschichten gelangen und dort eine zweite Planktonvermehrung ermöglichen, die aber nicht mehr so stark ist wie die im Frühjahr.

Viele Wasserpflanzen nehmen Mineralstoffe nicht nur mit den Wurzeln aus dem Gewässerboden auf, sondern auch direkt aus dem die Sprosse umgebenden Wasser mittels besonderer Aufnahmeorgane, der sogenannten Hydropoten. Man findet sie z. B. bei See- und Teichrosen in großer Zahl auf der Blattunterseite.

Ökologische Gewässertypen

Einen wichtigen Einfluß auf die Größe der Biomasse hat das Nährstoffangebot. Es steuert die Intensität der photolithotrophen Produktion (Trophie). Nach der Trophie lassen sich verschiedene Seentypen unterscheiden, die hier zu drei Haupttypen zusammengefaßt werden (vgl. SCHWOERBEL 1993):

● oligotrophe Seen mit wenig Plankton, das Tiefenwasser ist sauerstoffreich, der Grundschlamm mineralisch;

● eutrophe Seen mit reicher Planktonentwicklung, durch Fäulnisprozesse entstehen ein sauerstoffarmes Tiefenwasser und Faulschlamm am Grund (= euxinisches Milieu);

● dystrophe Seen mit nähr- und sauerstoffarmen Humusgewässern und schlecht zersetzten Pflanzenresten am Boden.

Diese drei Typen sind nur Extreme auf einer gleitenden Skala.

Oligotrophe Seen sind die klaren, sauerstoffreichen Hochgebirgsseen mit fehlender Ufervegetation, eutrophe Seen die sauerstoffarmen Tieflandseen mit Verlandungsgesellschaften (Abb. 26) und geringer Sichttiefe des Wassers. Dystrophe Gewässer (Braunwasserseen) treten in Moor- und Nadelwaldgebieten auf kalkarmem, quarzreichem Untergrund auf. Die Braunfärbung des Wassers beruht auf einem hohen Gehalt kolloidal gelöster Humusstoffe.

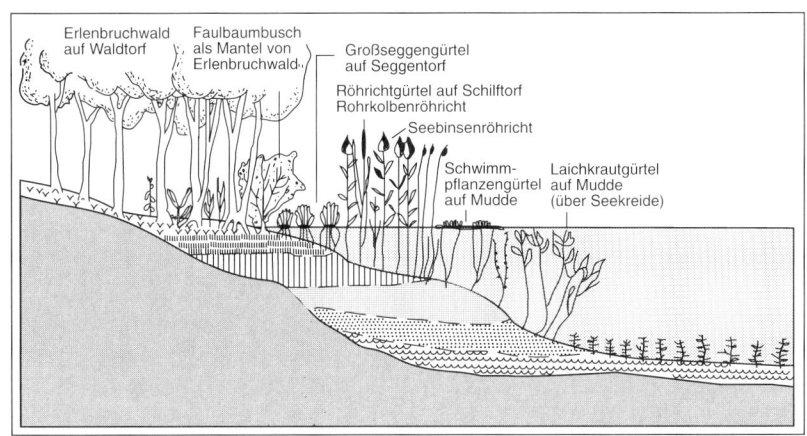

Abb. 26: Schema der Verlandungsgesellschaften eines eutrophen Sees und ihrer Sedimente (nach FIRBAS *in* STRASBURGER *1971)*

Neben dem Nährstoffangebot steuert die Höhe der Salinität und die Art der Ionenzusammensetzung des Wassers die Lebensmöglichkeiten in Seen. Besonders restriktiv auf die Lebewelt wirken sich spezielle Ionenzusammensetzungen des Seewassers aus (z. B. Bromide im Toten Meer).

4.3.4.2 Pflanzenleben auf dem Festland (Boden)

Nährstoffverfügbarkeit
Alle von den Pflanzen benötigten Nährelemente müssen als Ionen in ausreichender Menge, in ausgewogenem Verhältnis zueinander und in pflanzenverfügbarer Form im Boden bzw. im Wasser vorhanden sein. Abweichungen erzeugen Mangelerscheinungen (Streßsituationen) mit selektiver Wirkung auf die Artenzusammensetzung.

Die Nährelemente werden von den Pflanzen teils als Kationen, teils als Anionen aufgenommen. Nähere Angaben über die Ionenform bei der Aufnahme, die wichtigsten Ionenquellen und häufige Gesamtgehalte des Bodens sind der folgenden Tab. 15 zu entnehmen.

Die Ionen liegen frei beweglich im Bodenwasser gelöst oder mit mehr oder weniger schwachen Bindungskräften adsorptiv an Bodenkolloide (Huminstoffe, Tonminerale, Hydroxide) gebunden vor. Kalium kann auch in Zwischenschichten von Tonmineralen (Illit) fixiert sein, aus denen es zumindest randlich herausgelöst werden kann (SCHROEDER/BLUM 1992, Abb. 28). Die Ionenverfügbarkeit ist von bestimmten Bodenzuständen abhängig, z. B. von der Geschwindigkeit der bakteriellen Zersetzung (Mineralisation) des

Tab. 15: Übersicht über die Nährelemente des Bodens (aus: SCHROEDER/BLUM [5]1992)
(Grau unterlegt anionische-, weiß kationische Nährelemente)

(grau: Anionische, weiß: kationische Nährelemente)

Elemente		Ionen-Form bei der Aufnahme	Wichtige Quellen	Häufige Gesamt-Gehalte
Haupt-nähr-ele-mente	Stickstoff N	NO_3^- NH_4^+	org. Substanzen, N_2 der Atmosph.	0,03-0,3%
	Phosphor P	$H_2PO_4^-$ HPO_4^{--} (PO_4^{---})	Ca-, Al-, Fe-Phosphate	0,01 - 0,1%
	Schwefel S	SO_4^{--}	Fe-Sulfide, Ca- Sulfat	0,01 - 0,1%
	Kalium K	K^+	Glimmer, Illit, K-Feldspäte	0,2 - 3,0%
	Calcium Ca	Ca^{++}	Ca-Feldspäte, Augite, Hornblenden, Ca-Carbonate, Ca-Sulfat	0,2 - 1,5% [1])
	Magnesium Mg	Mg^{++}	Augite, Hornblenden, Olivin, Biotit, Mg-Carbonate	0,1 - 1,0% [2])
Spu-ren-nähr-ele-ment	Bor B	$H_2BO_3^-$ (HBO_3^-) $(B(OH)_4^-)$	Turmalin, akzessorisch in Silikaten und Salzen	5 - 100 ppm
	Molybdän Mo	MoO_4^-	akzessorisch in Silikaten und Fe- u. Al-Oxiden und -Hydroxiden	0,5 - 5 ppm
	Chlor Cl	Cl^-	diverse Chloride	50 -> 1000 ppm
	Eisen Fe	Fe^{++} Fe^{+++}	Augite, Hornblenden Biotit, Olivin, Fe-Oxide, Fe-Hydroxide	0,5 - 4,0% [3])
	Mangan Mn	Mn^{++} (Mn^{+++})	Manganit, Pyrolusit, akzessorisch in Silikaten	200 - 4000 ppm
	Zink Zn	Zn^+	Zn-Phosphat, Zn-Carbonat, Zn-Hydroxid, akzessorisch in Silikaten	10 - 300 ppm
	Kupfer Cu	Cu^{++} (Cu^+)	Cu-Sulfid, Cu-Sulfat, Cu-Carbonat, akzessorisch in Silikaten	5 - 100 ppm

1) mit Ausnahme von Kalk - Böden
2) mit Ausnahme von Dolomit - Böden
3) mit Ausnahme von Fe - Anreicherungshorizonten

Humus, vom Redoxpotential im Wurzelraum und von der Bodenreaktion (Protonenkonzentration). Ein gebräuchlicher, einfach bestimmbarer, etwas grober Indikator für die Nährstoffverfügbarkeit ist der pH-Wert (s. Abb. 27).

Wachstumsbegrenzend wirkt immer der in zu geringer Menge zur Verfügung stehende Nährstoff, der Minimumfaktor, auch wenn alle übrigen lebensnotwendigen Elemente reichlich vorhanden sind. PFADENHAUER (1993, S.
35) nennt als Beispiel Phosphor- und Kalium-Mangel in den Böden von Pfeifengras *(Molinia caerulea)*-Wiesen, die sich beispielsweise auf entwässerten
Böden von Kalkflachmooren im Alpenvorland einstellen. Der Mangel an
einem oder mehreren Nährstoffen aktiviert jedoch in vielen Pflanzen auch
Prozesse zur Verbesserung der Nährstoffaufnahme und zu ihrem effizienten
Gebrauch. Andererseits verändert Ionenüberschuß an bestimmten Nährstoffen die Artenzusammensetzung zugunsten von Pflanzen mit Abwehr- und/
oder Toleranzstrategien (PFADENHAUER 1993).

Die Bestimmung der wichtigsten Elementgehalte in Pflanzen und Pflanzenteilen hat folgende Reihenfolge ergeben: C > O > H > N > K > P. Die Elementgehalte der verschiedenen Arten variieren jedoch stark in Abhängigkeit
von der physiologischen Konstitution, der chemischen Zusammensetzung
des Bodens und vom Wasserhaushalt. Ertragsstarke Kulturpflanzen wie Mais
(Zea mays) oder Raygras *(Lolium multiflorum)* haben sehr hohe Nährele-
mentgehalte und Pflanzen auf gering ernährenden Standorten wie das
Rostrote Kopfried *(Schoenus ferrugineus)* oder gar das Torfmoos *(Sphagnum
magellanicum)* die geringsten Gehalte, auch wenn die beiden zuletzt genannten nach ihren spezifischen Ansprüchen für Wachstum und Reproduktion
ausreichend ernährt sind. Für jede Art gibt es also einen eigenen optimalen
Ernährungszustand. (Näheres s. Lehrbücher der Pflanzenernährung, z. B.
MENGEL 1991).

Bedeutung des pH-Wertes
Wichtig für die Nährstoffverfügbarkeit und einige bodengenetische Prozesse ist der Säure-Basen-Status des Bodens, der im pH-Wert zum Ausdruck
kommt. Die Abb. 27 stellt schematisch die Beziehungen zwischen der Reaktionszahl des Bodens und der Verfügbarkeit wichtiger Pflanzennährstoffe und
Prozessen der Bodenentwicklung dar.

a) Pedogenetisch bedeutungsvoll ist der Einfluß auf die chemische Verwitterung und Mineralneubildung (Entstehung von Tonmineralen), die Ton-
verlagerung (Lessivierung), die Al-Fe-Verlagerung und Toxizität, die Zersetzung und Humifizierung sowie die Stärke der biotischen Aktivität. Wichtige
chemische, biotische und einige physikalische Eigenschaften des Bodens
werden hierdurch pH-abhängig geprägt.

b) Ökologisch bedeutungsvoll ist der pH-Wert vor allem für den Nährstoffhaushalt (Verfügbarkeit der Hauptnährelemente N, P, S, K, Ca, Mg sowie
einiger Spurenelemente B, Cu, Zn). Tiefe und hohe Werte können negative
und positive Auswirkungen haben. Bei extremen Werten sind die negativen
Effekte jedoch zumeist vorherrschend. Im schwach sauren bis neutralen

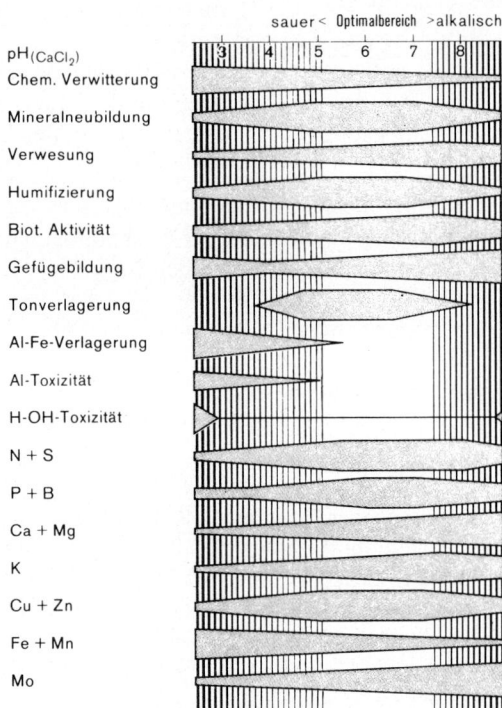

Abb. 27: Schema der Beziehungen zwischen pH-Wert, Faktoren der Bodenbildung und Nährstoffverfügbarkeit (aus SCHROEDER/BLUM [5]1992).

Bereich (pH etwa 5,0-7,5) zeigen sich bei Integration aller Parameter die günstigsten ökologischen Bedingungen (oder geringsten negativen Wirkungen). Zu berücksichtigen sind dabei die unterschiedlichsten Ansprüche und Toleranzen der Pflanzengesellschaften bzw. Fruchtfolgen im Ackerland.

Nährstoffträger im Boden
   Grundlegend für die Bodenfruchtbarkeit sind sorptionsfähige Stoffe. Sie erfüllen im Boden die Funktion als Nährstoffträger; hierzu gehören Huminstoffe, Tonminerale, Al- und Fe-Hydroxide.
   Tonminerale sind Schichtsilikate, die durch Abbau von Glimmern und durch Synthese von Abbauprodukten der Gerüstsilikate (Feldspäte) entstehen. Die zwei ökologisch wichtigsten Gruppen von Tonmineralen sind die Zweischicht- und die Dreischicht-Tonminerale. Zweischicht-Tonminerale bestehen aus einer Schicht SiO-Tetraeder und einer mit dieser über Sauerstoffbrücken verbundenen AlOH-Oktaederschicht. Wichtigster Vertreter der Zweischicht-Tonminerale sind die Kaolinite. Wichtige Dreischicht-Tonmine-

rale sind Illit, Montmorillonit und Vermiculit. Am Aufbau der zuletzt genannten sind zwei randliche SiO-Tetraederschichten beteiligt, die über Sauerstoffbrücken mit einer zentralen AlOH-Oktaederschicht verbunden sind. Durch isomorphen Ersatz der im Zentrum der Tetraeder bzw. Oktaeder angeordneten Si^{4+} bzw. Al^{3+} durch niederwertigere Metallkationen (z. B. Al^{3+} für Si^{4+}, Mg^{2+} für Al^{3+}) entstehen im Inneren der Tonminerale negative Überschußladungen. Sie werden durch Anlagerung von Kationen an die Oberfläche ausgeglichen. Die Sorptionsfähigkeit der Dreischicht-Tonminerale ist deutlich größer als die der Zweischicht-Tonminerale (Tab. 16). Bei den Dreischicht-Tonmineralen Montmorillonit und Vermiculit ist die Sorptionskapazität besonders hoch, weil hier die Elementarschichten aufweitbar sind und dadurch eine große innere Oberfläche für die Anlagerung von Kationen entsteht. Sie haben deshalb für die Bodenfruchtbarkeit (Nährstoffbevorratung) einen höheren Wert als die Zweischicht-Tonminerale.

Die Bildung der verschiedenen Tonminerale ist klimaabhängig. Im gemäßigten Klima mit langsamer chemischer Verwitterung entstehen im neutralen bis schwach alkalischen Bodenmilieu insbesondere Dreischicht-Tonminerale, vor allem Illit. Die Steppenschwarzerden zeichnen sich durch einen besonders hohen Montmorillonit-Gehalt aus, was neben dem hohen Gehalt an Huminstoffen ihre außerordentliche Fruchtbarkeit begründet. Im tropischen Klima hingegen entstehen aus gleichem Ausgangsmaterial durch starke chemische Verwitterung und hohen Kieselsäureentzug vor allem Tonminerale der Kaolinit-Gruppe. Dies ist ein Grund für die geringe Bodenfruchtbarkeit und die „ökologische Benachteiligung der Tropen" (WEISCHET 1977).

Aluminium- und Eisen-Hydroxide haben schwache Sorptionseigenschaften, die vor allem im sauren bis stark sauren Bodenmilieu ($pH < 4{,}2$) wirksam werden.

Huminstoffe als dunkelgefärbte organische Kolloide (Makromoleküle mit endständigen reaktiven Gruppen) können in noch stärkerem Maße als Tonminerale Nährstoffkationen anlagern. Funktional lassen sich bei den Huminstoffen Nährhumus und Dauerhumus unterscheiden. Der Dauerhumus geht durch Verwesung und Stoffumwandlung aus mikrobiell schwer zersetzbaren Substanzen (Lignin, Zellulose, Harze, Wachse u. a.) hervor. Sie werden im Boden sowohl chemisch durch Wasserbindung und Ionenadsorption als auch physikalisch durch Gefügebildung (wichtig für Wasser-Luft-Haushalt) wirksam. Zur Ionenadsorption befähigt wird der Dauerhumus durch sog. reaktive Gruppen (-COOH, -OH, -COH, $-NH_2$), bei denen es durch Dissoziation von H^+ zur Bildung negativer Ladungen kommt. Der Nährhumus hingegen besteht aus mikrobiell leicht umsetzbaren Stoffen (Kohlenhydraten, Proteinen usw.), die vorwiegend mineralisiert werden und damit den Pflanzen erneut zur Aufnahme zur Verfügung stehen. Der Nährhumus ist somit wichtiger Lieferant aller Makronährstoffe, vor allem N, P, S, CO_2, aber auch der

Mikronährelemente. Dem Nährhumus kommt damit eine wichtige Funktion im Stoffkreislauf der Ökosysteme zu.

Nach ihren ökologischen Eigenschaften lassen sich Fulvosäuren, Huminsäuren und Humine unterscheiden. Fulvosäuren haben einen starken Säurecharakter, während Huminsäuren schwache Säuren sind. Humine stellen Alterungsformen von beiden dar. Die gelblich bis rotbraun gefärbten Fulvosäuren (bzw. deren Salze: Fulvate) sind niedermolekular und infolgedessen leicht verlagerbar. Sie verfügen nur über eine geringe Sorptionskapazität und haben einen wesentlich geringeren Stickstoffgehalt als die hochmolekularen Huminsäuren. Fulvosäuren kommen vor allem in stark versauerten Böden vor und sind infolge ihrer hohen Beweglichkeit an der Sauerbleichung von Böden (Podsol-Bildung) beteiligt.

Huminsäuren (bzw. deren Salze: Humate) sind schwache Säuren von brauner bis schwarzer Färbung. Infolge ihres hohen Polymerisationsgrades sind sie chemisch schwer verlagerbar. Häufig liegt eine Ton-Huminsäure-Kopplung vor, die charakteristisch für die Humusform des Mull ist. Huminsäuren verfügen über eine hohe bis sehr hohe Sorptionskapazität und hohe Stickstoffgehalte. Sie sind die hauptsächlichen Nährstoffträger in schwach sauren bis schwach alkalischen Böden (z. B. nährstoffreiche Braunerden, Schwarzerden, Rendzinen).

Unter morphologisch-genetischen Gesichtspunkten lassen sich verschiedene Humusformen unterscheiden, die für die ökologische Bewertung der Böden von großer Bedeutung sind. Die Humusformen beruhen darauf, daß die unterschiedlichen Humussubstanzen (Laubstreu, Wurzel- und Sproßreste, Zwischenprodukte der Verwesung und Humifizierung, Huminstoffe) in den Böden in unterschiedlicher Kombination, morphologischer Ausbildung und Tiefenverteilung vorliegen und sich daraus unterschiedliche Erscheinungsformen des gesamten Humuskörpers eines Bodens ergeben.

Wichtige Trockenhumus-Formen sind Mull, Moder und Rohhumus. In ihnen findet der Stoffumsatz in jedem Fall unter aeroben Bedingungen statt.

Feuchthumus-Formen der zeitweise wassergesättigten (hydromorphen) Böden sind Feuchtmull, -moder, -rohhumus, Anmoor und Torf. In ihnen vollzieht sich der Stoffumsatz teils unter anaeroben Bedingungen.

Unterwasserhumus-Formen sind Gyttja, Dy und Sapropel. Mit Ausnahme der Gyttja finden in ihnen die Stoffumsetzungen hauptsächlich unter anaeroben Bedingungen statt.

Unterscheidungsmerkmale der Humusformen sind Art und Menge der angehäuften Humussubstanzen sowie ihre Gliederung in Humushorizonte.

Mull: huminsäurereiche günstige Humusform nährstoffreicher, biotisch aktiver Böden. Leicht abbaubares, abgestorbenes Pflanzenmaterial (Bestandsabfall) wird rasch zersetzt, humifiziert und von der Bodenfauna oder durch Bodenbearbeitung mit dem Mineralkörper vermengt. Im Wald stellt sich bei hinreichendem Lichteinfall eine reiche Bodenvegetation ein.

Rohhumus: fulvosäurereiche ungünstige Humusform nährstoffarmer, biotisch inaktiver Böden (Stoffumsatz hauptsächlich auf chemischem Wege). Der umsetzbare Bestandsabfall bildet einen Auflagehumus über dem Mineralboden. Im Wald stellt sich kaum Bodenvegetation ein.

Moder: steht zwischen Mull und Rohhumus. Bewertung und Bodenbewuchs hängen vom Verhältnis der angehäuften Humussubstanzen ab.

Kationenaustauschkapazität

Tonminerale und Huminstoffe sind in unterschiedlichem Maße in der Lage, Nährstoffkationen an ihren Oberflächen anzulagern. Tab. 16 stellt das spezifische Sorptionsvermögen der wichtigsten Bodenkolloide zusammen.

Tab. 16: Kationenaustauschkapazität (KAK) einiger Tonminerale und der Huminstoffe in $cmol_c/kg$[15])

Tonminerale	KAK	Huminstoffe	KAK
Kaolinite	5- 15	Humate	200-500
Illite	20- 50		
Montmorillonite	80-120		
Vermiculite	100-150		

Ein konventionelles Maß der Menge adsorbierter Kationen ist die sog. Kationenaustauschkapazität (KAK) eines Bodens. Sie wird heute meist in der Einheit $cmol_c/kg$ trockener Boden angegeben.

Der Begriff „Kationenaustauschkapazität" deutet an, daß die an den Oberflächen der Sorbenten angelagerten Kationen durch andere Kationen ersetzt, d. h. „ausgetauscht" werden können. Der Ionenaustausch sorbierter Kationen erfolgt durch Kationen, die im Bodenwasser, dem umgebenden Medium der Sorbenten (Ton, Humus), gelöst sind. Die abgelösten Kationen gelangen im Austausch in das Bodenwasser und können aus diesem von den Pflanzen aufgenommen werden. Aus diesem Grunde spielt die Menge „austauschbarer" Kationen der Sorbenten als Nährstoffdepot eine wichtige Rolle für die Pflanzenernährung.

Die KAK eines Bodens ergibt sich aus der Summe der KAK der mineralischen und der organischen Substanz. Die KAK ist vom pH-Wert des Bodens abhängig und erreicht ihr Maximum im neutralen Bereich (pH 7-8). Diese maximale KAK wird auch als potentielle Kationenaustauschkapazität (KAK_{pot}) bezeichnet und im allgemeinen zum Vergleich der Sorptionseigenschaften unterschiedlicher Böden herangezogen.

[15)] mol_c entspricht der früheren Bezeichnung val. Ein Hundertstel $mol_c = cmol_c$.

Unter Berücksichtigung, daß Illit das dominierende Tonmineral vieler Böden Mitteleuropas ist, kann die potentielle KAK gemäß Tab. 16 folgendermaßen abgeschätzt werden.

KAK [$cmol_c$/kg] = 0,5 × Tongehalt [%] + 2 × Humusgehalt [%]

Bsp. 1: Nährstoffreiche Braunerde aus Löß unter Wald
Tongehalt: 15 %, Humusgehalt: 8 %
KAK [$cmol_c$/kg] = 0,5 × 15 + 2 × 8 = 23,5 $cmol_c$/kg

Bsp. 2: Nährstoffarmer Podsol aus Dünensand
Tongehalt: 2 %, Humusgehalt: 4 %
KAK [$cmol_c$/kg] = 0,5 × 2 + 2 × 4 = 9 $cmol_c$/kg

Im allgemeinen nehmen bei einem pH-Wert von 7 die Kationen Calcium, Magnesium, Kalium, Natrium zusammen einen Anteil von 95 % aller adsorbierten Kationen ein, wobei das Verhältnis zueinander etwa das folgende ist: Calcium 85 %, Magnesium 8 %, Kalium 4 % und Natrium 3 %.

Für die o. g. Beispiele ergeben sich damit die in Tabelle 17 zusammengestellten bodenchemischen Eigenschaften.

Tab. 17: Kationenaustauschkapazität und austauschbare Gehalte basischer Kationen eines Löß- und eines Sandbodens

	KAK_{pot} [$cmol_c$/kg]	Ca	Mg [$cmol_c$/kg]	K	Na	Ca	Mg [mg/kg]	K	Na
Beispiel 1	23	19	2	1	1	3920	220	360	160
Beispiel 2	9	7	1	0,5	0,5	1530	90	140	60
Beispiel 2a	4*	0,4	0,2	0,1	0,1	80	20	40	20

*KAK_{eff}

Die hier aufgeführten Beispiele zeigen, daß die Fähigkeit, Nährstoffkationen zu speichern, in unterschiedlichen Böden in einem weiten Bereich differieren kann. So besitzt der ton- und humusarme Sandboden des Beispiels 2 ein viel geringeres Speichervermögen für die Nährelemente Calcium, Magnesium, Kalium als der Boden aus Löß im Beispiel 1.

Darüber hinaus ist das Speicherungsvermögen abhängig vom Steingehalt und vom pH-Wert des Bodens. Der Steingehalt reduziert es entsprechend seinem Volumenanteil am Boden (30 Vol. % Steingehalt bedeutet eine 30 %ige Reduktion der KAK). Bei pH-Werten < 7 verringert sich die Kationenaustauschkapazität des Bodens. Im schwach bis mäßig sauren Bereich reduziert sie sich durch die Abnahme des Speicherungsvermögens des Humus, im stark bis sehr stark sauren Bereich dann auch durch Tonzerfall. So beträgt die KAK bei pH 5 noch ca. 70-80 % der KAK_{pot}, bei pH 3,5 allerdings nur noch ca. 30 %. Das tatsächliche Kationenspeichervermögen beim aktuellen pH-Wert wird als <u>effektive</u> Kationenaustauschkapazität (KAK_{eff}) bezeichnet; sie ist daher nur in neutral reagierenden Böden der potentiellen KAK gleich. Für das Beispiel 2 würde dies bedeuten, daß sich bei einem pH-Wert von 4 die KAK von 9 $cmol_c$/kg auf ca. 4 $cmol_c$/kg Boden reduzierte.

pH-Wert Erniedrigungen wirken sich allerdings nicht nur auf die KAK aus, sondern auch auf die Art der Kationenbelegung der Sorbenten. In den Beispielen 1 und 2 bildet die Summe der „basenbildenden Kationen" Ca, Mg, K, Na 100 % der austauschbaren Kationen. In der Bodenkunde spricht man dann von einer „Basensättigung" von 100 %. Mit abnehmendem pH-Wert verringert sich die Basensättigung: beim pH-Wert von 5 auf ca. 60 %, beim pH von 4 auf 20 % und pH 3 auf < 5 %. Je stärker die Basensättigung abnimmt, desto höher wird der Anteil sog. „säurebildender" Kationen an der Austauscherbelegung und desto angespannter wird die Ernährungssituation der Pflanzen bezüglich der Makronährelemente Ca, Mg und K. Als säurebildende Kationen treten Al^{3+}, Fe^{3+}, Mn^{2+} und H^+ auf. Bei pH-Werten unter 4 wird Al^{3+} zum dominierenden Kation am Austauscher (Al-Sättigung > 60 %), während die basenbildenden Kationen auf Anteile von wenigen Prozenten zurückgedrängt werden.

Im Beispiel 2 wurde ein durch extreme Düngung anthropogen alkalisierter Podsol vorgestellt, der im hier betrachteten Fall eine Basensättigung von 100 % aufweist. Unter natürlichen Bedingungen bilden sich Podsole jedoch erst aus, wenn durch Bodenversauerung pH-Werte von < 4,5 erreicht werden. In diesem Fall betrüge die KAK_{eff} nur noch 4 $cmol_c$/kg (statt 9) und die Summe der austauschbaren Basen lediglich 0,8 $cmol_c$/kg (Basensättigung: 20 % von 4 $cmol_c$/kg). Damit ist in diesem versauerten Boden die Nährstoffspeicherung sehr gering und die Nährstoffversorgung der Pflanzen im oder nahe dem Mangelbereich (siehe Beispiel 2a).

Aluminiumionen und andere Kationensäuren belegen in stark sauren Böden mehr als 80 % der Austauscherplätze und erreichen auch im Bodenwasser, der sog. Bodenlösung, hohe Konzentrationen. Stellen sich in der Bodenlösung sehr niedrige molare Ca/Al-Verhältnisse ein, können Pflanzenwurzeln durch Aluminiumionen vergiftet und die Vitalität oder die Konkurrenzkraft von anspruchsvollen Pflanzen stark gemindert werden. Vieles deutet darauf hin, daß das „neuartige Waldsterben" in West-, Mittel- und Nordeuropa eine Folge starker Bodenversauerung und damit zusammenhängender Nährstoffverarmung ist.

Während die Bevorratung der Makronährelemente Ca, Mg, K aufgrund ihrer Neigung, Kationen zu bilden, hauptsächlich durch negativ geladene Sorptionsträger erfolgt, werden Stickstoff, Phosphor und Schwefel vorrangig in organischen Verbindungen gespeichert und durch Mineralisierungsprozesse des Nährhumus im Boden freigesetzt. Stickstoff und Schwefel liegen dann in Form von Nitrat (NO_3^-) bzw. Sulfat (SO_4^{2-}) als Anionen vor und sind im Boden hoch mobil; das ebenfalls anionisch auftretende Phosphat-Ion (z. B. $H_2PO_4^-$) dagegen wird meist in Form schwer löslicher Salze mineralisch immobilisiert. Im neutralen Bodenmilieu bilden sich stabile Calcium-Phosphate, im sauren Bodenmilieu stabile Eisen- oder Aluminium-Phosphate.

Die Freisetzungsrate von N, P und S aus der organischen Substanz ist abhängig von der Mineralisierungsrate und damit von der biotischen Aktivität des Bodens. Diese wiederum hängt vom Zusammenspiel vieler Faktoren ab, u. a. von der Belichtung und der Wärme, der Feuchte, der chemischen Zusammensetzung und Struktur der organischen Substanz sowie von der Bodenreaktion. Eine hohe Verfügbarkeit dieser Nährelemente ergibt sich dann, wenn der Boden schwach sauer bis neutral reagiert und das organische Material stickstoff- und phosphorreich (enges C/N- und C/P-Verhältnis) und deswegen leicht abbaubar ist.

Tab. 18: C/N-Verhältnisse der Blattstreu ausgewählter Bäume, Sträucher, Gräser und Kräuter

C/N 12-25/1; am leichtesten zersetzlich	Holunder, Erle, Robinie, Esche, Ulme, Schwarzpappel, die meisten Kräuter (z. B. Brennessel, Bingelkraut, Kreuzkraut, Himbeere)
C/N 25-40/1; gut zersetzlich:	Hasel, Linde, Salweide, Vogelkirsche, Balsampappel, Hainbuche, Ahorn, Eberesche, Zitterpappel, Birke, die meisten Süßgräser (z. B. Schwingel, Waldhirse, Schilfrohr, Drahtschmiele, Rispengras, Knäuelgras), ferner Heidelbeere
C/ 40/1; mittel bis schwer zersetzlich	entsprechend der Reihenfolge: Eiche, Roteiche, Buche, Douglasie, Fichte, Kiefer, Lärche, von den Gräsern: Pfeifengras, Borstgras, Reitgras, ferner Besenheide.

aus: SCHEFFER u. ULRICH (1960)

Auffällig ist, daß die Streu von Pflanzen, die mit luftstickstoffbindenden Organismen symbiotisch zusammenleben (Erle, Robinie), besonders stickstoffreich und daher leicht zersetzlich sind. Auch die Edellaubhölzer Esche, Kirsche, Ulme und Ahorn besitzen eine gut zersetzliche Streu. Mittel bis schwer zersetzlich ist die Streu der Hauptwaldbildner Mitteleuropas (Fichte, Kiefer, Buche, Eiche), wobei Laubholzstreu insgesamt schneller mineralisiert wird als Nadelstreu.

Nährstoffangebot

Das Nährstoffangebot ergibt sich als Produkt des Nährstoffvorrates und der Nährstoffverfügbarkeit.

Ein Hochmoor beispielsweise kann in seinem mehr als 1 m mächtigen Torfkörper durchaus einen hohen Vorrat an Nährstoffen gespeichert haben, doch ist das Nährstoffangebot sehr gering. Die Nährstoffe liegen hier in organischen Verbindungen vor, die für die Pflanzenernährung nicht unmittelbar nutzbar sind. Die Überführung der Nährstoffe aus der organischen Bindung in eine pflanzenverfügbare mineralische Form, die Mineralisierung, ist aufgrund der ungünstigen Lebensbedingungen für die mineralisierenden Organismen (Wassersättigung, sehr saures Bodenmilieu) sehr eingeschränkt.

Auch auf trockenen Standorten kann das Nährstoffangebot trotz z. T. recht hoher Vorräte beschränkt sein, da hier trockenheitsbedingt die Tendenz zur Humusakkumulation besteht und außerdem das Wasser als Transfermedium für Nährstoffe während der Vegetationsperiode nicht in ausreichendem Maße zur Verfügung steht. Kalk- und Silikatmagerrasen sind das floristische, ungünstige Humusformen das bodenkundliche Ergebnis dieser Standortbedingungen.

Daß ein mangelndes Nährstoffangebot meist durch Einschränkungen der Nährstoffverfügbarkeit hervorgerufen wird, manifestiert sich auch im sog. „relativen Mangel" an Nährelementen. So kann auf Böden aus Kalkstein das Kalziumion in der Bodenlösung so stark dominieren, daß trotz durchschnittlicher Kaliumgehalte aufgrund des sehr weiten Ca/K-Verhältnisses Kalium-Mangelerscheinungen auftreten. Auf vielen tropischen Böden stellt sich eine Phosphor-Mangelernährung von Pflanzen nicht deswegen ein, weil der P-Vorrat zu gering ist, sondern weil Phosphor zu fest an Eisen- und Aluminiumverbindungen fixiert ist und somit die Verfügbarkeit reduziert ist.

Natürlich gibt es auch Fälle, in denen ein zu geringer Vorrat das Biomassenwachstum beschränkt. So kann es beispielsweise auf frisch aufgeschütteten, humusarmen Rekultivierungssubstraten trotz potentiell guter Mineralisierungsbedingungen zu Stickstoff- oder Phosphormangel kommen.

Aus bodenökologischer Sicht kann der Gesamtvorrat von Nährstoffen im Boden in verschiedene Fraktionen differenziert werden, die die Verfügbarkeit regeln (s. a. Schroeder, Blum 1992; siehe Abb. 28).

a) wasserlösliche Fraktion: diese Fraktion bildet den Lösungsinhalt des Bodenwassers und ist sehr leicht und sofort für die Pflanzen verfügbar.

b) austauschbare Fraktion: die Nährelemente dieser Fraktion sind erst nach Ionenaustausch verfügbar. Zur Aufnahme kationischer Nährstoffe (z. B. Ca^{2+}, Mg^{2+}, K^+, NH_4^+) werden durch die Pflanzenwurzel äquivalente Mengen von H^+-Ionen abgegeben, bei anionisch aufzunehmenden Nährstoffen (NO_3^-, $H_2PO_4^-$, SO_4^{2-}) äquivalente Mengen von OH^- bzw. HCO_3^-. Die Verfügbarkeit ist relativ leicht und kurz- bis mittelfristig.

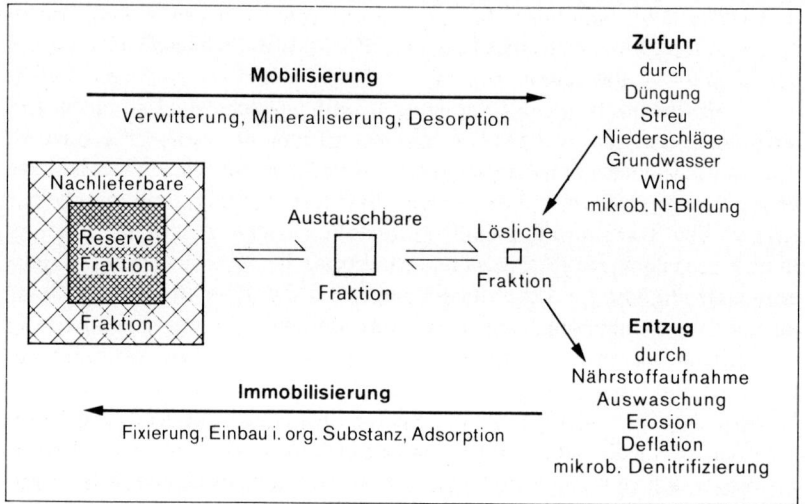

Abb. 28: Nährelement-Fraktionen und beeinflussende Prozesse (aus: SCHROEDER/BLUM 1992)

c) nachlieferbare Fraktion: die Nährelemente dieser Fraktion sind in schwacher organischer oder mineralischer Bindung festgelegt und nach Mineralisierung bzw. Verwitterung durch aktiven Angriff der Pflanzenwurzeln mittelfristig erschließbar.

d) Reservefraktion: die Nährelemente dieser Fraktion sind erst nach intensiver Mineralisierung und Verwitterung und damit schwer und langfristig verfügbar.

In der Bodenkunde gibt es spezifische Aufschlußverfahren, die es näherungsweise gestatten, die unterschiedlich verfügbaren Fraktionen analytisch voneinander zu trennen (s. SCHLICHTING, BLUME, STAHR 1995, S. 116-118), um auf der Basis dieser Ergebnisse eine Düngungsplanung durchführen zu können. Die tatsächliche pflanzenspezifische Verfügbarkeit von Nährelementen und von Schadstoffen kann allerdings exakt nur durch nachträgliche Elementanalyse der aufwachsenden Biomasse ermittelt werden.

Nährstoffaufnahme durch Pflanzen

Nährstoffe können entweder als Kationen oder als Anionen von Pflanzen aufgenommen werden; beim Nährelement Stickstoff ist beides möglich: die Aufnahme als NO_3^-, die i. d. R. dominiert, oder als NH_4^+, besonders auf sauren Böden (s. Tab. 15). Ist die Aufnahme von kationischen und anionischen Nährstoffen nicht äquivalent, so muß das entstehende elektrische Potential durch einen entsprechenden Umsatz oder Transport von elektrischen Ladungen, z. B. in Form von Ionen, kompensiert werden. Anionenaufnahme bedeutet in der Regel eine Abgabe äquivalenter Mengen an OH^- oder HCO_3^--Ionen durch die Wurzel, Kationenaufnahme die Abgabe von H^+-Ionen. Ist die Kationenaufnahme höher als die Anionenaufnahme, so resultiert daraus eine Bodenversauerung. Insofern läßt sich aus der Kationen/Anionen-Bilanz der aufgenommenen Nährstoffe der Einfluß der Pflanzenernährung auf den Säurezustand des Bodens abschätzen, wie dies von ULRICH und seinen Schülern im Solling-Projekt versucht wurde (ELLENBERG et al. 1986).

Unter den Hauptnährelementen wird abgesehen von (C, O, H) Stickstoff mengenmäßig am stärksten aufgenommen. Es folgen Kalzium, Kalium, Magnesium und Phosphor, wobei hier die Reihung der letzten vier von der betrachteten Pflanzenart und dem Mineralnährstoffangebot des Standortes abhängt.

Betrachtet man den Nährstofftransfer vom Boden zur Pflanze, so lassen sich bei der Ionenaufnahme Massenfluß und Diffusionsfluß unterscheiden. Beim Massenfluß werden die Ionen in derselben Konzentration mit dem Wasser aufgenommen, in der sie in der Bodenlösung vorhanden sind. Der Massenfluß läßt sich somit aus der Transpirationsrate und der Konzentration in der Bodenlösung berechnen. Ist die Aufnahmerate jedoch niedriger oder höher als es dem Massenfluß entspricht, wird das Ion bei der Aufnahme zurückgehalten (diskriminiert) bzw. bevorzugt (selektiv) aufgenommen.

Eine selektive Aufnahme erfordert, daß das Ion aus der die Wurzel umgebenden Bodenlösung zur Wurzeloberfläche diffundiert und über spezielle Aufnahmemechanismen (z. B. aktiver Transport über spezifische Trägermoleküle) in die Zelle geschleust wird.

PRENZEL (1979) fand für einen Buchenwald im Solling eine selektive Aufnahme von P, N und von Kationen (besonders K^+). Na^+ und Cl^- dagegen wurden wirksam diskriminiert.

Nährstoffversorgung und Pflanzenverbreitung

Neben dem Wasser-Luft-Haushalt sind es vor allem bodenchemische Eigenschaften, die für die Pflanzenverbreitung Bedeutung haben. Danach gibt es gewisse Gruppen bodenanzeigender Pflanzen, die sich nur unter bestimmten standörtlichen Bedingungen einstellen (bodenstete Arten). Allerdings verhält sich eine weitaus größere Anzahl von Pflanzen gegenüber Bodeneigenschaften weitgehend indifferent bzw. hat in ihren bodenökologischen Ansprüchen eine so weite Amplitude, daß sie auf verschiedenen Standorten gedeiht. Für fast alle Pflanzen gibt es jedoch optimale Bedingungen.

Kennzeichnend für nährstoffarme, zumeist quarzsandreiche Böden sind das Borstgras *(Nardus stricta)*, der Schafschwingel *(Festuca ovina)*, der Besenginster *(Cytisus scoparius)* und die Besenheide *(Calluna vulgaris)*; letztere gedeiht auch auf extrem nährstoffarmem Hochmoortorf. Auf nähr-

stoffreichen Böden hingegen finden sich anspruchsvolle Wiesen- und Wald-
pflanzen wie das Knäuelgras *(Dactylis glomerata)*, der Löwenzahn *(Taraxa-
cum officinale)* sowie vor allem im Wald eine Anzahl von Rhizompflanzen
und Frühlingsgeophyten wie das Bingelkraut *(Mercurialis perennis)*, das nur
auf kalkreichen, neutralen bis schwach alkalischen Böden wächst, der Lerchensporn *(Corydalis cava)*, verschiedene Anemonen, z. B. *Anemone
nemorosa* (Buschwindröschen) und *Anemone ranunculoides* (Gelbes Windröschen). Kalkliebende Ackerunkräuter sind Sommer-Adonisröschen *(Adonis aestivalis)*, Ackerrittersporn *(Consolida regalis)* und Venuskamm *(Scan-
dix pecten-veneris)*. Andere Arten wiederum bevorzugen lehmige bis tonige
Böden, wie der Huflattich *(Tussilago farfara)* oder der Ackerschachtelhalm
(Equisetum arvense). Ein typisches Ackerunkraut lehmiger und dabei nährstoffreicher Böden ist auch der Ackerhahnenfuß *(Ranunculus arvensis)*.

Eine auffällige Erscheinung der Pflanzendecke ist die Tatsache, daß kalk-
reiche Böden nicht nur eine anders zusammengesetzte, sondern auch eine
artenreichere Vegetation (häufig mit höherem Deckungsgrad) tragen als kalk-
arme.

Bei einer Reihe von Gattungen gibt es vikariierende Arten, die einander
auf Böden aus Silikat- und Kalkgestein vertreten, so z. B.:

Tab. 19: Zusammenstellung vikariierender Arten

auf Kalk	auf Silikatgestein (kristallin)
Rhododendron hirsutum	*R. ferrugineum*
Primula auricula	*P. hirsuta*
Sesleria coerulea	*S. disticha*
Carex firma	*C. curvula*
Saxifraga aizoon	*S. cotyledon*
Achillea astrata	*A. moschata*
Gentiana clusii	*G. kochiana*

Ebenso gibt es vikariierende Pflanzengesellschaften; sie sind besonders
ausgebildet auf wenig entwickelten Böden, bei denen der chemische Einfluß
des Ausgangsgesteins noch groß ist. Dies trifft vor allem für die alpine Stufe
des Hochgebirges zu.

Die Kalkflora ist reich an Orchideen, enthält zahlreiche Leguminosen,
Labiaten, Euphorbiaceen, Asteraceen (Kompositen) und harte Gräser. Ausgesprochen kalkfliehende Pflanzen sind zumeist solche, die gleichzeitig
einen sauren Standort bevorzugen. Besonders kalkflüchtend verhalten sich
die meisten Torfmoose *(Sphagnen)*, ebenso gedeihen die Bärlappe nur auf
kalkfreien Böden *(Lycopodium annotinum, L. clavatum* und *L. inundatum)*,
auch der Adlerfarn *(Pteridium aquilinum)* findet sich auf kalkfreien, sauren

Böden, ebenso der Sauerampfer *(Rumex acetosella),* der Einjährige Knäuel *(Sclerantus annuus)* u. a..

Als Beispiel für den unterschiedlichen Artenreichtum auf kalkreichen, neutralen bis schwach alkalischen und kalkarmen, sauren Böden dienen zwei Buchenwaldgesellschaften aus dem niedersächsischen Bergland aus dem gleichen Höhenbereich (Hilsbergland 200-400 m Meereshöhe). Genannt sind nur die örtlichen Kenn- und Trennarten (s. Tab. 20).[16]

Es kann dabei nicht immer entschieden werden, ob für diese Verteilung der Einfluß der Ca-Ionen auf die Zellphysiologie ausschlaggebend ist oder die Bodenreaktion. Für einen starken Einfluß der Bodenreaktion spricht, daß manche Arten, die in warmen und trockenen Gebieten auf verschiedenen Böden gedeihen, in kühleren und feuchteren zu Kalkpflanzen werden. Hier stellt sich die erforderliche neutrale oder alkalische Bodenreaktion nur noch in Kalkböden ein.

Tab. 20: Buchenwaldgesellschaften auf neutralem bzw. saurem Boden im niedersächsischem Bergland zwischen 200 und 400 m NN

	Kalk-Buchenwälder *(Melico-Fagetum)*	Sauerhumus-Buchenwälder *(Luzulo-Fagetum)*
Bäume:	*Fagus sylvatica* *Acer pseudoplatanus* *Fraxinus excelsior*	*Fagus sylvatica* *Quercus petraea*
Strauchschicht:	*Daphne mezereum* *Crataegus spec.* *Hedera helix* *Acer pseudoplatanus*	*Rubus idaeus* *Vaccinium myrtillus* *Deschampsia flexuosa* *Luzula luzuloides*
Krautschicht:	*Carex silvatica* *Viola silvatica* *Galium odoratum* *Galium silvaticum* *Campanula trachelium* *Mercurialis perennis* *Elymus europaeus* *Melica uniflora* *Brachypodium sylvaticum* *Dactylis glomerata* *Lathyrus vernus*	*Polytrichum attenuatum* *Oxalis acetosella* *Calamagrostis arundinacea*

Nitratpflanzen. Deutlich hebt sich eine Untergruppe von Nitratpflanzen heraus, die sich nur auf gut gedüngten Wiesen einstellen, so verschiedene Doldengewächse (Umbelliferae), wie der Wiesenkerbel *(Anthriscus sylvestris)* und der Bärenklau *(Heracleum sphondylium)* oder der mehrjährige Pippau *(Crepis biennis),* ein Korbblütler *(Asteraceae),* außerdem auf Äckern

---

[16] Definition für Kenn- und Trennarten s. S. 50f

bestimmte Gänsefußgewächse *(Chenopodium album* und *Ch. polyspermum)* sowie Melden *(Atriplex-*Arten). Besonders auf Stickstoff angewiesen sind viele Ruderalpflanzen, da an ehemaligen Dungstätten und Abfallplätzen viel Nitrat freigesetzt wird. Hier siedeln sich Brennessel *(Urtica-*Arten), mehrere Ampfer- *(Rumex-*Arten) und Knöterichgewächse *(Polygonum-*Arten) an, die sämtlich zu den Lägerpflanzen gehören. Nach ihnen lassen sich auch ehemalige Siedlungsplätze ermitteln, was für die Wüstungsforschung Bedeutung hat.

Nitratpflanzen gibt es auch vorübergehend auf Kahlschlägen, da hier ein rascher Abbau der Humussubstanz vor sich geht, der von lebhafter Nitrifikation begleitet wird. Hierdurch wird beispielsweise das massenweise Auftreten des schmalblättrigen Weidenröschens *(Epilobium angustifolium)* und der Himbeere *(Rubus idaeus)* bedingt.

Pflanzen spezieller Standorte

Salzböden stellen Standorte mit einer sehr speziellen Flora dar, die in der Lage ist, den besonderen physiologischen Bedingungen zu entsprechen. Vielfach sind es Pflanzen mit sukkulenten Stengeln oder Blattorganen. Zwei Gruppen lassen sich unterscheiden:

1. Pflanzen, die nur auf salzhaltigen Standorten vorkommen *(obligate Halophyten)*; hierzu zählen die meisten Salzpflanzen unserer Meeresküsten, wie Queller *(Salicornia europaea)*, Strandaster *(Aster tripolium)*, Strandflieder oder Echter Widerstoß *(Limonium vulgare)*, Bunge *(Saolus valerandi)* u. a.; sie gehören größtenteils zum Regulationstyp, d. h. sie können den Salzgehalt in den Zellen regulieren. Das geschieht entweder über besondere Drüsen, durch die das überschüssige Salz ausgepreßt wird *(Glaux, Statice, Tamarix* u. a.), oder die Pflanze vergrößert mit zunehmendem Salzgehalt auch den Wassergehalt der Zellen, wodurch sie im Alter immer sukkulenter wird *(Salicornia europaea)*.

2. Pflanzen, die sowohl auf salzhaltigen als auch auf salzfreien Böden gedeihen *(fakultative Halophyten)*. Zum Teil kommen sie auf Salzstandorten vor, weil sie dort der Konkurrenz sehr wuchskräftiger aber mehr salzempfindlicher Pflanzen entzogen sind. Hierher gehören Salzsimse *(Scirpus tabernaemontani)*, Salzschwaden *(Puccinellia distans)*, Erdbeerklee *(Trifolium fragiferum)* und die Kochie *(Kochia arenaria)*. Auch einige Nitratpflanzen, wie das Gänsefingerkraut *(Potentilla anserina)* oder gewisse Ampfer- und Meldenarten sind gegen Salzböden recht unempfindlich. Sie gehören zum großen Teil dem Kumulationstyp an, d. h. sie speichern das Salz und gehen schließlich an einer Übersalzung zugrunde, weil sie den Salzgehalt nicht zu regulieren vermögen.

Dünenvegetation
Besondere ökologische Verhältnisse, die spezielle Anpassungen der Pflanzen erfordern, herrschen auch im Bereich von Dünen. Im humiden Klima entstehen Dünen vorwiegend an Meeresküsten durch Treibsand unter Beteiligung bestimmter Dünenpflanzen. Ihr ökologisches Hauptproblem ist die Anpassungsfähigkeit an die windgetriebene Bodenverlagerung, durch die immer wieder Wurzeln freigelegt oder Pflanzen zugeschüttet werden. Die Dünenpflanze muß deshalb in der Lage sein, entweder mit gesteigerter Regenerationskraft zu überleben oder ihre Wurzelsysteme rasch in die jeweils bestgeeignete Bodentiefe zu verlagern.

Dünenpflanzen lassen eine bestimmte standörtliche Abfolge erkennen, die folgende Standorttypen umfaßt: Vordüne (Primärdüne), Weißdüne (Sekundärdüne), Graudüne und Braundüne (Tertiärdünen). Im Bereich der niedrigen Primärdüne siedeln sich noch ausgesprochene Salzpflanzen an, wie Meersenf *(Cakile maritima),* Salzmiere *(Honkenya peploides)* und die Horste der Binsenquecke *(Agropyron junceum),* zwischen denen sich der Sand vor allem ansammelt. Die dahinter liegenden Sekundärdünen, insbesondere die Weißdünen, sind mit höheren Horstgräsern bestanden. Hierzu gehören der Strandroggen *(Elymus arenaria)* und der Strandhafer *(Ammophila arenaria),* der Hauptdünenbildner. Sie fangen einerseits den Sand zwischen ihren hohen elastischen Stengeln und befestigen andererseits den jungen Boden mit ihren mehrere Meter ausgedehnten, raschwüchsigen Wurzelsystemen. Werden sie zugeschüttet, so durchwachsen sie die Sandschicht und bewirken, daß die Düne immer höher wird.

Insbesondere unter der Mitwirkung des Strandhafers entstehen die steilhängigen weithin leuchtenden, insgesamt oft nur schütter bewachsenen Weißdünen, die sich zu etwa 10 m hohen, teilweise auch höheren Strandwällen zusammenschließen können.

Mit zunehmender Entfernung vom Strand nehmen Windgeschwindigkeit und Sandtransport ab. Hier können sich die ersten Holzpflanzen ansiedeln, die mäßiges Zu- und auch Bloßwehen vertragen; Kriechweide *(Salix repens)* und Sanddorn *(Hippophae rhamnoides)* treiben aus freigelegten Wurzeln ihre Wurzelbrut aus. Die Sandsegge *(Carex arenaria)* schickt Ausläufer nach oben und unten, in die für sie jeweils vorteilhafteste Bodentiefe. Durch zerriebene Molluskenschalen enthält der Boden hier noch reichlich Kalk, der allerdings im durchlässigen, kolloidarmen Dünensand rasch ausgewaschen wird.

Wo der Sand zur Ruhe gekommen ist, bilden sich Graudünen mit einer geschlossenen Vegetation, die ein Bloß- und Zuwehen nicht mehr verträgt. Die oberste Sandschicht ist hier durch die beginnende Humusbildung dunkel (grau) gefärbt. Die Zusammensetzung der stabilen Sandvegetation richtet sich nach dem Grad der Basenverarmung und umfaßt niedrige Gräser, Kräuter und Moose. Bei stärkerer Bodenversauerung kann Heidevegetation *(Cal-*

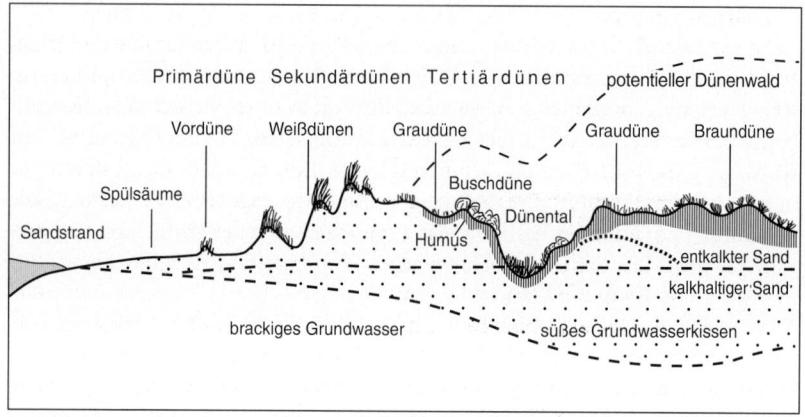

Abb. 29: Boden- und Vegetationsabfolge auf einem Dünenkomplex (nach POTT 1995, verändert)

luna vulgaris) Fuß fassen. Sie bildet Rohhumusdecken, aus denen dann Fulvosäuren abgegeben werden, die den durch fortschreitende Eisenoxidation sich braun färbenden Boden (Braundüne) rasch podsolieren. Die endgültige Festlegung der Düne geschieht meist durch Aufforstung mit Kiefernwald.

Moore

Moore entstehen durch Anhäufung von unzersetzter pflanzlicher Substanz als Folge von Sauerstoffmangel in wasserdurchtränktem Boden. Unter den Bedingungen der Moorbildung ist die Produktion von Pflanzenmasse stärker als der Abbau, wodurch Torflagerstätten entstehen. Torf ist ein Gemisch aus mineralarmen Humusablagerungen und abgestorbenen Pflanzenresten in allen Stadien der Zersetzung. Allen Torfböden gemeinsam ist das Vorherrschen organischer Substanz, der Mangel an Mineralstoffen sowie die durch Vernässung und fehlenden Sauerstoff stark gehemmte mikrobielle Zersetzung. Im einzelnen können Torfböden sehr unterschiedlich beschaffen sein, je nach der Pflanzendecke und den örtlichen Verhältnissen. Moortyp und Vegetation bedingen sich dabei wechselseitig.

Nach ihrer Entstehung und ihrem Nährstoffhaushalt lassen sich grundsätzlich zwei Haupttypen von Mooren unterscheiden: Flachmoore bilden sich unter Einfluß von Wasser, das mit dem Mineralboden Kontakt hat (topogene Moore), Hochmoore entwickeln sich oberhalb und unabhängig vom Grundwasser; sie empfangen nur Regenwasser (ombrogene Moore) und sind deshalb extrem mineralstoffarm. Zwischen diesen Haupttypen gibt es viele Abstufungen und Übergänge, wobei der Nährstoffgehalt des Moorwassers den Ausschlag gibt. Auch innerhalb der Flachmoore und Hochmoore gibt es Unterschiede, die vor allem im Bewuchs zum Ausdruck kommen.

Flachmoore (Niedermoore). Sie sind in ihrer Entstehung an kein bestimmtes Klima gebunden, sondern lediglich an zutage tretendes Grundwasser. Sie bilden sich durch Verlandung von Gewässern oder durch Versumpfung von Flächen mit gehemmtem Wasserabfluß. Nährstoffgehalt des Wassers und Wassertiefe bestimmen die Verlandungsgesellschaften der Vegetation und damit die Art des sich bildenden Flachmoortorfes. Die Flachmoorvegetation reicht von Röhrichtpflanzen über Großseggen- und Kleinseggen-Gesellschaften bis hin zum Erlenbruchwald, wobei als Pioniere der Gehölzvegetation vor allem Weidenarten auftreten. Der Erlenbruchwald bildet im allgemeinen die Endstufe der Flachmoorsukzession. Es lagert sich dann kein weiterer Torf mehr ab, weil dieser oberhalb des damit zumeist erreichten mittleren Grundwasserspiegels durch Sauerstoffzutritt zersetzt wird und vererdet. Je nach Pflanzenbedeckung entstehen nacheinander Schilf- und Seggentorf, der den Boden für die Ansiedlung der Holzgewächse genügend aufhöht und dann vom Bruchwald- oder Reisertorf überlagert wird. Der Zuletztgenannte besteht aus Laub, Astwerk und Zapfen der Erlen.

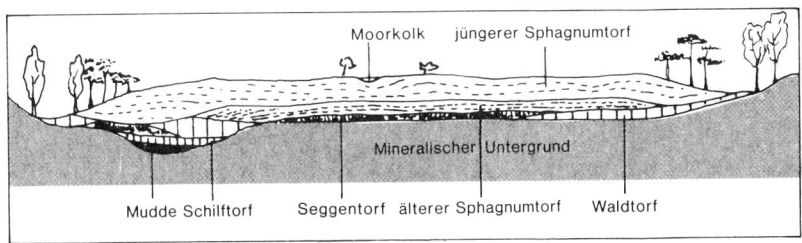

Abb. 30: Entwicklung eines Hochmoores im Nordwestdeutschen Tiefland (nach OVERBECK *1957/58)*

Typische *Hochmoore* entwickeln sich unabhängig vom Grundwasser des Mineralbodens. Sie sind ausschließlich auf Wasser und Nährstoffe aus der Atmosphäre (Flugstaub) angewiesen. Zumeist haben sie sich aus Flachmooren entwickelt, die über den Grundwasserhorizont hinausgewachsen sind. Die Unabhängigkeit in der Mineralstoff- und Wasserversorgung vom Mineralboden ist durch die Fähigkeit der für das Hochmoor kennzeichnenden Torfmoose der Gattung *Sphagnum* bedingt, Wasser zu speichern. Die Sphagnum-Pflänzchen sind mit einer Vielzahl wasserspeichernder Zellen (Hyalin- und Retortenzellen) ausgestattet, die sie in die Lage versetzen, Wasser bis zum Zehn- bis Zwanzigfachen ihres Eigengewichtes aufzunehmen. Die Sphagnen wachsen an den Spitzen ihrer Stengelchen ständig weiter, wobei sie bei ausreichender Wasserversorgung nur sehr wenig Nährstoffe benötigen. Die älteren, tiefer gelegenen Teile der Pflanze sterben jeweils aus Licht- und Luftmangel ab und sacken zusammen. Wegen des Sauerstoffmangels und der niedrigen pH-Werte werden sie kaum von Mikroorganismen zersetzt.

Der Abbau findet weitgehend abiotisch statt. Die jüngeren Torfschichten, in denen die pflanzlichen Strukturen zunächst noch erhalten bleiben, sind locker und schwammig und vermögen eine große Menge Wasser festzuhalten (Weißtorf). Es entsteht dadurch im Torf ein „mooreigener Wasserspiegel", der ausschließlich aus den Niederschlägen aufgefüllt wird. Durch ständige Torfproduktion als Folge des fortschreitenden Wachstums der Sphagnen wölbt sich das Hochmoor im Laufe der Zeit uhrglasförmig auf, wobei die Aufwölbung die Umgebung schließlich um mehrere Meter überragen kann (Abb. 30). An ihrem Rand fließt das dystrophe, stark saure und durch gelöste Humuskolloide braun gefärbte Moorwasser ab und sammelt sich in einer nassen Randzone, dem Lagg, wo es sich teilweise mit dem Mineralbodenwasser der Umgebung vermischt. Diese Randzone ist im allgemeinen etwas nährstoffreicher als das eigentliche Hochmoor, ihre Vegetation besitzt Übergangs- und teilweise sogar Flachmoorcharakter. Eine ausgezeichnete Darstellung der Moore in ihrer landschaftlichen Einbindung bieten unter stoffhaushaltlichen und floristischen Gesichtspunkten Succow und Jeschke (1990).

Die Vegetation wachsender Hochmoore ist zumeist nicht gleichförmig zusammengesetzt. Sie besteht aus einem Mosaik feuchter, zeitweise wasserbedeckter Vertiefungen, sog. Schlenken, und kissenförmiger Erhebungen, sog. Bulten. Die Bulten, die einen Durchmesser von 0,5-3 m haben, entstehen durch lokal stärkeres Wachstum bestimmter Torfmoosarten, wozu in Mitteleuropa insbesondere das rötlich gefärbte *Sphagnum medium (= S. magellanicum)* gehört. Daneben gedeihen auf den wachsenden Torfmoosbulten nur wenige höhere Pflanzen, wie das Scheidige Wollgras *(Eriophorum vaginatum)*, die kleine Moosbeere *(Oxycoccus palustris)*, Rosmarinheide *(Andromeda polifolia)* und als Ernährungsspezialist der insektenfangende, rundblättrige Sonnentau *(Drosera rotundifolia)*, denn das Hochmoor ist durch extreme Stickstoffarmut gekennzeichnet. Mit zunehmender Höhe und Alterung der Bulten verlangsamt sich das Wachstum der Torfmoose, weil ihre Wasserversorgung schwieriger wird. Schließlich kann das Wachstum der Bulten aufhören, und im Bereich ihrer trockener werdenden Scheitel stellt sich insbesondere Heidekraut *(Calluna vulgaris)* ein, das allerdings nur mit Hilfe eines symbiontischen Wurzelpilzes *(Mykorrhiza)* in dem sauren, nährstoffarmen, aus unaufgeschlossenem Material bestehenden Torfboden fortkommen kann. Nach neueren Untersuchungen sind auch die Sphagnen zu ihrem Gedeihen auf Pilz-Symbionten angewiesen. Die sehr speziellen Standortbedingungen des Hochmoors erfordern komplizierte Lebensgemeinschaften bzw. auch Ernährungsspezialisten, wie die zur Deckung ihres Stickstoffbedarfs auf tierisches Eiweiß zurückgreifenden Insektenfänger (z. B. *Drosera)*. Auf alternden Bulten siedeln sich mit dem Heidekraut Laubflechten *(Cladonia-Arten)* und teilweise sogar Kiefernkeimlinge, insbesondere von *Pinus mugo* (Bergkiefer oder Legföhre) und *P. mugo ssp. uncinata*

(Hakenkiefer) an, wie speziell auf den Mooren des Alpenvorlandes. Mit der Austrocknung und Verheidung der oberen Bultenteile werden diese besser durchlüftet. Es kann eine gewisse Zersetzung des Moostorfes beginnen, welche die Bulten schließlich sacken läßt.

Hochmoore entstehen nur in humiden Klimagebieten, in denen die Verdunstung erheblich geringer als der Niederschlag ist. Eine weitere Voraussetzung sind relativ kühle Temperaturen, die jedoch noch eine hinreichend lange Vegetationsperiode gestatten müssen. Bei zu warmen Temperaturen zersetzt sich die organische Substanz, weshalb Hochmoore in den kontinentaleren Klimagebieten fehlen. Eine grundlegende Übersicht der Hochmoorstandorte in Europa gibt ALETSEE (1967). Ursprünglich waren sie in den küstennahen Gebieten der Niederlande und Nordwestdeutschlands weit verbreitet, außerdem im Alpenvorland, wo sie hauptsächlich aus Verlandungsmooren hervorgegangen sind, sowie als Versumpfungshochmoore vor allem in Plateaulagen der Mittelgebirge. Näheres s. KLINK und SLOBODDA (1995). In den Zentralalpen kommen Hochmoorbildungen bis etwa 2000 m ü. N. N. vor, z. B. Gurgler Rotmoos in den Ötztaler Alpen. Durch Entwässerung, Abtorfung und Abbrennen sind sie seit dem 16. Jh. im Rückgang begriffen. Große Flächen sind durch die neueren Verfahren der Hochmoorkultur hauptsächlich in ackerbauliche Nutzung genommen worden. Abgesehen von kleinen Arealen insbesondere in höheren Lagen der Mittelgebirge gibt es heute in Mitteleuropa leider kaum noch wachsende Hochmoore.

4.3.5   Mechanische Einflüsse

Mechanische Einflüsse wirken hauptsächlich verformend oder zerstörend auf den Pflanzenkörper ein; dabei können Teile der Pflanze oder diese in ihrer Ganzheit vernichtet werden. Bei anhaltender Einwirkung rufen sie bestimmte Wuchsformen hervor und führen zu einer Auslese unter den Pflanzen, bei der nur die am besten angepaßten eine Überlebenschance haben.

Die wichtigsten pflanzenökologisch wirksamen mechanischen Einflüsse sind: Wind, Eis, Schnee, Blitzschlag und Feuer, gelifluidale und solifluidale Vorgänge, Steinschlag und Schuttanhäufung unter Wänden, Tierverbiß und -tritt, Holzeinschlag, Mahd (die Zuletztgenannten werden hier allerdings unter den vielfältigen Einflüssen des Menschen abgehandelt).

Wind

Wind übt nicht nur eine verdunstungsfördernde Wirkung aus, sondern er ruft insbesondere in Sturmstärke Veränderungen der Wuchsform und mechanische Zerstörungen an Pflanzen hervor. Sturmstärke erreicht der Wind dort, wo ein unbehinderter kräftiger Luftdruckausgleich stattfinden kann: insbe-

Abb. 31: Unterschiedliche Grade der Kronendeformation durch Wind an Laubbäumen (nach WEISCHET 1963)

sondere an Meeresküsten und im Gebirge, aber auch im baumlosen Flachland (so in Halbwüsten, Steppen und in der arktischen Tundra). Im Hochgebirge entstehen durch Massenerhebung und verschiedene Expositionen starke Temperatur- und damit Luftdruckgegensätze, die sich in kräftigen Winden ausgleichen. Vor allem durch Täler, die aus tief gelegenen Gebirgsvorländern in hohe Gebirge eingreifen, wehen starke Ausgleichwinde, die charakteristische Veränderungen insbesondere in der Gehölzvegetation bewirken, z. B. im Rhônetal.

Durch die Einwirkung sehr beständiger Winde entstehen an Meeresküsten, im Gebirge und in den Gebirgstälern mit ständigen Ausgleichswinden Bäume und Sträucher mit winddeformierten Kronen. Die der Hauptwindrichtung zugewandte Seite bleibt dabei im Wachstum zurück, die Kronen der Holzgewächse erscheinen in Leerichtung verformt. Bei sehr starker Wind- und Salzeinwirkung sterben die luvseitigen Zweige oft gänzlich ab. Auf diese Weise entstehen „Windschurformen", wie man sie z. B. an der Nordseeküste beobachten kann.

Kronenverformungen mit absterbenden Ästen sind zumeist nicht nur auf mechanische Windeinwirkungen zurückzuführen, sondern auch auf das vom Wind mitgeführte Salz. Das auf den Blättern hauptsächlich der Luvseite niedergeschlagene Salz dringt durch feine Cuticula-Risse in die Blätter ein, ruft eine Hypertrophie der Zellen hervor, die teilweise zu Sukkulenz führt und sie bei höherer Konzentration zum Absterben bringt (H. WALTER 1979).

In unmittelbarer Strandnähe lassen Wind, Salz und Wellenschlag bei Sturmfluten überhaupt keine Holzgewächse aufkommen. Erst auf den geschützten Leeseiten von Dünen sowie in Dünentälern treten erste niedrige, zumeist windgeschorene Sanddornbüsche *(Hippophae rhamnoides ssp. maritima)* und Kriechweiden *(Salix repens)* auf. Im Windschutz solcher im allgemeinen kleinwüchsiger, zählebiger Gehölzpioniere können sich dann höhere Sträucher und schließlich Bäume ansiedeln. Der Hauptwindrichtung zugewandte Waldränder und Windschutzpflanzungen um ältere Gehöfte in Küstennähe, z. B. der Nordsee, erscheinen als Folge der dauernden Wind-

schur rampenförmig aufgebaut. Die Oberseite solcher stets von der Haupt-
windseite her ansteigender, windgeschorener Gehölze besteht aus sehr dichtem, von außen fast undurchdringlichem Geäst, das den Wind wie eine
Rampe nach oben lenkt.

Besonders zerstörend kann die Kraft des Windes auf die Vegetation wirken,
wenn er Sandkörner mitreißt oder Eiskristalle über eine Schneeoberfläche
treibt, die dann aus dem Schnee herausragende Pflanzenteile bearbeiten. Das
Sand- bzw. Eisgebläse an Dünenküsten und in Halbwüsten bzw. Hochgebirge
und in der Tundra ist dort ein den Baumwuchs begrenzender Faktor (F.-K.
HOLTMEIER 1974). Es zerstört die Pflanzen an ihrer dem Wind zugekehrten
Seite. Zumeist handelt es sich dabei nur um unmittelbar über der Erdoberfläche wirksame Phänomene, die Blätter, Nadeln und Zweige zum Absterben
bringen und zerstören oder ihre Entwicklung verhindern (Abb. 32).

Die verschiedenen Baumarten reagieren unterschiedlich auf Windeinwirkung. Sehr empfindlich sind fast alle heimischen Obstbäume, ebenso die meisten Pappeln (z. B. Schwarzpappeln). Weniger vom Wind deformiert werden
Birke, Eiche, Rotbuche und Ulme. Am windfestesten erweisen sich Elsbee-
ren, Erlen, einige Weiden und vor allem der Sanddorn. Recht windfest ist
auch die Waldkiefer, weshalb sie für Aufforstungen im Dünenbereich verwendet wird.

Geringe Kronenverformung durch beständigen Wind ist nicht in jedem
Fall gleichzusetzen mit Widerstandsfähigkeit gegenüber Sturm. Als sturm-
feste Baumarten des Hochgebirges gelten Arve, Weißtanne, Fichte und Bergkiefer. Weniger sturmfest sind Lärche und Schwarzkiefer. Die folgenschwer-
sten Wirkungen gehen von Sturmböen und Tromben (Windhosen) aus, denen
nicht nur Einzelbäume, sondern in kürzester Zeit auch ganze Waldbestände
zum Opfer fallen können. Vornehmlich fällt der Sturm überalterte Bäume und
Bestände. So sind zur Einwanderungszeit der Europäer im Nordosten der
USA und im südlichen Kanada regelmäßig überalterte Zuckerahornbestände
durch Windwurf vernichtet worden. Auch nicht standortgerechte Forste,
besonders flach wurzelnde Fichtenbestände auf staunassen Böden, werden
leicht vom Sturm entwurzelt.

Eine standortgerechte Mischung der Bestände – im Gegensatz zur Fich-
tenmonokultur – ist das wirksamste Mittel, den Wald als ganzen vor einer
Zerstörung durch die Elemente zu bewahren.

Erhöhte Windwurfgefahr besteht immer dann, wenn der schützende Wald-
mantel in unsachgemäßer Weise aufgerissen worden ist. Auch unterliegt der
Wald dann einer verstärkten Austrocknung, auf die insbesondere die Rotbuche mit Trockenschäden reagiert.

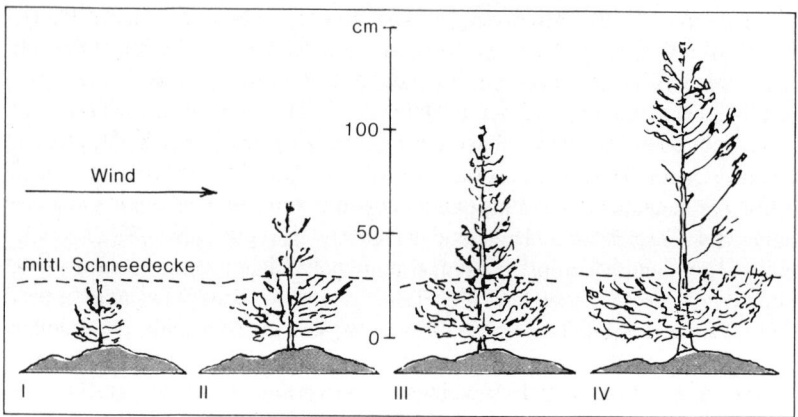

Abb. 32: Vermutliche Entstehung der Wipfeltischform unter dem differenzierend wirkenden Einfluß einer Schneedecke (nach HOLTMEIER 1974)

Gelingt es einzelnen Sprossen dennoch über den Hauptwirkungsbereich des Eisgebläses an der Schneedeckenoberfläche hinauszuwachsen (II-III), so kann oberhalb eine ungestörte Entwicklung des Baumes eintreten. Auf diese Weise entstehen die charakteristischen Wipfeltisch- und Fahnenformen im Baumgrenzbereich des Hochgebirges sowie an der zirkumpolaren Baumgrenze (IV)

Schnee und Rauhreif

Wenn Rauhreif oder schwerer nasser Schnee auf den Bäumen lastet und das Wasser im Holz hart gefroren ist, so daß seine natürliche Elastizität verloren gegangen ist, können sich Stürme sehr verheerend auswirken; in diesen Fällen kommt es zum berüchtigten Schneebruch bzw. Eisbruch, von dem insbesondere Fichtenwipfel betroffen sind. Schneedruck bewirkt allgemein Kriech- und Krüppelformen, wie sie an der Baumgrenze und in der Zwergstrauchstufe bei Bergkiefer (Legföhre oder Latsche), Grünerle, Kriechwacholder u. a. auftreten. Bei jungen Buchen bewirkt eine niederdrückende Schneedecke Säbelwuchs. Gleit- und Kriechschnee-Bewegungen drücken junge Bäume zu Boden und entwurzeln sie; hierdurch entstehen insbesondere bei Neuaufforstung von hängigen Grasflächen, auf denen der Schnee leichter abgleitet, große Schäden.

Am spektakulärsten ist die Wirkung von Lawinen, die ganze Wälder entwurzeln und Lawinengassen in den Hochwald reißen. Lawinengassen, in denen mit einer gewissen Regelmäßigkeit Lawinen niedergehen, werden z. B. in den Alpen bis tief herunter in die Nadelwaldstufe von krüppelwüchsigen Bergkiefern oder Grünerlen, alpiner Zwergstrauchvegetation und Lawinenrasen besiedelt (Abb. 4 d). In anderen Hochgebirgen können es andere niederliegende und krüppelwüchsige Holzgewächse sein, z. B. Umlegebirken *(Betula utilis)* und Weidengesträuch von *Salix hastata* im Nanga Parbat, Himalaya (C. TROLL 1967).

Allzu lange Schneebedeckung fördert bei den Nadelhölzern einen Pilzbefall (*Phacidium infestans, Herpotrichia juniperi* u. a.). Diese Schneepilze entfalten ihre Wirksamkeit sowohl im ozeanischen Klima als auch bei sehr langer Schneebedeckung und damit Durchfeuchtung, wie sie in Leelagen und Geländemulden, wo sich Schnee ansammelt, gegeben ist (F.-K. HOLTMEIER 1974). Die von *Phacidium infestans* befallenen Nadeln nehmen eine rostrote Färbung an, bleichen aus und fallen schließlich ab. Junge Nadelbäume, die anhaltend von Schnee bedeckt sind, können so ihre gesamten Nadeln verlieren und sterben schließlich als Folge des Befalls ab, während bei älteren aus dem Schnee herausragenden Bäumen nur die unteren Zweige befallen werden. Schneepilzschäden haben insbesondere für die alpine Waldgrenze Bedeutung.

Insgesamt gehen jedoch von einer Schneebedeckung eher begünstigende als benachteiligende ökologische Wirkungen aus, vor allem dann, wenn der Schnee nicht zu lange liegen bleibt und dadurch die mögliche Vegetationszeit verkürzt. So schützt eine Schneedecke den Jungwuchs und mindert die Gefahr der Frosttrocknis (Abb. 32). In Muldenlagen, in denen der Schnee sich ansammelt und im Schnitt etwas länger liegen bleibt, sind neben der Schutzwirkung auf die Vegetation günstigere Bodenfeuchteverhältnisse und eine intensivere Bodenbildung festzustellen.

Bodenbewegung

Starke rezente Solifluktion verhindert Baumwuchs. So ragen aus der Waldlandschaft Finnisch-Lapplands kahle Inselberge auf, die rein von den klimatischen Verhältnissen her sehr wohl bewaldet sein könnten. Hiermit dürfte auch die Beobachtung zusammenhängen, daß im Hochgebirge die obere Waldgrenze und die Untergrenze der rezenten Solifluktion weitgehend zusammenfallen (C. TROLL 1975; I. HENNING 1975).

Auch lockere Schutthalden, die sich unter Steinschlagrinnen z. B. in den Kalkalpen bilden, wirken herabdrückend auf die Waldgrenze. Bewaldet, bzw. mit Latschen bestanden, ist zumeist nur der untere feinmaterialreichere Rand, wo die Gesteinsbewegung weitgehend zur Ruhe gekommen und die Bodenbildung fortgeschrittener ist.

Auf Geröllhalden und Blockschuttdecken ist Feinmaterial zumeist kaum vorhanden, denn es unterliegt hier einer leichten Ausspülung. Jedoch liegt es oft unter grobem Geröll in der Tiefe verborgen. Zunächst ist man geneigt, Blockschutthalden immer für trockene Standorte zu halten. Feuchtigkeitsliebende Pflanzen zeigen jedoch an, daß viele Schuttfächer und -halden während langer Zeiten des Jahres durchfeuchtet sind. Zum einen stellen sie für Schmelz- und Niederschlagswasser einen großen Speicherraum dar, zum anderen hält sich die Feuchtigkeit bei genügend Feinmaterial in der Tiefe lange, weil die lufterfüllte Blockschicht einen wirksamen Verdunstungsschutz bildet. Schuttpflanzen müssen allerdings ihre Wurzeln durch das Grobmaterial in die tiefer liegende Feinerde entsenden und haben deshalb zumeist tiefreichende Wurzelsysteme. Art und Intensität der Schuttbewegung bestimmen den Charakter der Pflanzengesellschaft, und man kann bei Schuttpflanzen gewisse Formtypen unterscheiden (SCHROETER 1926; SCHARFETTER 1938):

1. Schuttwanderer. Sie vermögen nach Überschüttung wieder ans Licht zu wachsen und sich an geeigneter Stelle neu zu verwurzeln, z. B. Storchschnabel- oder Ruprechtsfarn *(Gymnocarpium robertianum)*.

2. Schuttstrecker. Sie sind zwar ortsfest, bilden aber immer wieder neue Regenerationssprosse, manche selbst wenn die Pflanze durch Schuttbewegung abgerissen wird, z. B. Berg-Hellerkraut *(Thlaspi montanum)*.

3. Schuttdecker. Mit ihrem weitverzweigten Ausläufergeflecht können sie das Lockermaterial wie ein Rasen überziehen, z. B. rasenbildende Fiederzwenke *(Brachypodium pinnatum)*.

4. Schuttstauer. Sie können mit ihren festen Horsten dem sie überrollenden Schutt widerstehen und versuchen ihn festzulegen, z. B. Blaugras *(Sesleria coerulea)*.

Ähnlich wie bei Dünenpflanzen zeigt sich auch hier wieder der Dualismus zwischen den zerstörenden Kräften des Standorts und dem Versuch der Pflanze, sich durch spezielle Formen der Anpassung unter diesen widrigen Bedingungen zu behaupten. Die Schuttpflanzen erreichen das vor allem durch ein überdurchschnittliches Regenerationsvermögen und eine große Zahl gut geschützter Dauerknospen. Nur dort, wo die Geröllbewegung zu stark und beständig ist, gelingt es auch den Spezialisten unter den Pflanzen nicht mehr, Fuß zu fassen, und die Halde bleibt vegetationsfrei.

Feuer

Aus Europa kennt man vegetationszerstörende Feuer, z. B. Waldbrände, hauptsächlich als anthropogenen Faktor. In weiten Gebieten der Erde ist jedoch Feuer durch Blitzschlag ein natürlicher, dem Klima zuzurechnender Standortfaktor. Das gilt vor allem für die semiariden Graslandschaften, die Hartlaubformationen der Winterregengebiete mit anhaltender Sommertrockenheit, aber auch für humide Gebiete mit Nadelwäldern, in denen zwischendurch eine längere Trockenzeit auftritt.

Belegt wird dies durch eine statistische Auswertung der Meldungen über Waldbrände in den kaum besiedelten „National Forests" der USA (H. WALTER 1979). In Nordamerika entstehen durch das Zusammentreffen von polarer Kaltluft und maritimer tropischer Warmluft oft sehr starke Frontgewitter.

Beim Durchzug einer solchen Front von South Dakota bis Florida am 1.-15. Mai 1965 wurden in den Forstdistrikten 37 einwandfrei auf Blitzschlag zurückgehende Waldbrände gemeldet. Im Präriegürtel kann man im Durchschnitt mit einem Blitzschlag-Grasbrand pro Jahr auf 5000 ha rechnen. Sehr häufig sind Sommergewitter auch im Hartlaubgebiet Kaliforniens sowie im nordwärts anschließenden Coniferengürtel der Westküste der USA. Hier spricht man direkt von einem „Feuerklima". Werden durch Blitzschlag verursachte Brände nicht vom Menschen bekämpft, können sie sich über große Flächen ausbreiten.

Wenn heute in den Grasländern der Randtropen das trockene Gras regelmäßig abgebrannt wird, so geschieht dies – außer um den als Weidegras benötigten Jungwuchs zu fördern – auch um natürlichen, unkontrollierten Bränden vorzubeugen. Insbesondere in den feuchteren Gebieten ist Feuer neben Beweidung eine Voraussetzung zur Erhaltung der Graslandvegetation, dies gilt für Steppen wie für Savannen. Insbesondere in den gemäßigten Steppen wird hierdurch eine zu starke Streuanhäufung vermieden, die den Grasnachwuchs behindern würde. Auf natürliche Brände aus den Zeiten vor der Besiedlung geht im Westen Nordamerikas die weite Verbreitung einiger Kiefernarten zurück (z. B. *Pinus ponderosa)*. Die Kiefer, deren Zapfen sich nach Feuer rasch öffnen, sät sich auf den Brandflächen leicht aus und vermag in verschiedenen Arten, die dickborkig sind und über harte, geschützte Nadeln verfügen, ab einer gewissen Höhe Bodenfeuer recht gut zu überstehen. Untersuchungen an den letzten Nadelwäldern der mexikanischen Großvulkane (Popocatépetl, Malinche, Pico de Orizaba) haben ergeben, daß auch diese Wälder in ihrer heutigen Artenzusammensetzung z. T. stark durch Brände beeinflußt sind. Hier treten an Stelle der feuerempfindlichen *Pinus pseudostrobus* und der vorherrschenden mexikanischen Tanne *Abies religiosa*, die dichte schattige Wälder bildet, *Pinus teocote* und *Pinus montezumae,* zusammen mit einigen Eichen, die nach Bränden ebenso wie die genannten Kiefern rasch austreiben, z. B. *Quercus castanea* (H. ERN 1974; H.-J. KLINK/W. LAUER 1975).

H. WALTER (1979) berichtet über eine große Zahl von Pyrophyten aus der australischen Vegetation. Hier besitzen zahlreiche Proteaceen und Myrtaceen verholzende Früchte, die sich erst nach einem durch den Busch gelaufenen Brand öffnen. Auch verschiedene Eucalyptusarten kann man dazu rechnen. In den Hartlaubgebieten bedarf die Vegetation geradezu einer Regeneration durch Feuer; hier besiedeln die vorkommenden Kiefernarten stets Brandflächen. In den USA macht sich die Forstwirtschaft kontrollierte Brände als Ökofaktor bewußt zunutze, um wüchsige Kiefernbestände, z. B. von *Pinus ponderosa,* zu erzielen.

Tierverbiß

Veränderungen in der Vegetationsdecke treten unter natürlichen Bedingungen durch alle herbivoren Konsumenten ein, wie Großwildherden in den natürlichen Graslandschaften, in den Wäldern lebende Wildtiere, z. B. Hirsche und Rehe, im Boden wühlende Kleinnager, die hauptsächlich Wurzeln anfressen, aber auch Vögel und Insekten. Waren es unter natürlichen Verhältnissen oft große Herden von Wildtieren, z. B. Bisonherden in den Prärien Nordamerikas oder herbivore Großtierherden in den Graslandschaften Ostafrikas, die Einfluß auf die Vegetation nahmen, so sind es heute hauptsächlich die Weidetiere des Menschen. Die Beeinträchtigung der Vegetation besteht darin, daß bestimmte Pflanzenarten stärker abgeweidet werden als andere, trittempfindliche verdrängt, trittfestere dagegen in ihrer Ausbreitung begünstigt werden. Andere wiederum werden von den Weidetieren überhaupt gemieden, weil sie mit Stacheln versehen sind, Giftstoffe enthalten oder einfach nicht wohlschmecken, z. B. Disteln, Wolfsmilchgewächse, Herbstzeitlosen usw.. Im Wald fallen einzelne Baumarten, insbesondere im Jugendstadium, dem Tierfraß stärker anheim als andere; so wird der starke Rückgang der Weißtanne *(Abies alba)* im Bayerischen Wald u. a. auf überbesetzte Rotwildbestände zurückgeführt. In den Nationalparks in Ostafrika zerstören Elefanten, wenn sie zu zahlreich auftreten, den Baumbestand, indem sie die Bäume entrinden; sie begünstigen damit das Grasland. Hirsche und frei weidende Haustiere fressen die jungen Triebe von Buchen, Tannen und verschiedenen anderen Baumarten ab. Dadurch entstehen in ihrem Wachstum stark gehemmte Verbißformen. Die mit der Buche und der Tanne in den höheren Gebirgslagen konkurrierende Fichte, die weniger verbißgefährdet ist, kann hierdurch begünstigt werden.

Welchen verändernden Einfluß eine die natürliche Tragfähigkeit der Ökosysteme übersteigende Nutztierhaltung auf die Vegetation haben kann, ist aus der Vergangenheit aus dem Mittelmeerraum bekannt. Ursprünglich bewaldete Landschaften sind hier in Macchie verwandelt worden, oder verkarstet, wenn die Waldvernichtung durch den Menschen und seine Haustiere (insbesondere Ziegen) von starker Bodenabspülung begleitet war. Ein ähnliches Schicksal ist heute verschiedenen, vor allem semiariden Gebirgsgegenden Mexikos beschieden. Im Sahel treffen episodische Trockenzeiten (H. BESLER 1981) mit einer starken Überbestockung des Weidelandes zusammen, beides hat für die Vegetation dieses Raumes katastrophale Folgen und ermöglicht ein Vordringen der Wüste.

Im Normalfall dürften tierische Organismen in natürlichen Ökosystemen nur wenige Prozent der pflanzlichen Primärproduktion konsumieren. Zwar sind seit dem Altertum Heuschreckenplagen bekannt, jedoch dürfte das massenweise Auftreten phytophager Insekten hauptsächlich eine Folge der Störung natürlicher Gleichgewichte durch den Menschen sein dadurch, daß er nicht standortgerechte Monokulturen oft in einer Altersklasse aufbaut.

So kam es im Ebersberger Forst bei München, einem fast reinen Fichtenforst, der in der ersten Hälfte des 19. Jh. anstelle eines stark verlichteten Hutewaldes aus Eiche und Buche gepflanzt worden war, 1889-91 zu einem für den Wald katastrophalen Nonnenbefall. Nonnenraupen und Nonnenfalter traten in solch großen Mengen auf, daß 2800 ha (von insgesamt 7730 ha) kahlgefressen wurden und abgeholzt werden mußten. Weitere meist durch Nonnenfraß stark gelichtete 577 ha wurden 1894, und weitere 310 ha 1895 durch Stürme niedergelegt. Der Wertverlust nach damaligem Geld wurde allein auf fast 5 Mio. Mark berechnet. Vor allem überalterte Nadelholzbestände werden oft vom Borkenkäfer befallen, wodurch sie schwer geschädigt werden. Seit den vierziger Jahren dieses Jahrhunderts tritt auch in Europa der Kartoffelkäfer *(Leptinotarsa decemlineata)* oft massenweise auf und schädigt die Kartoffelpflanzen durch Blattfraß schwer.

Auch das oft übermäßige Auftreten bestimmter Vogelpopulationen kann sich schädigend auf bestimmte Pflanzenarten auswirken, indem ihre Verjüngung dann stark eingeschränkt wird. So machen z. B. Kreuzschnäbel *(Loxia curvirostra)*, die im Abstand von einigen Jahren in nadelwaldreichen Gebieten oft invasionsartig auftreten, die gesamte Lärchen- und Fichtenmast zunichte.

Tiere spielen allerdings nicht nur eine vegetationsschädigende Rolle, sondern tragen auch zur Verbreitung von Pflanzenarten bei. So fressen Vögel und Säugetiere Früchte und Samen und scheiden die Samenkörner mit dem Kot andernorts wieder aus (Zoochorie). Untersuchungen an Vögeln haben ergeben, daß Zugvögel in ihrem Gefieder festgehakte oder -geklebte Samen über Hunderte von Kilometern verschleppen können. Das bringt herkömmliche Vorstellungen über Reliktstandorte ins Schwanken und erklärt die rasche Ausbreitung mancher Arten. Es gibt auch Samen, die von Ameisen verbreitet werden, z. B. Schneeglöckchen *(Galanthus nivalis)* und Waldveilchen *(Viola odorata)*. F.-K. HOLTMEIER (1974) hat herausgefunden, daß die Verbreitung der Arve *(Pinus cembra)* an der oberen Waldgrenze in den Zentralalpen teilweise durch den Tannenhäher *(Nucifraga caryocatactes)* besorgt wird. Er legt mit den Arvennüssen Vorratslager für den Winter an, die er teilweise nicht wieder aufsucht und die dann auskeimen.

Tritt

Außer durch Verbiß verändern weidende Herden die Vegetation durch Tritt. Dadurch wird zum einen der Boden verdichtet, wodurch sich seine Durchlässigkeit für Luft und Wasser verringert, zum anderen werden bestimmte Arten ausgelesen. Das wiederum verschafft Trittwiderständigen bessere Lichtverhältnisse und Ausbreitungsmöglichkeiten. Die Trittpflanzen

besitzen im Einzelfall verschiedene Eigenschaften, die sie trittresistenter als andere Pflanzen machen. Sie können deshalb auch nicht als einheitliche ökologische Gruppe bezeichnet werden. Zur Erhaltung ihrer vegetativen Organe trägt bei:
1. ihre Kleinheit, 2. eine starke Verzweigung unmittelbar an der Bodenoberfläche *(z. B. Plantago major)*, 3. eine geringe Blattgröße, 4. Stoffspeicherung in Wurzel- und Sproßorganen und dadurch starke Regenerationsfähigkeit, 5. Festigkeit des Stengels und der übrigen Gewebe.

An steilen Hängen tritt parallel zum Hang weidendes Großvieh „Viehtreppen" oder „Viehgangeln" in das Gelände, die dann hauptsächlich mit Trittgesellschaften besetzt sind. Auch Wildwechsel sind als Trittpfade ausgeprägt.

Der Lebensbereich der Trittpflanzen liegt zwischen zu starker Belastung, welche die gesamte Vegetation zerstört, und zu schwacher Beanspruchung, durch die raschwüchsige Gräser und Kräuter nicht ausgeschaltet werden. Daß zu starker Tiertritt die Vegetation völlig zerstören kann, dafür gibt HOLTMEIER (1969) ein Beispiel aus dem Oberengadin, wo eine übersetzte Steinbockkolonie die Grasnarbe zerstört. Ist die Grasnarbe an den steilen Hängen erst einmal aufgerissen, dann schreitet das Rasenschälen durch „Kammeis-Solifluktion" rasch fort und schließlich wird auch der Boden erodiert. Ein besonderes Problem der Gegenwart bildet die Überbelastung und Vernichtung der Hochgebirgsvegetation durch den Bau großer Seilbahnen und Skipisten, die in kurzer Zeit sehr viele Menschen in die alpinen Hochgebirgsregionen bringen. Die Hochgebirgsvegetation steht bei aller Anpassung an die Umweltbedingungen in einer ökologischen Grenzsituation und regeneriert sich, durch Überbeanspruchung einmal zerstört, sehr schwer. Von der Vegetation entblößt, unterliegt auch der Boden im Hochgebirge rascher Abspülung.

4.3.6   Biotische Einflüsse

Innige Wechselwirkungen bestehen zwischen den Pflanzen und ihrer belebten Umwelt. In den vorangehenden Kapiteln wurden bereits Fragen der Wurzelkonkurrenz und der gegenseitigen Beschattung angesprochen, welche einen großen Teil der inneren Dynamik von Pflanzengesellschaften ausmachen. Auch die unter den mechanischen Faktoren abgehandelten Einflüsse durch Tierverbiß und -tritt muß man zu den biotischen Einwirkungen auf die Vegetation rechnen und könnte sie ebensogut unter diesem Abschnitt darstellen. Das Wirkungsgefüge zwischen den pflanzlichen Organismen untereinander sowie die Beziehungen zwischen Pflanzen und Tieren sind im einzelnen vielfach sehr kompliziert; auch fehlt es noch weitgehend an Forschungen, die es gestatten, quantitative Angaben zum Grad der gegenseitigen Beeinflussung und Abhängigkeit zu machen.

Wichtig sind „allelopathische Wirkungen" von Pflanze zu Pflanze; sie bewirken beim Partner Hemmungen oder Steigerungen des Wachstums. Bestimmte Pflanzen sondern aus Blüten oder Stengeln aromatische Stoffe ab, die auf andere Arten Reize ausüben. Auch die Bodenmüdigkeit wird u. a. darauf zurückgeführt, daß die Wurzeln bestimmter Pflanzen organische Verbindungen abscheiden, die das Wachstum benachbarter oder nachfolgender Pflanzen hemmen. Dies erklärt auch die Unverträglichkeit gewisser Arten in einem Pflanzenbestand.

Neben Wettbewerb und Allelopathie spielen Symbiose, Parasitismus und Epiphytismus eine Rolle in den Biozönosen.

Symbiose

Unter „Symbiose" versteht man seit DE BARY (1879) die Erscheinung des engen Zusammenlebens ungleichartiger Organismen, aus dem die Partner letztlich nur fördernde Einflüsse erfahren. Dabei gibt es viele Formen und Abstufungen von Symbiose, die durch verschieden starke Ausprägung von Angriff und Abwehr gekennzeichnet sind. Es bestehen gleitende Übergänge von gegenseitiger zu einseitiger Nutznießung, dem Parasitismus, bei dem ein Partner geschädigt wird.

Eines der bekanntesten und wegen seiner praktischen Bedeutung auch gründlich untersuchten Beispiele ist die Symbiose zwischen den stickstoffbindenden Knöllchenbakterien der Gattung *Rhizobium* und den Hülsenfrüchtlern (Leguminosen). Hierbei gewinnen in der Endbilanz die Leguminosenpflanzen den von den Knöllchenbakterien gebundenen Luftstickstoff, während die Rhizobien die für ihre Lebenstätigkeit notwendigen Kohlenstoffverbindungen erhalten und Vermehrungsvorteile erreichen.

Die im Boden auch frei lebenden (jedoch dann nicht Stickstoff bindenden) Bakterien dringen durch die Wurzelhaare in die Pflanzen ein. Sie dringen dabei durch die Zellwand, durchwachsen mit einem Infektionsschlauch mehrere Rindenzellen und können bis in die Endodermis gelangen. Im Anfangsstadium trägt der Angriff alle Anzeichen einer Infektion. Die befallene Pflanze bildet, offenbar durch Stoffwechselprodukte der Bakterien angeregt, die bekannten Wurzelknöllchen. Hierin ist eine erste Abwehrreaktion der Wirtspflanze zu sehen, die der Gallenbildung entspricht und eine Begrenzung der Infektion auf bestimmte Herde bewirkt. Nun folgt zunächst eine starke Vermehrung der Bakterien, in deren Gefolge immer mehr Zellen der Knöllchen infiziert werden. Dabei verlassen die Bakterien z. T. ihre Infektionsschläuche und schwimmen frei im Plasma der Wirtszellen. Hat die Vermehrung der Bakterien einen gewissen Grad erreicht, so beginnt die Wirtspflanze sie zu „verdauen", wobei sie schließlich ganz aufgelöst werden. Die Pflanze erhält dabei nicht nur einen Teil der ihr durch die Bakterien entzogenen Kohlenstoffverbindungen zurück, sondern gewinnt zusätzlich den durch die Bak-

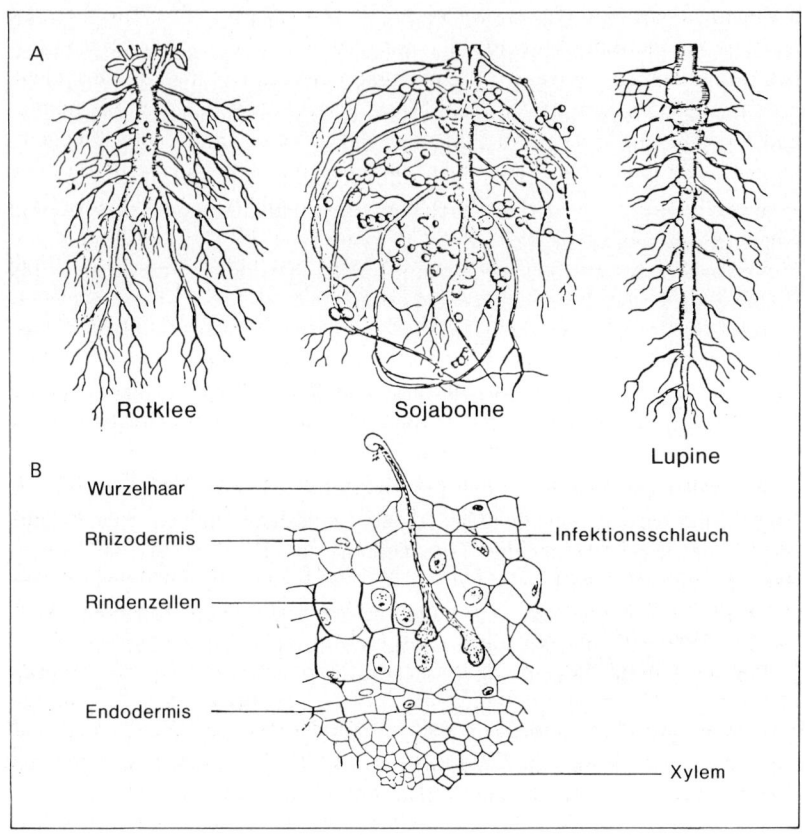

Abb. 33A: Die Wurzelknöllchen der Schmetterlingsblütler sind von Art zu Art verschieden ausgebildet.
B: Infektion einer Luzernewurzel durch Rhizobium (nach THORNTON aus NULTSCH 1977).

terien gebundenen Stickstoff. In dieser Phase liegt der Vorteil eindeutig bei der Wirtspflanze. Da jedoch nicht alle Bakterien verdaut werden und nach Absterben der Wirtspflanze und dem Zerfall der Knöllchen mehr Bakterien in den Boden zurückgelangen als ursprünglich die Pflanze infiziert haben, ist das Zusammenleben auch für die Bakterien, insgesamt gesehen, ein Vorteil. Deshalb kann man bei diesem Beispiel von einer Symbiose im DE BARYschen Sinne sprechen. Da die Bakterien-Infektion durch Abwehrreaktionen der Wirtspflanze abgefangen wird, bleibt das Ganze ein Kampfgleichgewicht.

Eine recht vollkommene Form von Symbiose stellen die meisten Flechten dar, die in mannigfacher Ausbildung an Bäumen und auf Steinen epiphytisch wachsen. Obwohl sie als selbständige systematische Einheit geführt werden, bestehen sie aus einer Lebensgemeinschaft von Alge und Pilz. Die morphologische Verknüpfung der beiden Partner ist hierbei so eng, daß dadurch geradezu ein neuer „Organismus" von charakteristischer Gestalt und konstanten, für den Systematiker verwertbaren Merkmalen entsteht. Die jeweils miteinander gepaarten Algen- und Pilzarten sind für die betreffenden Flechten-„arten" spezifisch. Bei den Algen sind es einzellige oder fadenförmige Grünalgen *(Chlorophyceen)* oder Blaualgen *(Cyanophyceen)*, bei den Pilzen hauptsächlich Schlauchpilze *(Ascomyceten)*, seltener Ständerpilze *(Basidiomyceten)*. Der Nutzen aus dieser Symbiose besteht für den Pilz im Erhalt der Assimilate, während er die Versorgung mit Wasser und Nährsalzen übernimmt und der Alge ihr Gedeihen ermöglicht. Da die Schädigung der Algen bei dieser Gemeinschaft unterschiedlich sein kann, in manchen Flechten bleiben sie ungeschädigt, in manchen sterben sie regelmäßig ab, kann die Symbiose auch hier von gegenseitiger Verträglichkeit bis zum Parasitismus des Pilzes auf der Alge reichen (WERNER 1987).

Auch die „Mykorrhiza" kann als Symbiose angesehen werden. Die als Folge des Befalls keulig angeschwollenen Wurzelenden einer höheren Pflanze (viele unserer heimischen Waldbäume) oder einfach chlorophyllfreies Gewebe eines Mooses oder Farns sind dabei von einem saprophytischen Pilz umsponnen; die Pilzhyphen dringen überwiegend interzellulär in das Rindengewebe der Wurzeln ein (ektrophe Mykorrhiza). Sie entziehen der Wirtspflanze Assimilate, während sie ihrerseits die fehlenden Wurzelhaare ersetzen und das sich im Boden ausbreitende Mycel die Wasser- und Nährionenversorgung übernimmt. Das Beispiel der Hochmoorpflanzen zeigt, daß sie dabei auch organische Substanzen abzubauen vermögen, wodurch für diese Pflanzen das Gedeihen auf organischen Substraten wahrscheinlich erst möglich wird (s. S.173). Der ektrophen steht die endotrophe Mykorrhiza gegenüber, bei der die Pilzhyphen intrazellulär wachsen, wie etwa bei Orchideen. Welche Vorteile und Nachteile die verschiedenen Partner aus der Mykorrhiza insgesamt ziehen, ist längst nicht in allen Fällen bekannt. Jedoch scheint sie große Bedeutung für die Pflanzenverbreitung zu haben, wie das Beispiel der Hochmoorpflanzen zeigt.

Parasitismus

„Parasitismus" bedeutet die einseitige Ausnutzung eines Organismus durch einen anderen, nicht zu derselben Art gehörenden. Im Gegensatz zu den Saprophyten begnügen sich die Parasiten dabei nicht mit organischer Substanz abgestorbener Lebewesen, sondern schließen sich direkt an den Stoffwechsel lebender Organismen an, indem sie in den Wirtsorganismus eindringen und sich in einem geeigneten Organ festsetzen. Allerdings kann der Grad der Abhängigkeit vom Wirt auch bei den Parasiten ein verschiedenes Ausmaß erreichen. Während die fakultativen Parasiten ebenso auch außerhalb eines

Wirtsorganismus, also saprophytisch leben können, sind die obligaten Parasiten unbedingt auf diesen angewiesen. Die Schädigung des Wirtsorganismus besteht zumeist nicht nur im Entzug von Nährstoffen, sondern nachhaltiger noch in der Bildung bestimmter Stoffwechselprodukte, die für den Wirt Stoffwechselgifte (Toxine) darstellen. Das gilt vor allem für Bakterien- und Pilzinfektionen im menschlichen und tierischen Körper.

Die meisten pflanzlichen Parasiten sind Bakterien und Pilze, aber auch unter den höheren Pflanzen gibt es parasitische Vertreter, die teils Halb-, teils Vollparasiten sind. Zu den Halbparasiten gehört die Mistel *(Viscum album)*, die teils auf Koniferen (Tannen- oder Föhrenmistel), teils auf Laubbäumen (Apfel, Birne, Linde, Pappel u. a.) schmarotzt. Sie ist zwar fähig selbst zu assimilieren, ist aber durch zapfenförmige Haustorien (Saugorgane), die sie von Rindenwurzeln aus in den Holzkörper des Wirts treibt, an dessen Wasser- und Nährsalzversorgung angeschlossen. Die Früchte der Mistel, weiße Beeren, dienen gewissen Vögeln als Nahrung; die Samen werden mit dem Kot ausgeschieden und gelangen so auf andere Bäume, wo sie erneut auskeimen (Zoochorie). Halbschmarotzer, die mit ihren Wurzeln das Wurzelsystem anderer Pflanzen anzapfen, sind auch die verbreiteten Arten des Wachtelweizen *(Melampyrum)*. Zu den Vollparasiten, die mit ihrer gesamten Nährstoffversorgung von autotrophen Organismen abhängen, zählen die Kleeseide *(Cuscuta europaea)* und der Sommerwurz *(Orobanche* div. spec.).

Epiphytismus

Als „Epiphytismus" wird die Erscheinung bezeichnet, daß bestimmte Pflanzen auf Sprossen, Blättern oder Wurzeln anderer Pflanzen wachsen, ohne sie durch Nährstoffentzug zu schädigen. Als deutsche Bezeichnung hat sich „Aufsitzerpflanzen" durchgesetzt. Epiphytisch leben in unserer heimischen Flora hauptsächlich Flechten (Rindenflechten) und Moose, in den Tropen aber auch Farne und Blütenpflanzen (Bromeliaceen und Orchidaceen). Gehäuft treten Epiphyten in feuchten tropischen Bergwäldern auf, z. B. in Mittel- und Südamerika in der Höhenstufe zwischen 800 und 2000 m. Hier sind die Bäume von einem dichten Epiphytenbesatz überzogen (C. Troll 1959, H. Ern 1974). Es ist jedoch ein verbreiteter Irrtum anzunehmen, daß Epiphyten in den Tropenwäldern nur im Bereich der Kondensationsniveaus wüchsen; selbst in den Trockengebieten mit Kakteenformationen kommen sie vor, wenn auch seltener. In den Höhenstufen erhöhter Niederschläge sind hauptsächlich Trichterepiphyten *(z. B. Tillandsia imperialis)* verbreitet, die in ihren Zisternen Regenwasser auffangen, während in den Trockengebieten hauptsächlich graue, mit Saugschuppen ausgerüstete Tillandsien vorkommen, die häufig sukkulente Wuchsmerkmale aufweisen (z. B. *Tillandsia usneoides, T. recurvata, T. caput medusae)* und in der Lage sind, eine längere Trockenzeit zu überdauern (Klink 1981).

4.3.7 Bioindikatoren

Lebewesen können als Indikatoren (Anzeiger) für bestimmte Umweltzustände herangezogen werden. Solche Bioindikatoren sind im weiteren Sinne alle Organismen und Organismengruppen, die zur Erkennung, mengenmäßigen Einschätzung und Bewertung von bestimmten Umweltfaktoren oder Faktorenkombinationen geeignet sind.

So werden in der Stadtklimatologie seit langem bestimmte epixyle Flechten (Baumrinden-Flechten) zur Beurteilung der lufthygienischen Situation herangezogen. Als poikilohydre Organismen, die ihr Wasser aus Niederschlägen, Tau- und Nebelfeuchte mit ihrer Oberfläche direkt aufnehmen, sind sie besonders geeignete Indikatoren für Spurenstoffe in der Luft. Aber auch höhere Pflanzen können Bioindikatoren sein. So wachsen Pflanzen der Wiesenschaumkraut-Gruppe (*Cardamine pratensis*-Gruppe) insbesondere auf feuchten wasserzügigen Böden. Sehr eng an einen bestimmten bodenchemischen Faktor ist das Vorkommen des Galmei-Veilchens *(Viola calaminaria)* gebunden. Es wächst nur auf stark zink- und bleihaltigen Böden in der Voreifel im Raum Stolberg bei Aachen (Galmei Zn CO_3).

Bioindikatoren lassen sich nach BICK (1993) drei Typen zuordnen:

● Zeigerarten (Indikatoren, Leitformen im engeren Sinne) bzw. Kombinationen von Zeigerarten geben durch ihr Auftreten oder Fehlen Hinweise auf das Wirken und die Intensität bestimmter ökologischer Faktoren oder Faktorenkombinationen. Beispiele hierfür sind Pflanzenarten mit sehr ausgeprägtem ökologischen Verhalten und ökologische Gruppen i. S. von ELLENBERG (vgl. Kap. 2.3.3). Die besten Indikatoren sind stenöke Arten, die nur eine geringe Toleranzbreite gegenüber dem betreffenden Umweltfaktor bzw. der Faktorenkombination aufweisen. Stenöke Arten können positive Indikatoren sein, d.h. ihr Vorkommen und ihre Populationsdichte (Häufigkeit) lassen auf fördernde Einflüsse bestimmter Umweltfaktoren schließen. Sie können aber auch negative Indikatoren sein, d. h. ihr Fehlen in einem sonst für sie geeigneten Lebensraum läßt auf die Wirksamkeit gewisser schädigender Umwelteinflüsse schließen. Euryöke Arten sind dagegen nur eingeschränkt als Bioindikatoren zu gebrauchen, da sie eine große Toleranzbreite haben und somit große Schwankungen eines oder mehrerer ökologischer Faktoren ertragen. Entsprechend reagieren sie weniger eindeutig als stenöke Arten. Jedoch läßt sich auch aus der Bestandsänderung euryöker Arten auf bestimmte Veränderungen der Umwelt schließen. Die Förderung euryöker Arten geht häufig nicht auf die direkte Wirkung eines abiotischen Faktors zurück, sondern auf veränderte Angebote von Nahrungsorganismen und den Wegfall von Konkurrenten oder Feinden. Ein Beispiel bildet das Saprobiensystem zur Bestimmung der Gewässergüte, das bei BICK (1993, S. 260f) besprochen wird.

● Monitorarten sind Organismen, die zur Erkennung des Vorhandenseins und der Menge eines Schadstoffes oder einer Schadstoffkombination geeignet sind. Dabei lassen sich zwei Formen unterscheiden: Akkumulationsindikatoren lagern Schwermetalle, Chlorkohlenwasserstoffe oder andere Substanzen im Körper ab und reichern sie teilweise an. Wirkungsindikatoren ermöglichen das Erkennen von schadstoffspezifischen Wirkungen; sie können Hinweise auf den Stofftyp und die Konzentration des Stoffes geben. Monitororganismen werden entweder dem zu untersuchenden Ökosystem entnommen (Pflanzen, Muscheln, Fische u. a.) und im Labor analysiert oder sie werden nach einem standardisierten Verfahren für bestimmte Zeit in einem Gewässer oder in der belasteten Luft exponiert, um dann untersucht zu werden (z. B. Flechten, Miesmuscheln). Monitororganismen haben besondere Bedeutung für den Umweltschutz.

● Testorganismen werden eingesetzt, um die Wirkung eines Stoffes in einem toxikologischen Test zu prüfen. Das Spektrum der als Testorganismen verwendeten Arten ist breit, es reicht von höheren Pflanzen und Bakterien über Wirbellose und Wirbeltiere bis zu Einzellern.

4.4   Ökosystemlehre

Angeregt durch die weltweiten Probleme der Umweltbelastung und durch die zunehmende Diskrepanz zwischen Bevölkerungswachstum und Nahrungsmittelerzeugung hat sich die Forschung in den letzten zwei Jahrzehnten mehr und mehr den Ökosystemen zugewandt. Aus der Erforschung des Energieflusses und Stoffumsatzes in den Ökosystemen ergeben sich am ehesten Ansätze zur Bekämpfung von Umweltschädigungen.

Die Ökosystemforschung bezieht die verschiedenen, hier z. T. behandelten Fragestellungen, wie Aut- und Synökologie, Physiologie, Vegetationskunde usw., ein und verknüpft sie miteinander. Außerdem muß sie interdisziplinär vorgehen, d. h. Biologie, Geowissenschaften, Chemie, Thermodynamik, Landwirtschafts- und Forstwissenschaft sowie, nach Bedarf, Technik, Planung, Landespflege, Ökonomie und auch Sozialwissenschaften haben daran mitzuwirken, um die komplizierten Zusammenhänge insbesondere in den Kulturlandschaften und städtischen Ökosystemen zu verstehen und den Raum ökologisch funktionsfähig zu erhalten und zu gestalten.

Der Pflanzengeographie, die sich mit der Verflechtung der pflanzlichen Primärproduzenten mit den verschiedenen Geosystemen beschäftigt, kommt als Teilaspekt der Ökosystemforschung ein hoher Stellenwert zu. Deshalb sei hier kurz auf das Modell eines vollständigen natürlichen Ökosystems eingegangen.

4.4.1 Modell eines „vollständigen" Ökosystems

„Ein Ökosystem ist ein Wirkungsgefüge von Lebewesen und deren anorganischer Umwelt, das zwar offen, aber bis zu einem gewissen Grade zur Selbstregulation befähigt ist" (ELLENBERG 1973). Ein solches System ist stets mehr als eine additive Summe seiner Teile, sondern eine Einheit im Sinne eines funktionierenden Zusammenwirkens. Ökologische Systeme sind stets mehr oder weniger offen und ohne scharfe Grenzen. Es werden Energie und Stoffe von außen zugeführt und verlassen das System wieder, d. h. aber auch, das System ist durch äußere Einflüsse störbar. Auch das umfassendste aller Ökosysteme, die gesamte Ökosphäre (im Sinne des mit Leben erfüllten Bereichs der Erde) erhält Sonnenstrahlung zugeführt und unterliegt kosmischen Ereignissen, die es beeinflussen. Das trifft um so mehr für kleinere Ökosysteme zu, die von benachbarten Ökosystemen her beeinflußbar sind, wie ein Waldbestand, ein Moor oder ein See mit ihren vielerlei pflanzlichen und tierischen Lebewesen.

Relativ stabile Ökosysteme, die sich z. B. in den Schlußgesellschaften der Vegetation äußern, sind durch einen Gleichgewichtszustand gekennzeichnet. Jedoch ist dieses Gleichgewicht niemals als ein statisches Ruhen zu verstehen, sondern es ist dynamisch, auch wenn im Augenblick keine Veränderungen beobachtbar sind. Alle Energien und Stoffe der Umwelt, wie Licht, Wärme, Feuchtigkeit, Nährstoffe, Luftzusammensetzung und auch sonstige ökologische Faktoren schwanken, auch ohne Beeinflussung durch den Menschen, mit mehr oder weniger weiter Amplitude. Daneben vollzieht sich ein ständiges Auf und Ab durch endogene Rhythmen und Entwicklungsabläufe der verschiedenen Pflanzen- und Tierpopulationen, abgesehen von dem unerbittlichen Wettbewerb um Raum, Licht und Nährstoffe, der zwischen den Individuen einer Art oder sonstigen Sippen stattfindet. Trotzdem ist es berechtigt, von einem ökologischen oder biologischen Gleichgewicht zu sprechen, denn offensichtlich führt dieser Wettbewerb in vielen Biotopen zu Artenvergesellschaftungen, die trotz gewisser Schwankungen in den Populationsgrößen über lange Zeit qualitativ gleich bleiben (ELLENBERG 1973).

Wesentliche Bestandteile eines jeden Ökosystems sind zunächst Lebewesen, höhere Pflanzen, Mikroorganismen, Tiere oder Menschen, die miteinander existieren. Für jede ökologische Fragestellung bildet der lebende Organismus oder eine Organismengemeinschaft den Bezugspunkt. Eine Lebensgemeinschaft hängt stets von gewissen Bedingungen der anorganischen Umwelt ab, die in den abiotischen Grundlagen ihres Lebensraumes (für die Pflanzengemeinschaft der Biotop) enthalten sind. Biozönose und Biotop bilden eine funktionale Einheit, ein Wirkungsgefüge in Raum und Zeit, das durch ein Netz von Rückkopplungskreisen verwoben ist.

4.4.2   Anorganische Bestandteile

In grober Ordnung lassen sich die anorganischen Bestandteile eines Ökosystems in drei Gruppen aufteilen, wobei jede Gruppe mehrere ökologische Faktoren umschließt (Abb. 34): 1. Strahlungsenergie, 2. anorganische Stoffe, 3. Raumbeschaffenheit (Raumstruktur nach ELLENBERG 1973).

Sonnenstrahlung ist die hauptsächliche, wenn nicht sogar die einzige Energiequelle jedes vollständigen Ökosystems. Der größte Teil der eingestrahlten Energie wird in Wärme umgesetzt, die den Wasserkreislauf aufrecht erhält und die physikalischen Bedingungen im Raum beeinflußt. Für jeden Organismus stellt Wärme innerhalb gewisser Grenzen eine notwendige Lebensvoraussetzung dar. Für die grüne Pflanze (sowie andere phytoautotrophe Organismen, z. B. manche Bakterien) ist außerdem das Sonnenlicht die notwendige Energiequelle, um die Photosynthese durchführen und damit die primäre Produktionsleistung erbringen zu können, von der die Kompartimente auf den höheren Trophiestufen (höhere Glieder der Nahrungsketten) abhängig sind. Daneben beeinflußt das Licht gewisse Wachstumsvorgänge und Lebenszyklen (Kurztags- und Langtagspflanzen), ebenso wie es Einfluß auf die Aktivitätsrhythmen vieler Tiere hat.

Alle Lebewesen benötigen Wasser, nicht nur als Medium für chemische Synthesen, sondern auch zur Aufrechterhaltung einer gewissen Wasserspannung (Hydratur) ihres Zellplasmas. Der Wasserkreislauf verbindet nahezu alle Kompartimente des Ökosystems miteinander.

Der Gaswechsel macht in jedem Ökosystem einen wesentlichen Teil des Stoffumsatzes aus, denn alle Lebewesen müssen atmen, um Energie freizusetzen, die sie zur Aufrechterhaltung ihrer Lebensvorgänge brauchen. Sie nehmen Sauerstoff auf und scheiden Kohlendioxid aus, so auch die grüne Pflanze, bei der am Tage und unter geeigneten Bedingungen der umgekehrte Prozeß, die CO_2-Assimilation und O_2-Ausscheidung, überwiegt. Durch die Assimilation gebundener Kohlenstoff und Sauerstoff bilden zusammen mit dem Wasserstoff die Grundbausubstanz sämtlicher im natürlichen Ökosystem vorkommender organischer Verbindungen.

Auch auf mineralische Nährstoffe sind sämtliche Organismen angewiesen. So benötigen sie Stickstoff, Phosphor und Schwefel zum Aufbau von Eiweißen und anderen lebensnotwendigen Zellbestandteilen. Kalzium, Magnesium, Kalium und Eisen haben wichtige Aufgaben im Stoffwechsel zu erfüllen. Hinsichtlich der übrigen Mineralstoffe bestehen Unterschiede zwischen Pflanzen und Tieren. Das gilt besonders für das NaCl (Kochsalz), das für die meisten Tiere lebensnotwendig ist, während viele Pflanzen ohne es auskommen – sogar die fakultativen Halophyten benötigen es nicht. Noch stärker unterscheiden sich die Ansprüche der Organismen an Spurenelementen

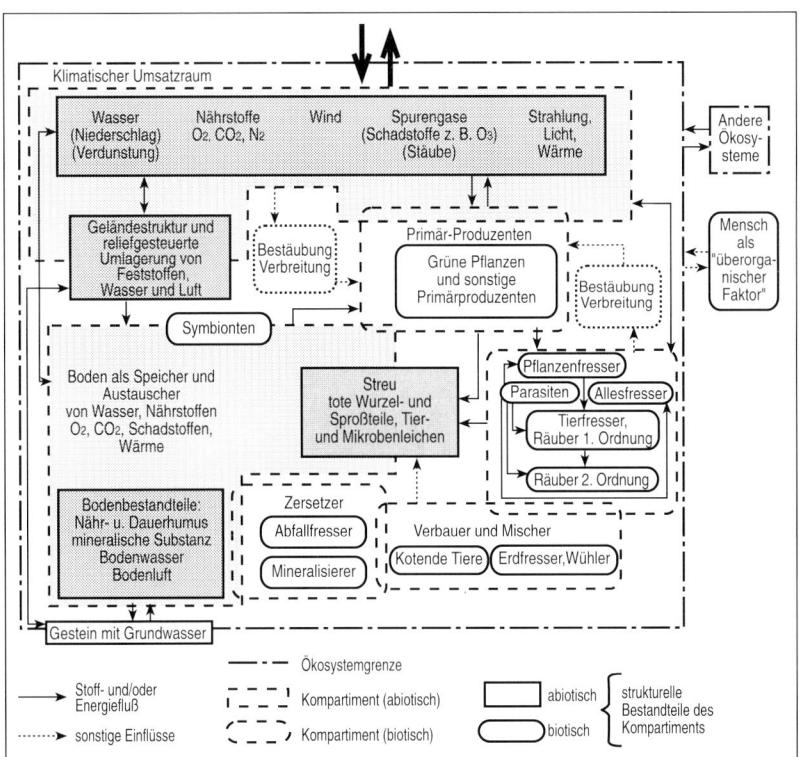

Abb. 34: Vereinfachtes Modell eines „vollständigen" Landökosystems, d. h. eines sich weitgehend selbstregulierenden Wirkungsgefüges aus Lebewesen und deren Umwelt, z. B. eines bestimmten Wald- oder Wiesentyps (Entwurf des Verf. unter Verwendung von SCHREIBER 1987).

Umrahmt dargestellt sind die Bestandteile oder Kompartimente des Ökosystems, in ovalen durchgezogenen Rahmen die Gruppen von Lebewesen und in rechteckigen die abiotischen organischen und anorganischen Bestandteile. Diese auch als Strukturbestandteile gekennzeichneten Kompartimente sind von ihren gepunktet abgegrenzten Funktionsbereichen umgeben. Überlappungen machen deutlich, daß die Kompartimente nicht immer trennscharf voneinander abzugrenzen sind. Zugleich deuten die Überlappungen an, daß zwischen den Kompartimenten Wechselwirkungen bestehen. Auf Pfeile zur Kennzeichnung von wechselseitigen Beziehungen wurde bei Überlappungen aus Gründen der Übersichtlichkeit der Graphik verzichtet.

Weitere Ökosystemmodelle aus der Sicht der Geoökologie finden sich bei LESER (1991).

(Kupfer, Kobalt, Mangan, Molybdän, Bor, Jod, Fluor u. a.), die nur in sehr geringen Mengen gebraucht werden, im Übermaß hingegen – und dies trifft vor allem für die Schwermetalle zu – toxisch wirken.

Unentbehrlicher Bestandteil eines jeden Ökosystems ist schließlich eine bestimmte Raumbeschaffenheit. Hierunter sind die Medien, in denen die Organismen leben und ihre Wirkungen aufeinander ausüben, ebenso zu verstehen, wie die Raumausdehnung in der Horizontalen und Vertikalen, die jedes Ökosystem zu seiner speziellen Entwicklung benötigt. Ohne ein bestimmtes Minimumareal mit einer gewissen Mindesttiefe und -höhe kann sich weder im Wasser, noch im Boden, noch in der Luft ein charakteristisches Ökosystem entfalten. Von wesentlicher Bedeutung ist das Medium, in dem sich die Lebewesen entwickeln, sei es Luft, Wasser oder Boden bzw. ein Über- oder Nebeneinander dieser Medien. Ist das Medium bewegt, wie es bei Luft und Wasser oft der Fall ist, trägt es die darin lebenden Organismen mit sich fort oder beansprucht die ortsgebundenen mechanisch, worauf sie mit besonderen Baumerkmalen reagieren. Auch die Struktur des Bodens, die Einfluß auf die Durchlüftung, den Wasserhaushalt und die Durchwurzelungsmöglichkeit hat, ist hier einzuordnen.

Eine Reihe von Pflanzen und Tieren besiedelt bestimmte „ökologische Nischen", wobei sie teilweise recht spezielle Ansprüche an ihre Substrate entwickelt haben. Bekannte Beispiele unter den Pflanzen sind die Epiphyten, die auf Baumrinden, in Astgabeln oder gar auf elektrischen Leitungsdrähten wachsen, wie *Tillandsia recurvata*. Sie verfügen über besondere Einrichtungen zur Wasser- und Nährstoffaufnahme sowie zur Überwindung von Mangelsituationen, insbesondere die in den Trockengebieten wachsenden.

4.4.3   Organische Bestandteile

Im Zentrum eines vollständigen Ökosystems stehen die Primärproduzenten oder grünen Pflanzen, wobei es gleichgültig ist, ob es sich um Bäume, Sträucher, Gräser, Kräuter oder nur um winzige Algen handelt, die im Wasser schweben. Ihre Produktionsleistung an Biomasse kann durchaus ähnliche Größenordnungen erreichen. Die Produktionsleistung hängt einerseits vom Standort ab, insbesondere der Ausbildung der primären Standortfaktoren und andererseits von der physiologischen Organisation der Pflanzen. Wie in Kap. 4.3.1 ausgeführt, nutzen die grünen Pflanzen das Sonnenlicht, CO_2 und Wasser bei der Photosynthese zum Aufbau von Biomasse. Deutliche Unterschiede bestehen in der Art der CO_2-Einbindung.

Die CO_2-Fixierung erfolgt bei den meisten Pflanzen durch eine organische Verbindung mit 5 Kohlenstoffatomen. Das 6 Kohlenstoffatome enthaltende Reaktionsprodukt ist instabil und zerfällt sofort in zwei C_3-Körper. Wir sprechen daher auch von C_3-Pflanzen. Diese C_3-Verbindungen werden im sog. Calvin-Zyklus in mehreren Schritten zu Glucose (Zucker) und weiter zum energiereichen Reservestoff Stärke umgewandelt.

Besonders im tropischen und subtropischen Raum gibt es einen hohen Anteil an Pflanzen, die einen anderen Weg der CO_2-Fixierung beschreiten. Die Fixierung des atmosphärischen CO_2 läßt hier als Produkt C_4-Körper entstehen, z. B. Oxalat. Diese C_4-Pflanzen weisen eine räumliche Trennung von CO_2-Fixierung im Mesophyll und CO_2-Einbau in den Leitbündelscheiden auf. Gegenüber dem Weg der C_3-Pflanzen ist die Glucoseherstellung zwar energieintensiver, doch ist die Photosyntheseleistung weit höher; Biomassenverluste durch Lichtatmung treten bei C_4-Pflanzen kaum noch auf und auch die Transpirationsverluste sind geringer, da auch bei geschlossenen Spaltöffnungen Assimilataufbau stattfinden kann. Darüber hinaus können C_4-Pflanzen auch höchste Lichtintensitäten effektiv zum Stoffaufbau ausnutzen. Der erhöhte Energieaufwand dieses Stoffwechselweges stellt angesichts der Hauptverbreitung der C_4-Pflanzen in den niederen Breiten (hohe Strahlungsbilanz) kein wirkliches Problem dar. Einige wichtige Nutzpflanzen gehören zu den C_4-Pflanzen, z. B. Mais, Zuckerrohr und Sorghum (Näheres s. Lehrbücher der Nutzpflanzenkunde, z. B. REHM/ESPIG 1996).

Eine Abwandlung des C_4-Einbindungsweges ist bei den sog. CAM-(Crassulacean Acid Metabolism-)Pflanzen zu finden, zu denen viele Sukkulenten gehören. Die CO_2-Vorfixierung ist im Gegensatz zu den C_4-Pflanzen nicht räumlich vom Ort der Verarbeitung getrennt, sondern zeitlich entkoppelt. Die CO_2-Aufnahme durch die geöffneten Stomata kann bei CAM-Pflanzen während der Nacht erfolgen, so daß aufgrund des dann herrschenden erniedrigten Temperaturniveaus und einer höheren relativen Luftfeuchtigkeit die Transpirationsverluste gering bleiben. Die energieabhängigen Stoffwechselprozesse, die schließlich zum Aufbau von Glucose und Stärke führen, finden dann am Tage bei geschlossenen Stomata statt. CAM-Pflanzen zeichnen sich nicht wie C_4-Pflanzen durch eine hohe Biomassenbildung, sondern durch eine optimierte Wasserökonomie aus und sind physiologisch hervorragend an Trockenstandorte angepaßt. Zu den CAM-Pflanzen gehören u. a. Vertreter der namengebenden Dickblattgewächse, der Agaven- und Kakteengewächse.

Die abgestorbene organische Substanz wird von den Zersetzern oder Destruenten, die sich als notwendige Bestandteile eines Ökosystems erweisen abgebaut und remineralisiert.

Zwei Hauptgruppen von Zersetzern lassen sich unterscheiden:

1. Abfallfresser (Saprovore) sind Verzehrer von Pflanzen- und Tierleichen, abgestorbenen Blättern, Wurzeln oder sonstigen toten organischen Substanzen: Würmer, Insektenlarven, Milben und andere Tiere. Da der Nährwert solcher organischer Reste verhältnismäßig gering ist, verzehren die Saprovoren große Mengen davon und arbeiten sie durch Ausscheidung in den Boden ein.

2. Mineralisierer (Reduzenten) sind Bakterien, Pilze und andere Mikroorganismen, welche die von den Saprovoren ausgeschiedenen Reste aufnehmen oder die abgestorbene Pflanzensubstanz direkt angreifen und bis zu Kohlendioxid, Wasser und den verschiedenen mineralischen Stoffen abbauen. Auf diese Weise wird der Kreislauf der für das System notwendigen Nährstoffe, namentlich des Phosphors und des Stickstoffs, durch die Mineralisierer wieder geschlossen. In vielen Ökosystemen spielen auch Symbionten eine Rolle bei der Stoffgewinnung und Weitergabe innerhalb des Systems, z. B. Mykorrhizapilze und Knöllchenbakterien auf den Wurzeln höherer Pflanzen.

Als nicht notwendig für die Aufrechterhaltung natürlicher Ökosysteme müssen die meisten Konsumenten oder, genauer gesagt, die „Lebendfresser" angesehen werden. Hierzu zählen die meisten Tiere und der Mensch, sofern Tiere nicht bei der Bestäubung und Samenverbreitung unentbehrlich sind. Sie gewinnen ihre Energie und ihre Baustoffe durch Ab- und Umbau pflanzlicher und tierischer Körpersubstanz. Letztlich sind alle diese „Sekundärproduzenten" Nutznießer der pflanzlichen Primärproduktion.

Die Pflanzenfresser (Herbivore oder Phytophage) können – besonders wenn sie in zu großer Zahl auftreten – die Primärproduktion erheblich senken, indem sie assimilierende Blattflächen oder andere lebenswichtige Pflanzenteile zerstören. Zumeist spielt sich jedoch ein Gleichgewicht zwischen Produzenten und Konsumenten ein, in dem Sinne, daß die Konsumenten nur einen Bruchteil der Primärproduktion verzehren und den grünen Pflanzen genügend Spielraum zu ihrer Entfaltung bleibt. Die überwiegende Mehrzahl der Tiere lebt von abgestorbener Pflanzensubstanz und beeinflußt dadurch die Primärproduzenten eher vorteilhaft, weil sie den Nährstoffkreislauf fördert.

Ein Regulativ in diesem Gleichgewicht zugunsten der Pflanzen sind außerdem die Raubtiere (Carnivore oder Zoophagen), deren Populationen wiederum durch Raubtiere 2. und höherer Ordnung (Übercarnivore) unter Kontrolle gehalten werden. In diesem Kontroll-Verhältnis zwischen Nahrungsangebot und der Zahl der Konsumenten auf den verschiedenen Trophiestufen ist die ökologische Selbstregulierung begründet. Es bestehen so ganze Nahrungsketten, in die sich viele Tierarten und auch der Mensch nicht nur an einer Stelle einordnen. Sie können vielmehr teils als Herbivore, teils als Carnivore verschiedenen Grades oder auch als Saprovore auftreten. Auf diese Weise und dadurch, daß sie nicht nur auf eine Beuteart angewiesen sind, entstehen aus den Nahrungsketten kompliziert gewobene Nahrungsnetze. Ihr Studium ist heute vor allem wegen der Weitergabe und Akkumulation von Schadstoffen, z. B. aus Herbiziden, Insektiziden usw., in den höheren Gliedern der Nahrungsnetze von großer praktischer Bedeutung.

Abzweigungen von allen bisher erwähnten Nahrungsketten stellen die Parasiten dar, die von lebenden Pflanzen, Herbivoren, Carnivoren oder Saprovoren zehren oder auch als Überparasiten (z. B. pathogene Bakterien in Milben im Federkleid eines Raubvogels) leben. Überparasiten können so das 5. bis 6. Glied in der Nahrungskette bilden.

Nicht nur durch Beschädigung, z. B. durch Tritt und Fraß, können Tiere auf die von ihnen bewohnten Ökosysteme einwirken, sondern vielfach spielen sie auch eine wichtige Rolle im Lebenszyklus von Pflanzen. Bekannt ist die Rolle vieler Insekten und mancher Vögel als Bestäuber von Blütenpflanzen.

Alle frei beweglichen Tiere kommen außerdem als Verbreiter von Keimen sowohl niederer als auch höherer Pflanzen in Frage. Herbivore beeinflussen das Artengefüge des Ökosystems indirekt, indem sie selektierend fressen. Diese Auslese durch Fraß begünstigt andere wenig oder nicht verbissene Arten im Wettbewerb mit beliebteren Futterpflanzen.

Am weitesten geht heute der Einfluß des Menschen über seine Rolle in den Nahrungsnetzen hinaus (Mensch als „überorganischer Faktor"). Er verändert nicht nur die anorganischen Bedingungen von Ökosystemen, gestaltet sie nach seinem Willen um, zerstört sie u. U. ganz, sondern übt darüber hinaus vielfältige Einflüsse auf die Artenzusammensetzung aus. Ja, er greift heute sogar manipulierend in das Erbmaterial ein (Pflanzen- und Tierzüchtung, Gentechnik), um gewisse Leistungen für seine speziellen Bedürfnisse aus den Ökosystemen zu erzielen. Dies ist wohl ein bisher einmaliger Vorgang in der Phylogenie.

Im Verhältnis zur Masse der Erde ist die Masse der organischen Substanz (Biomasse) verschwindend gering. Trotzdem hat das Organische für den Stoffhaushalt der Geosphäre große Bedeutung.

Tab. 21: Die Biomasse* der Erde zu einem gegebenen Zeitpunkt (nach DOBROJEDOW *aus* MARCINEK *1988)*

Festland	Meer	Pflanzen	Tiere	gesamte Erde
220 km^3	40 km^3	220 km^3	40 km^3	260 km^3
$22 \cdot 10^{10}$ t	$4 \cdot 10^{10}$ t	$22 \cdot 10^{10}$ t	$4 \cdot 10^{10}$ t	$26 \cdot 10^{10}$ t

* Unter Biomasse versteht man die in einer Lebensgemeinschaft von Pflanzen oder Tieren je Raum- und Zeiteinheit gebildete lebende Masse einschl. ihrer Abfallstoffe (nach THIENEMANN).
Zum Begriff Biomasse und ihrer Berechnung vgl. LIETH/WHITTAKER (1975), zur jährlichen Kohlenstoffbindung auf der Erde.

4.4.4   Die Weitergabe gebundener Energie

Ein weiteres Problem der Ökosystemforschung stellt die Verteilung der von den Primärproduzenten gebundenen Energie dar. Der „Energiefluß", d. h. die Weitergabe der Energie, verbindet fast alle Komponenten eines Ökosystems miteinander. In autotrophe Systeme tritt zunächst Strahlungsenergie ein und wird von den Primärproduzenten in chemischer Form festgelegt, das bedeutet, die gebundene Energie ist z. T. als Körpersubstanz (Biomasse) faßbar.

Die Sonnenenergie, die von den grünen Pflanzen im Prozeß der Photosynthese chemisch gebunden wird, wird innerhalb des Ökosystems weitergegeben und dabei auf jeder Nahrungsstufe zu einem Teil veratmet, d. h. in Wärme umgewandelt, die innerhalb des Systems nicht weiter nutzbar ist.

Der „Energiefluß" durch das Ökosystem verbindet alle biotischen Kompartimente miteinander (Produzenten, Konsumenten 1., 2. Ordnung usw., Destruenten, Mineralisierer). Die Energieweitergabe ist wesenlich an den Kohlenstoff und seine Verbindungen gebunden.

Im Schema der Abb. 35 nach BICK (1993) wird von einer Globalstrahlung von 10 000 kJ pro m² pro Tag ausgegangen. Dieser Wert trifft annähernd für den Nordteil der deutschen Mittelgebirgsschwelle (Solling) zu. Der Anteil der photosynthetisch wirksamen Strahlung macht etwa 4000 kJ m⁻² d⁻¹ aus. Von der von den Pflanzen absorbierten Strahlung wird bei weitem der größte Teil in Wärme umgewandelt, die wiederum hauptsächlich der Verdunstung von Wasser (Transpiration) dient. Der dadurch bewirkte Transpirationsstrom transportiert gleichzeitig die anorganischen Nährstoffe aus der Bodenlösung über die Wurzeln zu den Verbrauchsorten in den Blättern. Nur ein relativ geringer Teil der Globalstrahlung wird durch den Prozeß der CO_2-Assimilation in chemische Energie übergeführt

$$(n\ CO_2 + n\ H_2O \overset{h\,v}{<======>}(CH_2O)n + nO_2),$$

wobei $h \cdot v$ für Energie steht (= PLANCKsches Wirkungsquantum).

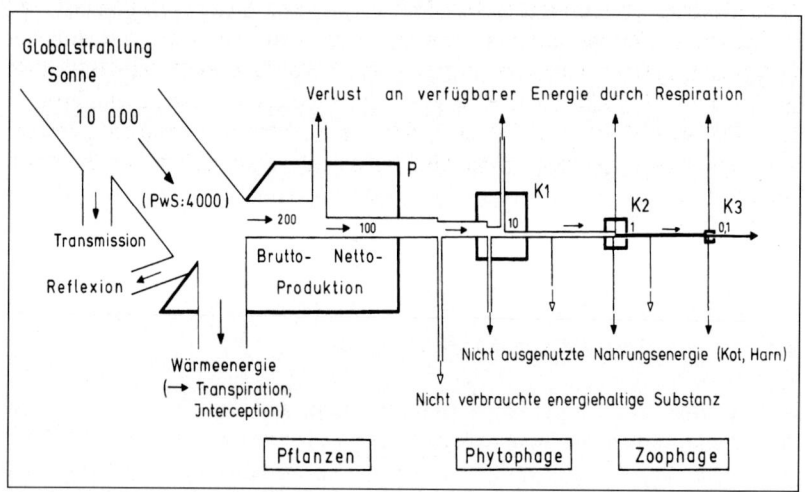

Abb. 35: Energiefluß in der Phytophagennahrungskette. Angaben in kJ m⁻² d⁻¹. Es bedeuten: PwS = Photosythetisch wirksame Strahlung (photosynthetic active radiation PhAR) 400-700 nm, P = Produzenten (Primärproduzenten), K1 = Konsumenten 1. Ordnung, K2 = Konsumenten 2. Ordnung, K3 = Konsumenten 3. Ordnung (nach BICK 1993)

Im Beispiel Abb. 35 beträgt die Bruttoprimärproduktion (Gesamtproduktion durch Photosynthese, ein nur rechnerisch zu ermittelnder Wert) Pb = 200 kJ m^{-2} d^{-1}; davon werden angenähert 50 % durch Atmung (Respiration R) der Pflanze verbraucht, d. h. sie gehen in den Stoffwechsel ein. Die restliche Hälfte ist die Nettoprimärproduktion (Pn), auch apparente Photosynthese genannt. Sie tritt in der Biomasse der Pflanze wägbar in Erscheinung und steht den heterotrophen Organismen als Energiequelle zur Verfügung (heterotrophe Organismen sind bei der Nahrungssynthese auf andere Organismen, d. h. letztlich auf grüne Pflanzen angewiesen).

Die Nettoprimärproduktion macht im gewählten Beispiel 1 % der Globalstrahlungsenergie aus; bezogen auf die photosynthetisch wirksame Strahlung ergibt sich eine Ausbeute von 2,5 %. Werte dieser Größenordnung treffen für mitteleuropäische Laubwaldökosysteme zu. In trockenen oder kalten Klimaten sind die Ausbeuten geringer, in den feuchten Tropen höher. Die höchsten Werte (6 %) erreichen landwirtschaftliche Intensivkulturen (C$_4$-Pflanzen) wie Zuckerrohr, Mais und Sorghum. Auch bei den Respirationsverlusten gibt es erhebliche Unterschiede, die zwischen 10 % (Grasland) und 80 % (manche Waldökosysteme) schwanken.

In der Nahrungskette sind folgende Gesichtspunkte wichtig: In dem Modell wird angenommen, daß die Nahrung für alle Nutzer verfügbar ist, und die gesamte Nettoproduktion weitergereicht wird. Bei jeder Übertragung energiehaltiger Substanz von einem Glied der Nahrungskette auf das nächste nimmt die verfügbare Energie ab, weil Verluste durch Umwandlung in nicht weiter verwertbare Wärme (Respirationsverluste) auftreten und die Substanzen nicht voll ausgenutzt werden können (unverdauliche Stoffe, Freßverluste etc.).

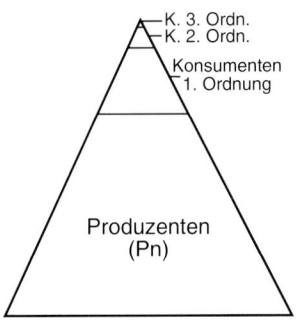

Abb. 36: Nahrungspyramide (Biomassenpyramide)

Die von den Produzenten ausgehende Nahrungsenergie vermindert sich bei der Überführung in die Körpersubstanz der phytophagen Tiere (Pflanzenfresser) auf folgende Weise:

1. Ein gewisser Teil des Nahrungsangebots wird nicht verbraucht, weil er z. B. beim Fressen zu Boden fällt.

2. Unverdauliche und damit nicht ausgenutzte energiehaltige Substanz (Zellulose, Lignin, Harze, Wachse u. a.) wird als Kot ausgeschieden; außerdem wird Energie zur Harnabgabe aufgewendet, die für die Produktion nicht mehr zur Verfügung steht.

3. Ein erheblicher Teil der aufgenommenen Energie wird im Stoffwechsel veratmet (Respiration).

Bezogen auf die am Anfang der Nahrungskette zur Verfügung stehende pflanzliche Primärproduktion belaufen sich die Verluste an verfügbarer Energie bei den Pflanzenfressern (Konsumenten 1. Ordnung) auf etwa 90 %, d. h. die Nettoproduktion beträgt 10 %. Nur dieser Betrag steht der folgenden zoophagen Stufe (Konsumenten 2. Ordnung, Räuber) zur Verfügung. Auch auf dieser Trophiestufe wiederholt sich die Reduktion an verfügbarer Energie für die folgenden Konsumenten 3. Ordnung. Die Nahrungsketten können infolgedessen nur eine gewisse Länge erreichen, etwa fünf Glieder (n. BICK 1993). Da das Beuteangebot für eine stoffwechselmäßig rentable Ausbeute immer geringer wird, muß auch die Populationsgröße von Trophiestufe zu Trophiestufe abnehmen.

Für die Welternährung bedeutet dies, daß bei gegebener Erntefläche und einer wachsenden Weltbevölkerung eine bessere Ausnutzung der jährlich zuwachsenden Nahrung durch stärkeren Verzehr von pflanzlichen Nahrungsmitteln (vegetarische Kost) gewährleistet wäre. In den „reichen Ländern" der Erde geht die Entwicklung aber eher in die entgegengesetzte Richtung: In zunehmendem Maße wird Fleisch verbraucht, zu dessen Erzeugung mehr und mehr Getreide verfüttert werden muß. Wenn z. B. Weizen bei direkter Verwendung als Nahrungsmittel (etwa im Brot) einen Einsatz von 1:1 erfordert, so müssen um Hühnerfleisch zu erzeugen 12:1 Kalorien aufgewendet werden (11 von 12 cal aus der Primärnahrung gehen also verloren), zur Erzeugung von Eiern 4:1, Schweinefleisch 3:1, Milch 5:1.

Unbestritten sind Fleisch und andere proteinhaltige Nahrungsmittel unentbehrlicher Bestandteil einer ausreichenden menschlichen Ernährung. Aber der tägliche Eiweißbedarf des Menschen ist gering und könnte – wenn auch nicht vollständig, so doch zu einem erheblich größeren Teil als derzeit – durch pflanzliche Eiweiße ersetzt werden. Hierfür kommen Sojabohnen, Bohnen, Erdnüsse und Mais in Frage[17]. Der Bedarf an tierischem Protein beträgt nach einer von der FAO ermittelten Norm 7 g pro Tag, was etwa 25 g Fleisch entspricht. Grundsätzlich ist er von der Gesamtkalorienmenge abhängig, die zur Verfügung steht.

---

17 Pflanzliches Eiweiß enthält nur zu einem geringen Teil sog. essentielle (unentbehrliche) Aminosäuren, zu denen Methionin, Lysin, Tryptophan usw. gehören. Diese können vom menschlichen Organismus auch nicht durch Umformung aus anderen Aminosäuren gebildet werden, weshalb sie als tierisches Eiweiß mit der Nahrung zugeführt werden müssen. (Näheres vgl. Lehrbücher der Nutzpflanzenkunde.)

4.4.5   Nährstoffkreisläufe

Im Unterschied zur Energie, die von der Sonne ausgestrahlt, die Biosphäre einseitig gerichtet durchströmt und schließlich als nicht weiter verwertbare Wärme in den Weltraum abgegeben wird, unterliegen die stofflichen Komponenten der Ökosysteme Kreislaufprozessen. Stoffe werden von den Lebewesen aus der Umwelt aufgenommen und wieder an die anorganischen Stoffdepots zurückgegeben, aus denen sie dann erneut gewonnen werden können. Der Transfer kann dabei sowohl in gasförmiger als auch in gelöster oder in fester Phase erfolgen.

Derartige Stoffkreisläufe finden in drei Dimensionen statt:
In Organismen, in ökologischen Funktionseinheiten (biotischen und abiotischen Komponenten) und zwischen den ökologischen Funktionseinheiten. Mit ODUM (1982) sprechen wir vom organismischen, ökosystemaren und geochemischen Kreislauf. Der einzelne Organismus nimmt Stoffe auf, baut sie in seine Körpersubstanz ein, verwertet sie im Betriebsstoffwechsel oder baut sie in seine Körpersubstanz ein und scheidet sie aus. Der Stofffluß in den ökologischen Funktionseinheiten beginnt zumeist mit der Bereitstellung von Nährstoffen in Böden und Gewässern durch Lösung sowie der Aufnahme und dem Umsatz durch Primärproduzenten. Über Zwischenverbraucher (Konsumenten bzw. Räuber) und Zersetzer führt er wieder zum Ausgangszustand zurück. Durch die Stoffbewegungen zwischen den ökologischen Funktionseinheiten werden diese sowohl auf topischer als auch auf globaler Ebene miteinander vernetzt, so daß sie Ökotope bzw. auf globaler Ebene die Ökosphäre bilden. Im geochemischen Kreislauf findet eine mehr oder weniger lange Festlegung in einem Stoffdepot statt und damit eine Unterbrechung des Kreislaufs. Alte und artenreiche Ökosysteme wie der tropische Regenwald setzen die biologisch wichtigen Stoffe zumeist rasch und vollkommen um, bei jüngeren und weniger artenreichen kommt es häufig nicht zu einem vollkommenen Recycling, wie bei Mooren. Aus der Fülle der existierenden Stoffkreisläufe werden hier beispielhaft einige biologisch bedeutsame ausgewählt.

Kohlenstoffkreislauf
Kohlenstoff (C) kommt als Grundbestandteil aller organischen Verbindungen in den Organismen, im Boden und in der Lithosphäre als Feststoff (Humus, Kohle, Erdöl und Karbonate) und in gelöster Form im Boden- und Grundwasser, in allen Oberflächengewässern sowie im großen Umfang im

Meer vor. In der Atmosphäre und in den Bodenporen tritt gasförmiges CO_2 auf. In einem Kreislaufprozeß bewegt sich der Kohlenstoff zwischen den verschiedenen Ökosystemkomponenten hauptsächlich in fester Phase. Außerdem kommt er im geochemischen Kreislauf in verschiedenen Depots vor.

Grob geschätzt wird jährlich ein Anteil von 5-7 % der CO_2-Menge, die in der Atmosphäre vorhanden und im Wasser gelöst ist, von Pflanzen in organische Bindung überführt. Im Betriebsstoffwechsel wird ein Teil davon wieder veratmet (organismischer Kreislauf). Über die Nahrungskette gelangt der organisch gebundene Kohlenstoff zu den übrigen Organismen des Ökosystems. Dabei verwenden diese Heterotrophen teils lebendes, teils totes organisches Material als Nahrung. Bei der Atmung wird auf jeder Trophiestufe CO_2 wieder freigesetzt, wodurch sich die Menge des gebundenen Kohlenstoffs von Stufe zu Stufe verringert. Nur in sehr seltenen Fällen wird alle von den Produzenten aufgebaute organische Substanz im Laufe eines Jahres wieder zerlegt und damit in CO_2 rückverwandelt (ökosystemarer Kreislauf). In der Regel werden mehr oder weniger große Kohlenstoffmengen in langlebigen Organismen oder schwer abbaubaren Bestandesabfällen bzw. deren Umwandlungsprodukten, wie Humus, festgelegt und so dem Kreislaufprozeß für eine gewisse Zeit entzogen. Aus Moorbildungen sind durch geologische Prozesse Kohlelagerstätten und aus Ansammlungen von Meeresorganismen Erdöl- und Erdgaslagerstätten hervorgegangen. Diese in Jahrmillionen aufgebauten Kohlenstoffdepots werden heute vom Menschen im großen Umfang zur Energie- und Rohstoffgewinnung genutzt. Durch Verbrennung dieser fossilen Energieträger wird der Kohlenstoff wieder in die Atmosphäre zurückgeführt, wodurch deren CO_2-Pegel ansteigt. Geraten Kohlenstoffverbindungen in noch tiefere Bereiche der Erdkruste, sind sie zunehmender Hitze- und Druckeinwirkung ausgesetzt. Durch vulkanische Vorgänge wie Vulkanexhalationen, Lavaförderung oder Mofetten können auch sie wieder an die Erdoberfläche gelangen (geochemischer Kreislauf).

Der Kohlenstoffhaushalt ist heute durch die Verbrennung fossiler Energieträger sehr stark vom Menschen beeinflußt. Außerdem weist er natürlich bedingte Jahresschwankungen auf. Innerhalb weniger Jahrzehnte hat der CO_2-Gehalt der Atmosphäre durch verstärkte Verbrennung fossiler Energieträger (Torf, Kohle, Erdöl, Erdgas) und Waldvernichtung von 0,028 auf 0,035 Vol. % im Jahre 1991 zugenommen. Da mit zunehmender CO_2-Konzentration in der Atmosphäre die effektive Ausstrahlung der Erde verringert wird (Treibhauseffekt), prognostiziert man insbesondere aufgrund des CO_2-Anstiegs eine globale Erwärmung und Klimaveränderungen in kommender Zeit.

CO_2-Senken bilden große Waldgebiete und vor allem die Meere. Zwischen dem CO_2-Gehalt der Luft und dem der Hydrosphäre besteht eine Wechselbeziehung. Entsprechend dem relativ geringen Anteil von CO_2 in der Atmosphäre ist bei Löslichkeitsgleichgewicht mit der Luft nur wenig CO_2 im Wasser gelöst. Dennoch ist die Senkungswirkung aber groß, da es mit Wasser zu Kohlensäure (H_2CO_3) reagiert und mit Kationen (Ca^{2+} u. a.) Karbonate bildet, die sich niederschlagen und so aus dem Wasser entfernt werden. Bei einer Erhöhung der CO_2-Konzentration der Luft nimmt die Aufnahmefähigkeit des Wassers für CO_2 zu; sinkt die Zuerstgenannte kommt es zu einer CO_2-Abgabe. Zwischen beiden Medien stellt sich also ein Gleichgewicht ein, das über die CO_2-Partialdrücke geregelt wird.

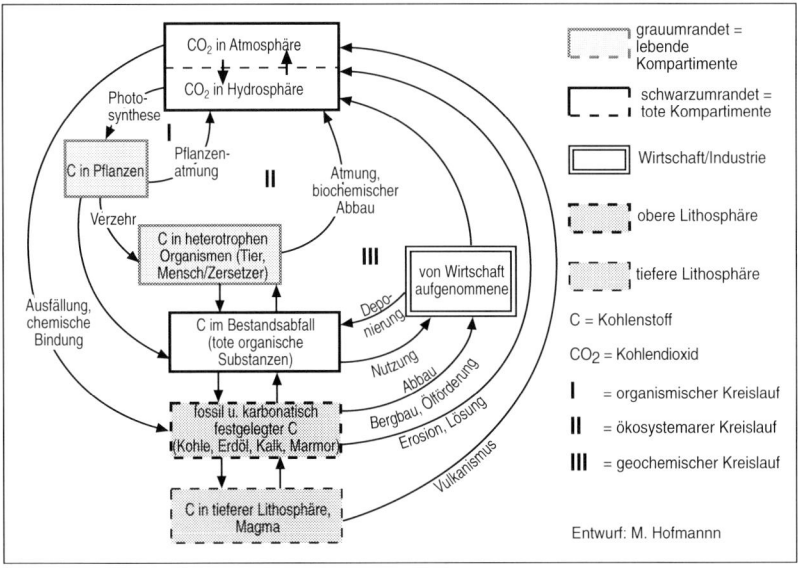

Abb. 37: Kohlenstoffkreislauf (aus: HOFMANN, M. 1985)

Stickstoffkreislauf

Das große Stickstoffreservoir bildet die Atmosphäre; 78 Vol. % des Gasgemisches der Erdatmosphäre werden von N_2 gebildet. Außerdem kommt Stickstoff in gelöster Phase sowohl als N_2 als auch als Ammonium (NH_4^+) und vor allem als Nitrat (NO_3^-) im Wasser vor. Während NH_4^+ und insbesondere NO_3^- von den Pflanzen aufgenommen werden können, ist der molekulare Stickstoff in Luft und Wasser den Pflanzen nicht unmittelbar zugänglich. Die Fähigkeit zur N_2-Fixierung findet sich nur bei *Prokaryoten* (Bakterien) und einigen niederen Pilzen *(Actynomyceten)*. Die betreffenden Arten sind teils freilebend, teils Symbiosepartner von Pilzen, Farnen und Samenpflanzen. So können die heterotrophen Bakteriengattungen Azotobacter und Clostridium Stickstoff binden. Außerdem können dies die symbiontisch in den

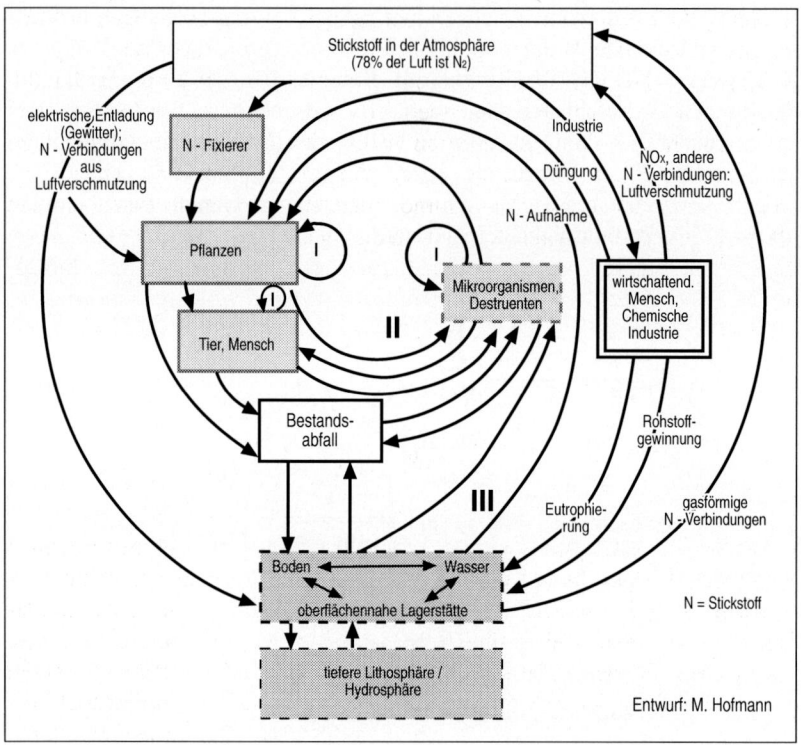

Abb 38: Stickstoffkreislauf (aus: HOFMANN, M. 1985)

Wurzelknöllchen von Hülsenfrüchtlern *(Papilionaceae)* lebende Gattung *Rhizobium* und der in den Wurzeln von Erlen vorkommende *Actinomycet Frankia*. Der zur Gründüngung von Reisfeldern verwandte Wasserfarn *Azolla* geht eine Symbiose mit der N_2 fixierenden Blaualge *Anabaena azollae* ein. Die so auf natürlichem Wege stattfindende Stickstoffbindung spielt auch eine wichtige Rolle bei der Stickstoffversorgung der Kulturpflanzen, zumal sie immer noch etwa das Vierfache der künstlichen Stickstoffdüngung ausmacht.

Die höheren Pflanzen nehmen NH_4^+ und vor allem NO_3^- aus dem Boden bzw. dem Wasser auf und verwenden diese Stoffe zur Synthese von Eiweißverbindungen. Die so gebildeten Eiweißverbindungen gehen in die Kreislaufprozesse I-III (Abb. 38) ein. Nicht in der Nahrungskette weitergegebene pflanzliche und tierische Biomasse gelangt zusammen mit tierischen Ausscheidungsprodukten in den Bestandesabfall. Vorwiegend vom Saprophyten-Destruenten-System (Mikroorganismen) wird dieser Bestandesabfall größtenteils wieder in seine Ausgangssubstanz zerlegt. Nur geringe Anteile werden mittel- oder längerfristig in einem Depot gespeichert (Humus, Wasser, oberflächennahe Lagerstätten, z. B. Guano, tiefere Lithosphäre).

Innerhalb des ökosystemaren Kreislaufes geht der Abbau der hochmolekularen Eiweißverbindungen in mehreren komplizierten Teilschritten vor sich: Zunächst werden von den großen Eiweißmolekülen niedermolekulare Stickstoffverbindungen (Aminosäuren, Amide) abgespalten; erst danach können Ammoniak (NH_3) bzw. Ammonium (NH_4^+) gebildet werden, das den Pflanzen erneut zur Verfügung steht. In einem als Nitrifikation bezeichneten Prozeß wird ein Teil des Ammoniums durch spezialisierte Bakterien (Nitrosomonas, Nitrobacter) oxidiert, wobei die Bakterien Energie gewinnen.

Im ersten Schritt oxidiert Nitrosomonas NH_4^+ zu Nitrit (NO_2^-)
$$NH_4^+ + 1\ 1/2\ O_2 \rightarrow NO_2^- + H_2O + 2\ H^+ + 319\ kj$$

Nitrobacter oxidiert das NO_2^- weiter zu Nitrat (NO_3^-)
$$NO_2^- + 1/2\ O_2 \rightarrow NO_3^- + 101\ kj$$

Der jeweilige Energiegewinn wird von den typischen chemoautotrophen Bakterien zur Überführung von CO_2 in organische Verbindungen genutzt.

Unter Sauerstoffmangel oder im nährstoffarmen Milieu kann diese Oxidation nicht ablaufen. Daher sind nasse und saure Böden von Hochmooren, atlantischen Heiden, Zwergstrauchtundren und nährstoffarmen, sauren Eichen-Birkenwäldern nitratarm. Jedoch können sie Ammoniumstickstoff enthalten. Die Mineralisierungsgeschwindigkeit des Bestandesabfalls ist von der Belüftung, Durchfeuchtung, Temperatur, dem Säuregrad und den vorhandenen mineralischen Nährstoffen abhängig. Sie läuft in humusreichen, lockeren, frischen, neutralen bis schwach alkalischen Böden besonders rasch ab, während sie in nassen und kalten sowie in trockenen und kalkarmen Böden gehemmt ist.

NH_4^+ wird durch Adsorption an Tonmineralen, Huminstoffen und anderen Substanzen im Boden festgehalten, NO_3^- hingegen ist leicht beweglich. Es wird deshalb verstärkt ausgewaschen und in tiefere Bodenschichten verlagert. Bei hohen Nitratgehalten im Boden kann es deshalb zu einer Auswaschung in die nahen Oberflächengewässer und zu einer Verlagerung ins Grundwasser kommen. In natürlichen Ökosystemen ist diese Gefahr kaum gegeben, weil der Stickstoff nur in geringen Mengen mineralisiert und alsbald wieder von den Pflanzen aufgenommen wird (geschlossener Kreislauf). Bei stärkerer Stickstoffmineralisation stellen sich stickstoffliebende Pflanzen *(Nitrophyten)* ein wie die Brennessel *(Urtica dioica).*

Eine wesentliche Rolle bei der Wiederaufnahme des remineralisierten Stickstoffs spielt die Mykorrhiza, das sind symbiontisch lebende Pilze, welche die Feinwurzeln der höheren Pflanzen umspinnen und den Boden intensiv durchsetzen und in der Lage sind, die sich bildenden Nitrate rasch zu resorbieren. Sie sind wichtig für die Nährstoff- und Wasserversorgung höherer Pflanzen, vor allem der Holzgewächse. Auch Bakterien und Pilze nehmen Nitrat und Ammonium aus dem Boden auf und konkurrieren dadurch mit den grünen Pflanzen um diese Nährstoffe.

Unter Sauerstoffmangel sind bestimmte Bakterien in der Lage, dem NO_3^- Sauerstoff zu entziehen (Nitratatmung) und dabei N_2O oder N_2 (Denitrifikation) oder auch NH_4^+ (Nitratamonifikation) zu bilden. Denitrifikation spielt auch beim Nitratabbau im Grundwasser eine Rolle. Der bei der Denitrifikation entstehende molekulare Stickstoff wird an die Atmosphäre, das Hauptreservoir des Stickstoffs, zurückgegeben. Der starke Zugriff des Menschen auf die Stickstoffreservoire zur technischen Düngererzeugung (Haber-Bosch- und Frank-Caro-Verfahren) sowie bei Verbrennungsprozessen entstehende Nitrosegase (NOx), die in der Atmosphäre Salpetersäure (HNO_3) bilden, haben zu einer Entkoppelung des Stickstoffkreislaufs geführt. Entkoppelung bedeutet, es werden mehr Stickstoffverbindungen in die Umwelt gebracht als von den Pflanzen aufgenommen werden können. Als Folge werden Stickstoffverbindungen in den Gewässern einschließlich dem Grundwasser und in der Atmosphäre nachgewiesen. Stickoxide können je nach Oxidationsstufe an der Ozonbildung (O_3) beteiligt sein, in der hohen Atmosphäre aber auch dazu beitragen Ozon abzubauen.

Phosphorkreislauf

Phosphor (P), der in den Lebensvorgängen eine grundlegende Rolle spielt, wird von den Pflanzen insbesondere als Phosphat (PO_4^{3-}) aufgenommen. Da Phospat in natürlichen Ökosystemen, vor allem Gewässern, nur in geringen Mengen vorhanden ist, bildet es zumeist den wachstumsbegrenzenden Minimumfaktor. Der Phosphatkreislauf ist dadurch gekennzeichnet, daß der Transport überwiegend durch Wasser erfolgt, entweder in wässeriger Lösung oder adsorbiert an Partikel; Phosphat anthropogener Herkunft wird in gewissem Umfang auch mit Staub durch die Luft verfrachtet. Die Phospatnachlieferung erfolgt hauptsächlich durch Lösung aus Gesteinen (vor allem Apatit $Ca_5 [(F,Cl)(PO_4)_3]$), außerdem aus P-reichen Ablagerungen von Vogelkot (Guano), Knochen und anderem organischem Material. Das gelöste Phosphat wird zunächst von den Pflanzen aufgenommen und über die Phytophagennahrungskette weitergegeben. Aus dem pflanzlichen und tierischen Bestandesabfall wird ein wesentlicher Teil unmittelbar und rasch durch autolytische Prozesse freigesetzt und kehrt wieder in den verfügbaren PO_4-Vorrat zurück. Dieser kurzgeschlossene Kreislauf, der ohne Beteiligung von Destruenten abläuft, hat vor allem für Gewässerökosysteme große Bedeutung. Der geochemische Teil des P-Kreislaufs ist hier allerdings eng mit dem Umsatz des Eisens (Fe^{2+} in der reduzierten Form, Fe^{3+} in aerobem Milieu bei pH 5 bis 8)

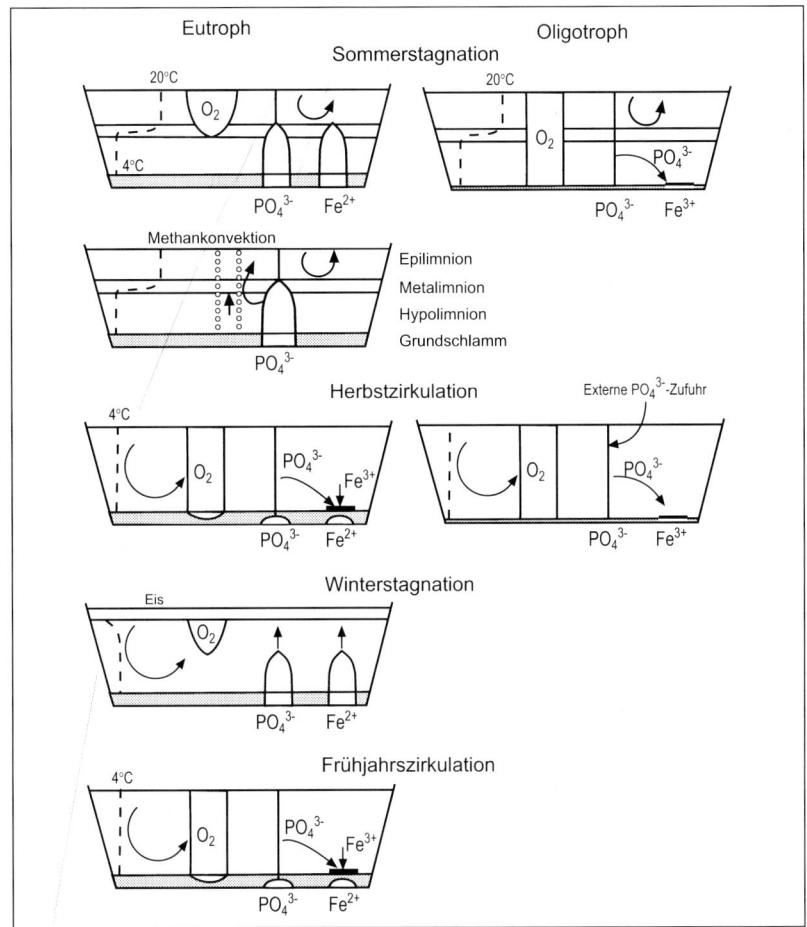

Abb. 39a: Phosphat- und Eisenhaushalt im eutrophen und oligotrophen See mit jährlich zweimaligem Wechsel von Zirkulation und Stagnation (dimiktischer Seentyp) in den gemäßigten Klimazonen. Während der Sommerstagnation, in der eine Wasserschichtung eintritt, wird nur das Epilimnion von der Zirkulation erfaßt und mit Sauerstoff angereichert. Zur Vollzirkulation kommt es jeweils im Herbst und im Frühjahr, wenn sich der Wasserkörper gleichmäßig auf 4°C abkühlt bzw. erwärmt.

verbunden. So kann je nach Sauerstoffgehalt des Gewässers leicht lösliches $Fe_3(PO_4)_2$ auftreten oder fast unlösliches $FePO_4$, das ausgefällt dem Bodensubstrat von Seen als „Ockergyttja" eine rotbraune Farbe verleiht und im Laufe der Zeit zu See-Erz verfestigen kann (Abb. 39a). Der im Humus von Landökosystemen noch vorhandene Phosphor wird durch die Tätigkeit des Destruenten-Saprophagen-Systems als PO_4^{3-} frei, wodurch der ökosystemare

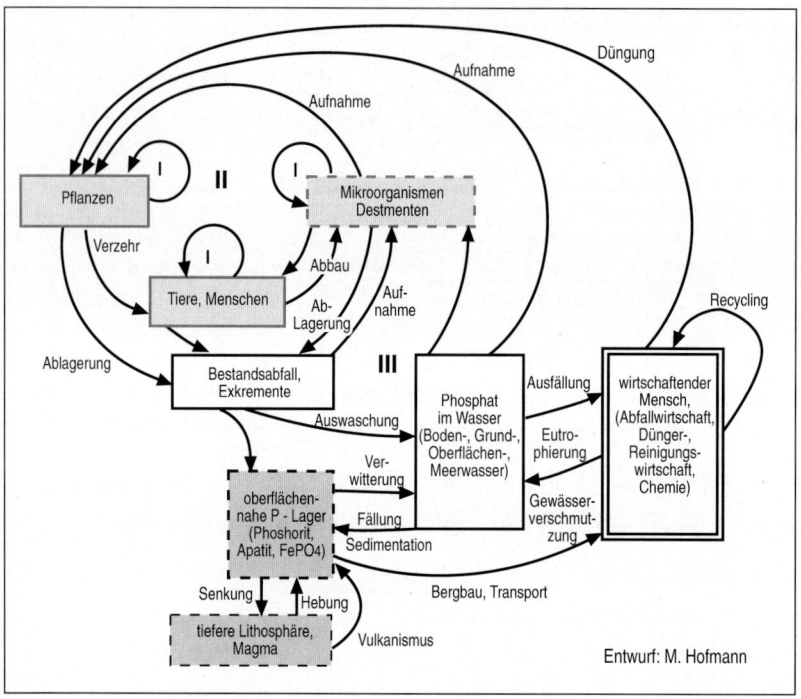

Abb. 39b: Phosphorkreislauf (aus: HOFMANN, M. 1985)

Kreislauf geschlossen wird. Neu in diesen Kreislauf eingeschleust werden natürlicherweise lediglich geringe Phosphatmengen aus der Gesteinsverwitterung. Aus dem Kreislauf entfernt werden jene Anteile, die mit dem Sickerwasser in tiefere Bodenschichten verlagert oder als schwer lösliche Verbindungen (Eisen III-Phosphat und Kalziumphosphat) ausgefällt werden.

Zwischen verschiedenen Ökosystemen vollzieht sich auf regionaler wie auch auf überregionaler Ebene ein Phosphataustausch. So bewirken Tierwanderungen, Nahrungsaufnahme aus dem Meer und Ausscheidung phosphathaltiger Exkremente auf dem Land (z. B. Guanobildung in der Atacama und auf den der Küste vorgelagerten Inseln) oder auch der Phosphatentzug mit dem Erntegut Phosphorverluste im Entnahmegebiet und Phosphorgewinne im Eintragungsgebiet. Insbesondere in fischreichen Gewässern gelangen Phosphorverbindungen mit dem Absinken toter Meeresorganismen in die Tiefsee, wo sie gelöst werden und mit dem aufsteigenden Tiefenwasser wieder in oberflächennahe Bereiche gelangen und hier erneut von Organismen aufgenommen werden können. Andere Phosphoranteile werden ausgefällt und bilden Phosphoranreicherungen im Sediment.

Auch beim Phosphatkreislauf tritt eine zunehmende Entkoppelung ein, dadurch daß die vorhandenen Phosphatlagerstätten im großen Umfang vom Menschen ausgebeutet werden. Mehrere Millionen Tonnen dieser Naturphosphate werden jährlich zu Mineraldüngern, Waschmitteln und einer Vielzahl von chemischen Produkten verarbeitet und in die Kreisläufe der Ökosphäre eingebracht. Diese künstliche Phosphatzufuhr bewirkt Belastungen der natürlichen ökologischen Systeme. Insbesondere Gewässerökosysteme reagieren auf stärkere Phosphatzufuhr mit Veränderungen. Die ins Wasser gelangenden Phosphate regen zunächst das Wachstum der Primärproduzenten und sodann das der davon abhängigen heterotrophen Organismen an. Beim Abbau der stark vermehrten organischen Substanz wird sehr viel Sauerstoff verbraucht. Infolgedessen kommt es zu Sauerstoffmangel und evtl. zum Absterben der auf reichlich Sauerstoff angewiesenen Organismen. Dadurch wird die Sauerstoffzehrung nochmals verstärkt und es tritt schließlich ein „Umkippen" des Gewässers ein. Vom Umkippen eines Gewässers spricht man dann, wenn der Sauerstoffgehalt des Wassers weniger als 50 % des möglichen Sauerstoffgehaltes beträgt.

Maßstab 1 : 90 000 000

polare Kältewüste

Tundra und
subpolare Gehölze

borealer Nadelwald

Gebirgsnadelwald

temperierter
Nadelfeuchtwald

temperierter
Laubfeuchtwald

sommergrüner Wald
(Laub- und Mischwald)

Steppen- und Hartpolster
formationen

xeromorphe Strauch-
formationen

Hochgebirgstrocken-
steppen und -halbwüste

Hochgebirgsfeucht-
steppen (Páramo und
feuchte Puna)

40° 60° 80° 100° 120° 140° 160° 180°

Nowaja
Semlja

Taimyr-Halbinsel

Werchojansker Gebirge

60°

U r a l

S i b i r i e n

Aleuten

Jablonowyi-
gebirge

Stanowoigeb.

Kamtschatka

Sachalin

K a s a c h e n s t e p p e

Altai

Mandschurei

40°

Kaukasus

Turan

T i a n   S h a n

G o b i

Korea

Honshu

Hochland
von Iran

Hindukusch

Kunlun Shan

H i m a l a j a

Hochland
von Tibet

Hwangho

Südchinesisches
Bergland

Arabien

Große
Arabische
Wüste

Verder-
indien

Hinter-
indien

20°

a

Deccan

Ceylon

Philippinen

Karolinen

Hochland von
Äthiopien

M a l a i i s c h e r

A r c h i p e l

Sumatra

Borneo

Celebes

0°

n

Java

Neuguinea

le

Sambe

Madagaskar

Große
Sandwüste

Great Dividing Range

20°

akersberge

Große
Victoriawüste

Australisches
Tiefland

Darling

40° Ost 60° 80°

Tasmanien

N e u s e e l a n d

40

120° 140° 160° 180°

	Hartlaubformationen (in Australien: Eukalyptus)		tropische Trockenwälder (Miombo, Mopane, Caatinga, Eukalyptus)
	subtropischer Feuchtwald		Feuchtsavanne (Llanos, Campos cerrados, Chaparrales)
	Halbwüste		tropischer Feucht- und Monsunwald
	Kernwüste		tropischer Regenwald
	Dornstrauch- und Sukkulenten-Savanne		
	Trockensavanne		Mangrove

5 Die natürlichen Vegetationsformationen der Erde

Von RAINER GLAWION

In den folgenden Erläuterungen zur Karte der natürlichen Vegetation der Erde (Seiten 210/211) werden die zonalen Vegetationsformationen mit ihren klimatischen und edaphischen Wuchsbedingungen, die evtl. vorkommenden Sekundärformationen und die Landnutzung in ihren wesentlichen Zügen dargestellt. Die wichtigsten Vegetationsformationen der Erde werden in dieser Übersicht den ihrem jeweiligen Verbreitungsschwerpunkt entsprechenden Klimazonen zugeordnet und in der Reihenfolge ihres Vorkommens entlang des thermischen Gradienten von den Polen zum Äquator besprochen (zum Formationsbegriff vgl. Kap. 2.4). Dem thermischen Gradienten entspricht – mit Ausnahme der ariden Zonen – im wesentlichen auch eine Zunahme der physiognomischen und floristischen Komplexität der Vegetation sowie der Biomassenproduktion (s. Abb. 2). Es ist daher sinnvoll, wenn die vom Landschaftscharakter her recht eintönigen und floristisch durch wenige dominante Arten bestimmten Formationsgürtel der Tundra und des borealen Nadelwaldes vor dem artenreicheren sommergrünen Laubwald und dieser vor den floristisch hochkomplexen tropischen Regenwäldern behandelt werden (vgl. auch Abb. 21 b und Abb. 41).

5.1 Die Vegetationsformationen der polaren und subpolaren Zonen

Die polare und subpolare Klimazone wird äquatorwärts von der + 10 °C-Isotherme des wärmsten Monatsmittels begrenzt, die in etwa mit der physiognomisch auffälligen polaren Waldgrenze übereinstimmt. Bei weniger als einem Monat im Jahr mit einer Mitteltemperatur über + 10 °C könnte sich ein Baumbestand auf natürliche Weise nicht mehr verjüngen. Ökologisch und physiognomisch von Bedeutung ist nicht nur das Fehlen von Bäumen in den Formationen dieser Klimazone, sondern auch der hohe *Chamaephyten-* und *Hemikryptophyten*-Anteil, der auf eine lange winterliche Schneedeckendauer schließen läßt (zur Erläuterung der Lebensformen von RAUNKIAER vgl.

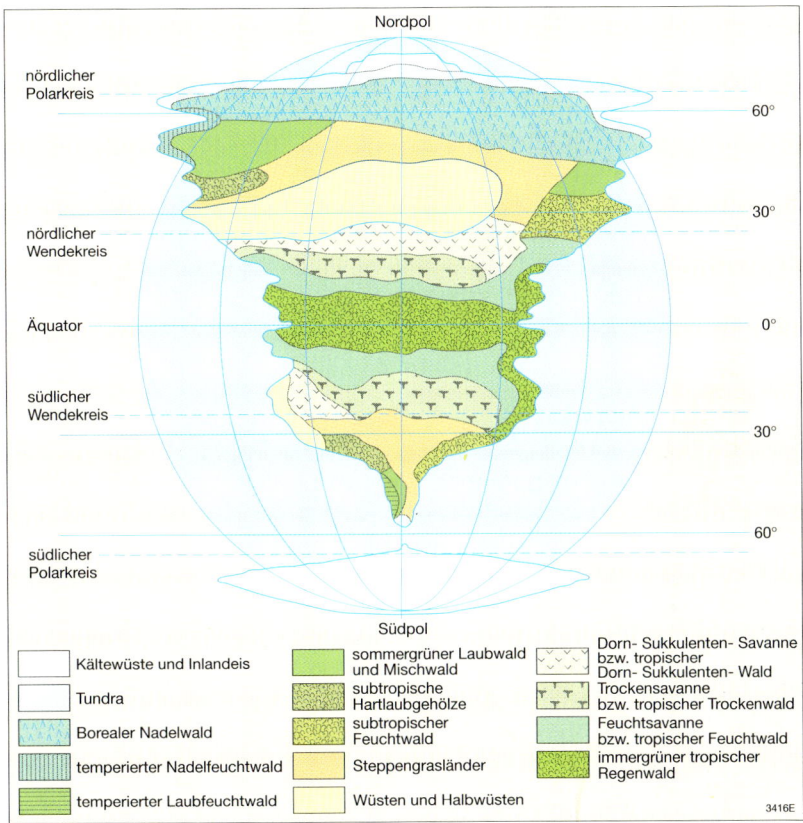

Nordpol

nördlicher Polarkreis — 60°

30°

nördlicher Wendekreis

Äquator — 0°

südlicher Wendekreis — 30°

60°

südlicher Polarkreis

Südpol

Kältewüste und Inlandeis	sommergrüner Laubwald und Mischwald	Dorn- Sukkulenten- Savanne bzw. tropischer Dorn- Sukkulenten- Wald
Tundra	subtropische Hartlaubgehölze	Trockensavanne bzw. tropischer Trockenwald
Borealer Nadelwald	subtropischer Feuchtwald	Feuchtsavanne bzw. tropischer Feuchtwald
temperierter Nadelfeuchtwald	Steppengrasländer	immergrüner tropischer Regenwald
temperierter Laubfeuchtwald	Wüsten und Halbwüsten	

3416E

*Abb. 41: Die Vegetationszonen der Erde, dargestellt auf einem „Idealkontinent"
(nach C. TROLL 1948)*

*Der Idealkontinent ist ein Konstrukt, in dem die Landmassen aller Kontinente unter Wahrung ihrer Breiten-
lage zu einem einzigen Kontinent zusammengeschoben sind. Er macht die Regelhaftigkeit der Lage der einzelnen klimatischen Vegetationszonen deutlich: den Nord-Süd- und Ost-West-Gegensatz sowie die Auswirkungen von kontinentaler und maritimer Lage.*

Kap. 2.4.3 und Abb. 12a-d). Durch Lebensformenspektren lassen sich die
Formationen der Subpolarregionen eindeutig von den ebenfalls baumfreien,
aber therophytenreichen Formationen arider Zonen niederer Breiten unterscheiden.

5.1.1   Die polare Kältewüste

In den Kältewüsten der polaren Klimaräume (wärmstes Monatsmittel unter
+6 °C) ist das Pflanzenleben landschaftsphysiognomisch bedeutungslos. Hier

finden wir entweder Eiswüsten ohne jegliche Vegetation (Inlandeis auf Grönland und in der Antarktis) oder die von Permafrostboden beherrschten Frostschuttzonen der eisfreien Gebiete Grönlands und der Antarktis sowie der hocharktischen Inseln, in denen starke Kryoturbation, Solifluktion und Frostsprengung die Bildung einer geschlossenen Pflanzendecke verhindern. Vereinzelt gedeihen Kryptogamen (*Cladonia, Cetraria, Polytrichum*), niedrige Spaliersträucher (*Salix herbacea, Cassiope hypnoides, Dryas octopetala*) sowie Dicotylenpolster (*Silene acaulis, Saxifraga*-Arten) und xerophytische Stauden (*Ranunculus glacialis, Cerastium arcticum*), die jedoch zusammen weniger als 3 % des Frostbodens bedecken. Eine physiognomisch-ökologische Parallele findet die polare Kältewüste in der nivalen Stufe der Alpen.

5.1.2 Die subpolare Tundra

Bei sommerlichen Temperaturmitteln zwischen + 6 °C und + 10 °C für den wärmsten Monat, einer Vegetationsperiode von 2-4 Monaten (Temperaturmittel über + 5 °C) und in kalten Wintern unter - 8 °C, stellenweise sogar unter - 20 °C, bildet die Tundra den beherrschenden Formationsgürtel der Subpolarzone. Die artenarme Vegetation ist an eine lange Winterruhe unter einer schützenden Schneedecke angepaßt, wie aus den Lebensformen hervorgeht: *Chamaephyten*, insbesondere Zwergsträucher, und hemikryptophytische Stauden überwiegen, während *Therophyten* und *Geophyten* fast ganz fehlen. Innerhalb des Tundrengürtels läßt sich mit abnehmender geographischer Breite eine zunehmende Verdichtung und Differenzierung der Vegetation beobachten:

 An die Kältewüste schließt sich die Felstundra und daran die von austrocknungsfähigen Kryptogamen dominierte Moos- und Flechtentundra an, wobei feuchte Niederungen von den Moosen und windexponierte, schneefreie Felskuppen von Flechten bevorzugt werden. Auf winterlich schneebedeckten, sommerlich nicht zu feuchten Standorten auf Rohhumusböden findet man die Zwergstrauchtundra, die an der polaren Waldgrenze schließlich in die Waldtundra übergeht. In der Zwergstrauchheide dominieren wenige Arten über große Flächen; Standortwechsel macht sich mehr durch eine Dominanzverschiebung als durch Artenwechsel bemerkbar. Eine ökologisch-physiognomische und z.T. auch floristische Parallele finden wir in der Zwergstrauchformation der nieder- bis mittelalpinen Stufe der europäischen Hochgebirge (s. Abb. 21 b und Abb. 4 d). Während in der nordischen Tundra *Empetrum nigrum, E. hermaphroditum, Betula nana, Vaccinium uliginosum, V. myrtillus, Loiseleuria procumbens* und *Dryas octopetala* dominieren, sind es in den alpinen Zwergstrauchheiden überwiegend Rhododendron-Arten mit *Vaccinium myrtillus*.

5.1.3   Der subpolare Laubwald

Im ozeanischen Teil des subpolaren Klimagürtels mit milderen Wintern (kältestes Monatsmittel zwischen - 8 ° und + 2 °C) und geringer Jahrestemperaturamplitude (unter 12 °C) fehlen sowohl der Dauerfrostboden als auch die langanhaltende winterliche Schneedecke der Tundra. Häufige winterliche Tauwetterperioden, gefolgt von bodenwirksamen Frostwechseln, stellen hier im unmittelbaren Einflußbereich zyklonaler Frontenbewegungen große Anforderungen an die Vegetation. Wegen der milden Winter, der kühl-feuchten und von sommerlichen Frösten unterbrochenen Vegetationsperiode sowie der heftigen Stürme im Herbst und Winter sind Koniferen in diesen Gebieten gegenüber sommergrünen Laubholzbeständen benachteiligt. So finden wir im ozeanisch-subpolaren Nordnorwegen und Island Laubwälder und -gebüsche, in denen die Moorbirke *Betula pubescens* dominiert.

5.1.4   Die weidewirtschaftliche Nutzung der Tundra

Die Tundra, weit jenseits der Polargrenze des Ackerbaus am Rand der Ökumene gelegen, kann lediglich weidewirtschaftlich genutzt werden. Rentiernomadismus ist in Lappland, Sibirien und in geringem Umfang in Kanada und Alaska verbreitet. Hierbei wandern die Rentierherden im jahreszeitlichen Rhythmus von den waldnahen Winterweiden zu hochgelegenen Sommerweiden und zurück. Auf den subpolaren hochozeanischen Inseln (Island, Falkland) spielt die Schafhaltung die wirtschaftliche Hauptrolle. Auf Island werden jedes Frühjahr ca. 1 Mio. Schafe auf den Hochlandweiden frei ausgesetzt, wo sie sich selbst überlassen bleiben, bis sie im Herbst von einer inselumspannenden Treiberkette gesammelt und zu den Gehöften zurückgetrieben werden.

Oft wird Island als klassisches Beispiel eines subpolaren Wiesenlandes angeführt; bei Betrachtung der natürlichen Vegetationsformationen ist jedoch eine solche Charakterisierung nicht gerechtfertigt (GLAWION 1985). Ähnlich wie die alpinen Matten sind die natürlichen Flächen der subpolaren Wiesen durch anthropozoogene Vernichtung des Waldes und Überweidung in historischer Zeit erheblich ausgedehnt worden. Bei nachhaltiger Überweidung wird ein Prozeß der Vegetationszerstörung und Bodenabtragung ausgelöst, der in Form regressiver Sukzessionsfolgen bis zur vegetationslosen Ödlandfläche führt. Um das Ausmaß der Landschaftsdegradation in subpolaren Klimaräumen zu verdeutlichen, seien einige Zahlen genannt: Die Waldfläche Islands ist seit der Besiedlung vor 1100 Jahren von 20 % auf 1 % der Inselfläche zurückgegangen. Im gleichen Zeitraum vergrößerte sich die Ödlandfläche (Steinwüste, Felstundra u. a.) von 50 % auf 80 % (GLAWION 1986).

5.2   Die Vegetationsformationen der kaltgemäßigten borealen Zone

In der kaltgemäßigten borealen Klimazone liegen die Mitteltemperaturen des wärmsten Monats stets über + 10 °C (Köppensche Waldgrenze) und die des kältesten Monats unter - 3 °C. Die Jahresmitteltemperaturen bewegen sich in einem Bereich zwischen + 3 ° und - 3 °C. Den größten Anteil an dieser Klimazone hat die Vegetationsformation des borealen Nadelwaldes.

5.2.1   Der boreale Nadelwald

Der zirkumpolare Vegetationsgürtel des borealen Nadelwaldes, der mit 10 Mio. km^2 rund ein Drittel der Waldfläche der Erde umfaßt, ist nur auf der Nordhemisphäre ausgebildet. Auf den entsprechenden Breitengraden der Südhalbkugel kann sich mangels Landmasse nicht das für diese Vegetationsformation charakteristische winterkalte Kontinentalklima einstellen. In Eurasien erreicht der boreale Nadelwald seine größte Nord-Süd-Ausdehnung von rund 3000 km in Ostsibirien; seine äußerste Polargrenze liegt hier bei 73° n. Br. In Nordamerika erstreckt sich das Nadelwaldgebiet in einem ca. 1500 km breiten Streifen vom südlichen Alaska bis Labrador; seinen nördlichsten Punkt erreicht es am Mackenzie bei 69° n. Br., seinen südlichsten – als Gebirgsnadelwald – bis Los Angeles auf 53° n. Br., wo es unmittelbar an die Hartlaubvegetation des kalifornischen Winterregengebietes anschließt. Von dieser Ausnahme abgesehen, grenzt der boreale Nadelwald an den ozeanisch getönten Randzonen der Kontinente, wo die Winter milder sind, an die Gebiete der sommergrünen Laub- und Mischwälder. Im Innern der beiden Kontinente schließen sich südlich des Waldgebiets bei zunehmender Trockenheit Steppenformationen an (Vegetationskarte der Erde, Seiten 210/211).

Die physiognomische Einförmigkeit der nördlichen Nadelwaldformation hat ihre Parallele in einer ökologisch bedingten Artenarmut. Eine oder zwei Baumarten bzw. Ökotypen der vier Koniferengattungen *Picea, Larix, Abies* und *Pinus* dominieren über weite standortgleiche Flächen; außerdem treten Arten der Laubholzgattungen *Betula, Populus, Alnus* und *Salix* untergeordnet auf. Nur wenige Baumarten sind genügend frosthart, daß sie die extremen Wintertemperaturen bis unter - 25 °C im kältesten Monatsmittel ertragen können. Im besonders winterkalten Kontinentalklima Mittel- und Ostsibiriens mit absolutem Minima um - 50 °C bis - 70 °C wird die immergrüne Fichte *Picea obovata* als dominierender Waldbaum von der sommergrünen Lärche (*Larix sibirica* und *Larix gmelini*) abgelöst, die durch ihre minimale Transpiration im Winter der erhöhten Gefahr der Frostaustrocknung besser begegnen kann und somit einen Standortvorteil gegenüber den immergrünen Koniferen hat.

Ein weiterer ökologischer Auslesefaktor für die Artenzusammensetzung ist der Dauerfrostboden, auf dem zwei Drittel der borealen Nadelwälder bei mittleren Jahrestemperaturen unter 0 °C stocken. Bei Auftautiefen von einem halben bis einem Meter im Sommer sind hier Fichten und Lärchen als Flachwurzler bevorzugt.

Bei den immerfeuchten, winterkalten Klimaverhältnissen akkumuliert die jährlich anfallende Streu aus schwer abbaubaren skleromorphen Nadeln und Zwergstrauchresten zu einer stark sauren, wenig zersetzten Rohhumusdecke (O-Horizont). Darunter folgt ein ausgebleichter, hellgrauer A_e-Horizont, aus dem fast alle Nährstoffe ausgewaschen sind, und ein eisenhumusangereicherter B_{sh}-Horizont, der sich unter ungünstigen Bedingungen zu Ortstein verfestigen kann, so daß Wurzeln ihn nicht mehr durchdringen können. Podsol ist der verbreitetste Bodentyp des borealen Nadelwaldes. Eine Symbiose mit Wurzelpilzen (*Mykorrhiza*) erleichtert den Bäumen die Aufnahme von Nährstoffen aus dem verarmten Boden.

5.2.2 Der Gebirgsnadelwald

Die größten zusammenhängenden Gebirgsnadelwälder der Erde finden wir in der nordamerikanischen Kordillerenregion. Sie reichen von der Alaska-Kette bis zur westlichen und östlichen Sierra Madre Mexikos einschließlich der Mesa Central mit den Großvulkanen. Während der Wald in Kanada auch den größten Teil des intermontanen Plateaus besiedelt, setzt er sich weiter südlich nur in den höheren Gebirgsstufen der Rocky Mountains, der Sierra Nevada, der Kaskaden-Kette sowie einiger das Great Basin-Trockenbecken durchziehender „Ranges" fort. Die untere Waldgrenze in den Rocky Mountains, die eine Trockengrenze darstellt („dry timber line") und von 1500 m in den mittleren USA auf 2000 m im Süden ansteigt, wird oft von einer Douglasien-Gelbkiefern-Gemeinschaft gebildet, während an der Kältegrenze („cold timber line") in 3000-3500 m Höhe die Fichten-Tannen-Stufe ausgeprägt ist. Die über 2000 m Höhe hinausragenden Teile des Colorado-Hochplateaus sind insbesondere mit der Lodgepole-Kiefer *Pinus contorta* bestanden.

Auch in Asien reichen Gebirgsnadelwälder weit südwärts bis in subtropische und randtropische Klimate hinein. Vom Himalaya aus erstrecken sie sich in den Höhenstufen über den tropischen Vegetationsformationen mit wenigen Arten bis in die Gebirge Thailands, Birmas und sogar des westlichen Malayischen Archipels. Auf der Südhemisphäre werden Gebirgsnadelwälder von den Gattungen *Araucaria* (Südbrasilien, Chile/Argentinien, Neukaledonien), *Librocedrus* (Chile, Neuseeland) und *Fitzroya* (Chile) gebildet.

5.2.3   Die holzwirtschaftliche Nutzung der borealen Nadelwälder

Die Kürze der Vegetationsperiode und die Nährstoffarmut der Böden läßt die boreale Zone für einen landwirtschaftlichen Anbau wenig geeignet erscheinen. Obwohl die absolute Getreidebaugrenze nur 3-10 Breitengrade südlich der Waldgrenze verläuft, gibt es nur wenige Kultursorten, deren Anbau unter diesen ökologischen Bedingungen ertragreich ist. Nördlichste Getreideart ist die Sommergerste, die mit ca. 95 Vegetationstagen auskommt; auch Hafer und Roggen können in den südlichen Randzonen des Nadelwaldgebietes noch angebaut werden, wenn der nährstoffarme Boden ausreichend gedüngt wird.

Aufgrund der ungünstigen Klimabedingungen besteht der boreale Nadelwald aus artenarmen, einheitlichen Baumbeständen, die Voraussetzung für eine rationelle Holzwirtschaft sind. Holz stellt das wichtigste Nutzungspotential dieser Vegetationsformation dar; rund 90 % des Weltbedarfs an Papier- und Schnittholz werden aus den borealen Wäldern gedeckt, obwohl sie nur ein Drittel aller Waldgebiete der Erde umfassen. Infolge der schmalen Kronenform besitzen die lichten nördlichen Wälder eine große Stammdichte und daher trotz des geringen Jahreszuwachses einen relativ hohen Flächenertrag.

Abgesehen von ökologischen Extremstandorten (Steilhanglage, Waldgrenznähe) wird das Standortpotential in dieser Vegetationszone durch eine kontrollierte und angepaßte Holznutzung – im Gegensatz zum tropischen Regenwald – kaum verringert; auf kleinen Kahlschlagflächen erfolgt normalerweise eine rasche natürliche Wiederbesiedlung, wobei durch das langsame Wachstum der Bäume bis zur erneuten Schlagreife mehrere hundert Jahre vergehen können. In Gegenden mit großem Holzeinschlag (Skandinavien, USA, Südkanada) wird inzwischen eine systematische Nachpflanzung betrieben, um den Vorgang der Wiederbewaldung zu beschleunigen und um Reinbestände wirtschaftlich geeigneter Holzarten zu schaffen.

Standörtliche Ungunst und Siedlungsferne erschweren den Zugang zu den nördlichen Wäldern Sibiriens und Kanadas; daher beschränkt sich die Holznutzung dort z. T. auf die Nähe der flößbaren großen Flüsse, während Gebiete abseits der Verkehrswege der Pelztierjagd und Fischerei vorbehalten bleiben. Sie stellen den ursprünglichsten Wirtschaftszweig der borealen Wälder dar, verlieren aber wegen der fortschreitenden Dezimierung des Wildbestandes und der zunehmenden schweren Eingriffe des Menschen immer mehr an Bedeutung. Mit Hilfe modernster Technologien wurden in den vergangenen Jahrzehnten immer größere Flächen des borealen Nadelwaldes für den Bergbau, die Erdöl- und Erdgasförderung sowie für Industrieansiedlungen erschlossen.

5.3 Die Vegetationsformationen der kühlgemäßigten immerfeuchten Zone

In der kühlgemäßigten Klimazone läßt sich ein immerfeuchtes Waldklima von einem periodisch trockenen Steppenklima unterscheiden. Beide liegen zwar im Einflußbereich der ektropischen Westwinde, jedoch bringen diese nur den Randbereichen der Kontinente das ganze Jahr über genügend Feuchtigkeit, so daß sich mesophytische Laubwaldformationen entwickeln können. Im Innern der Kontinentalmassen und im Regenschatten der großen Gebirgszüge dagegen herrscht jahreszeitliche Trockenheit, die Baumwuchs verhindert und statt dessen Steppen- und xeromorphe Strauchformationen entstehen läßt.

Vom Borealklima unterscheidet sich das kühlgemäßigte Waldklima durch höhere Jahresmitteltemperaturen (ca. + 6 °C bis + 12 °C gegenüber - 3 °C bis + 3 °C), mildere Winter und längere sommerliche Vegetationsperioden. Vorherrschende Formationen der kühlgemäßigten immerfeuchten Zone sind sommergrüne Laub- und Mischwälder sowie temperierte Nadel- und Laubfeuchtwälder.

5.3.1 Der sommergrüne Laub- und Mischwald

Die Formation des sommergrünen Laub- und Mischwaldes läßt sich nach klimatischen Gesichtspunkten in drei physiognomisch und floristisch unterscheidbare Waldtypen gliedern:

1. Atlantische Buchenwälder mit der dominanten Laubholzart *Fagus sylvatica* (Rotbuche), der je nach Standort Eichen und Hainbuche (*Carpinus betulus*) beigemischt sind, gedeihen in den hoch- bis subozeanischen, wintermilden Waldklimaten West- und Mitteleuropas mit Jahrestemperaturamplituden zwischen 10 °C und 25 °C und einer Vegetationszeit von über 200 Tagen (s. Abb. 14b).

2. Mit wachsender Temperaturamplitude (dt = 20-40 °C), kälteren und längeren Wintern und zunehmender Trockenheit setzen sich östlich der Elbe subkontinentale Eichen-Kiefern-Mischwälder auf sandigen Böden durch (s. Abb. 14b). In Nordosteuropa überlappen die Areale einiger Laubholzarten, wie das der Stieleiche *Quercus robur* oder der gemeinen Esche *Fraxinus excelsior*, die Areale borealer Nadelhölzer aus dem Osten, so daß hier ein Laub-Nadel-Mischwald entsteht. Es herrscht ein kontinentales, im äußersten Osten des bei Nowosibirsk endenden und dorthin immer schmaler werdenden Laubwaldkeils sogar ein hochkontinentales Klima.

3. Auf die Ostseiten der Kontinente beschränkt, findet man Gebiete mit sommerwarmen Waldklimaten, in denen der wärmste Monat des Jahres im

Mittel +20 °C bis +26 °C erreicht. Entsprechend wachsen hier wärmeliebende Fallaub- und Mischwälder, so zum Beispiel im Osten Nordamerikas der artenreiche Eichen-Hickory-Wald und in Ostasien ein mit Magnolien, Maulbeerbäumen, Zwergbambuseen, Götterbaum, Gleditschie, Flieder und Ginkgo durchsetzter Buchen-Eichen-Ahorn-Wald.

Im Gegensatz zum rohhumusreichen, sauren und nährstoffarmen Podsol der borealen Nadelwaldzone sind die Böden der sommergrünen Laubwälder, bedingt durch eine günstigere Humusform, nährstoffreich. Die leicht abbaubare Laubstreu wird unter den relativ ausgeglichenen kühl-feuchten Klimaverhältnissen auf biologischem Wege zersetzt, wobei die schwach saure bis schwach alkalische Humusform des Mull entsteht, die sich durch hohe Sorptionsfähigkeit auszeichnet. Eine Nährstoffauswaschung in tiefere Bodenschichten findet daher nur in geringerem Ausmaße statt.

Die klima- und vegetationsgesteuerten Bodenbildungsprozesse lassen hier im typischen Fall Braunerden und Parabraunerden entstehen. Ihre ackerbauliche Inwertsetzung ist inzwischen so weit fortgeschritten, daß auf ihnen kaum noch Restbestände der natürlichen Vegetation zu finden sind. Daß der sommergrüne Laubwald an der Bodenbildung maßgeblich beteiligt ist, erkennt man dort, wo die natürliche Vegetation durch nicht standortgerechte Koniferenforste ersetzt wurde: Hier erfolgte eine sekundäre Podsolierung mit Bodenversauerung und Nährstoffverarmung.

Auf frischen, mäßig sauren bis alkalischen Böden dominiert in Mitteleuropa die feuchtigkeitsbedürftige, wuchskräftige Rotbuche *Fagus sylvatica*. Durch ihren dichten Kronenschluß verdrängt sie Lichtholzarten wie Eiche, Birke und Kiefer, die sich im dunklen Buchenwald nicht mehr verjüngen können; nur Schattenhölzer, wie die Rotbuche selbst, kommen unter den eingeschränkten Beleuchtungsverhältnissen noch hoch. Die trockenresistenten, weniger frostempfindlichen Eichen dagegen werden auf Standorte abgedrängt, die der Buche nicht zusagen, d. h. sowohl auf trockene (*Quercus petraea*) als auch auf sehr feuchte (*Quercus robur*) oder aber stark saure Bereiche des Bodenspektrums (s. Abb. 8b). Erst östlich der Mittelelbe erlangen sie durch das winterkältere, trockenere Klima Vorherrschaft über die Rotbuche. Nur auf ökologischen Sonderstandorten können andere Laubhölzer dominieren. So besiedelt die Moorbirke *Betula pubescens* feuchte bis nasse, saure und nährstoffarme Böden, während die Schwarzerle *Alnus glutinosa* bei gleichen Feuchtigkeitsansprüchen weniger saure, nährstoffreichere Standorte bevorzugt (Erlenbruchwälder). Ohne selbst ausgedehnte Reinbestände zu bilden, kommen weitere Laubhölzer als Begleiter in unseren Wäldern vor, so z. B. Esche, Ulme, Ahorn, Linde, Weide, Pappel und Eberesche. Die natürliche Verbreitung borealer Nadelhölzer in Westmitteleuropa ist auf nährstoffarme Sandböden (Kiefer) und auf die Höhenstufen einiger Mittelgebirge und der Alpen (Fichte, Tanne) beschränkt (s. Abb. 21 c und Abb. 42).

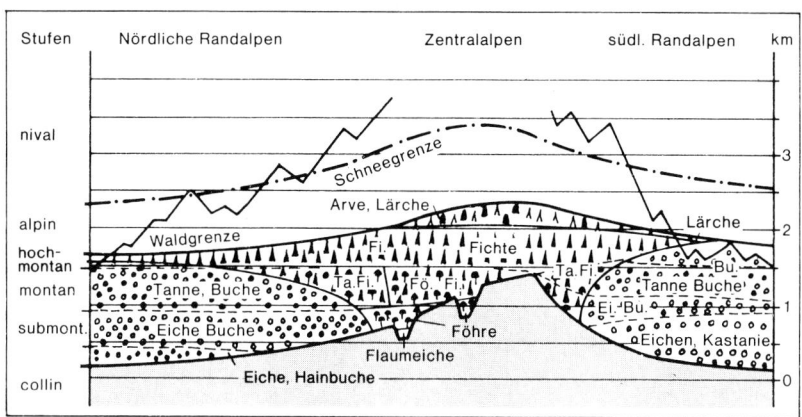

Abb. 42: Vegetationsprofil durch die Alpen von Nord nach Süd (nach H. ELLEBNERG 1986)

Im ozeanisch getönten Klima der nördlichen Randalpen herrschen Laubhölzer vor (helvetische Stufenfolge), im trockeneren, kontinentaleren Klima der Zentralgebirge Nadelhölzer (penninische Stufenfolge). In den südlichen Randalpen werden die tieferen Höhenlagen von submediterranen Laubhölzern eingenommen, die höheren Lagen von Buchen und Tannen (insubrische Stufenfolge). Die aufgrund des Massenerhebungseffektes stärkere Erwärmung in den Zentralalpen läßt die Höhengrenzen vom Gebirgsrand gegen das Gebirgsinnere ansteigen.

Der sommergrüne Laubwald ist in der Regel dreischichtig aufgebaut; unter einer Baum- und Strauchschicht finden wir eine hemikryptophyten- und geophytenreiche Krautschicht, deren Lebensformen eine Anpassung an den jahreszeitlichen Rhythmus zwischen Belaubung und Kahlheit der Bäume zeigen (Frühlingsgeophyten, blühen vor dem Laubaustrieb) bzw. den winterlichen Schutz durch Laubstreu benötigen (Hemikryptophyten).

5.3.2 Der temperierte Nadel- und Laubfeuchtwald

Auf beiden Hemisphären der Erde zwischen 40° und 60° geographischer Breite finden wir temperierte immergrüne Nadel- oder Laubfeuchtwälder überall dort, wo sich der ektropischen Westwindströmung hohe Küstengebirge entgegenstellen. Dies ist der Fall an den Westküsten Neuseelands, Tasmaniens sowie Nord- und Südamerikas (Küste von Alaska bis Kalifornien, Westpatagonien). Äquatorwärts schließen sich überall subtropische Hartlaubformationen der Winterregenklimate an, pol- bzw. höhenwärts dagegen sommergrüner Laubwald auf der Südhemisphäre und Gebirgsnadelwald auf der Nordhemisphäre.

Charakteristisch für die temperierten Feuchtwaldgebiete sind der hohe, über das ganze Jahr verteilte Niederschlag von 2000-3000 mm, ausgeglichene Jahreszeiten mit milden Wintern und kühlen Sommern sowie lange

Vegetationsperioden. Das hochozeanische Feuchtklima ließ hier die üppigsten und wuchskräftigsten Wälder der gemäßigten Klimazonen von großer holzwirtschaftlicher Bedeutung entstehen. Aber nicht nur durch standortökologische Gemeinsamkeiten, sondern auch durch eine einheitliche Physiognomie zeichnet sich diese weltweit verbreitete Formation aus: Das Vorherrschen immergrüner Baumarten, ihr mehrstöckiger Aufbau, ihr Reichtum an epiphytischen Moosen und Farnen und ihr dichter Unterwuchs lassen sie subtropischen Regenwäldern ähnlich erscheinen. Floristisch jedoch gibt es zwischen holarktischen Nadelfeuchtwäldern Nordamerikas und den antarktischen Laubfeuchtwäldern der Südhemisphäre kaum Parallelen (zur Lage der Florenreiche s. Abb. 6).

Die pazifischen Nadelfeuchtwälder Nordamerikas gehören zu den biomassenreichsten, langlebigsten und ertragreichsten Waldformationen der Erde. Aufgrund besonderer klimatischer und florengeschichtlicher Bedingungen herrscht in ihnen absolute Koniferendominanz. Die intensive forstwirtschaftliche Nutzung hat zur Folge, daß die Primärwaldbestände in spätestens zehn Jahren auf die wenigen Naturreservate zurückgedrängt und durch Douglasien-, Hemlock- und Sitkafichtenforste ersetzt sein werden. Das Klima der Feuchtwaldregion unterscheidet sich deutlich von dem anderer temperierter Waldregionen der Erde. Sommerliche Trockenheit und milde, regenreiche Winter führen zu einer Verlagerung der Vegetationsperiode vom Sommer in die Übergangsjahreszeiten und sogar in den Winter. Da unter diesen Bedingungen immergrüne Koniferen den sommergrünen Laubhölzern überlegen sind, erklärt sich die absolute Dominanz der Nadelgehölze in diesem Raum. Hier erreichen die durch ihr Alter, ihre Biomasse und ihre Wuchshöhe herausragenden immergrünen Bestände von *Tsuga heterophylla* und *Thuja plicata* – teilweise erst nach 1000jähriger Entwicklung – ihren klimatischen Klimax (Hemlock-Riesenlebensbaum-Klimax). Im nördlichen bis mittleren Küstenabschnitt ist *Picea sitchensis* beigemischt (Sitkafichten-Küstenregenwälder), in größeren Höhenlagen tritt *Abies amabilis* hinzu (hochmontan-ozeanische Tannen-Feuchtwälder). Im südlich anschließenden Küstenstreifen ist *Sequoia sempervirens* (Küsten-Redwood) verbreitet. Als schattenmeidende Pionierart dominiert die Douglasie (*Pseudotsuga menziesii*) in zahlreichen Beständen, die sich vor weniger als 400-700 Jahren nach Waldbränden oder anderen Katastrophen entwickelt haben und ihr Klimaxstadium noch nicht erreicht haben.

Die Nettoproduktivität der temperierten Koniferenwälder ist zwar nicht wesentlich höher als die anderer temperierter Wälder der Erde (15-25 t/ha/Jahr), jedoch ist die gesamte Biomassenakkumulation bis zum Erreichen der Altersphase aufgrund der langen Wachstumsphase eines Bestandes deutlich höher. Die gesamte oberirdische Biomasse eines 1000jährigen *Sequoia sempervirens*-Bestandes in Nordwest-Kalifornien erreichte Maximalwerte von

4000 t/ha, die eines 450jährigen Douglasien-Hemlock-Bestandes in Oregon 1800 t/ha. Im Vergleich dazu betrug die Biomasse eines sommergrünen Eichenwaldes (*Quercus prinus*) im Osten der USA nur 422 t/ha. Als langlebigste Art der temperierten Koniferenwälder Nordamerikas zeichnet sich mit bis zu 3500 Jahren alten Exemplaren *Chamaecyparis nootkatensis* (Alaska-Weißzeder) aus. Der größte basale Stammdurchmesser (631 cm) wurde bei *Thuja plicata* gemessen, und die größte Wuchshöhe erreichte mit 100 m *Sequoia sempervirens* (GLAWION 1993).

5.3.3 Die land- und forstwirtschaftliche Nutzung der sommergrünen Laubwaldzone

Kein Landschaftsraum der Erde wird in der Gegenwart so intensiv genutzt wie die Zone des sommergrünen Laubwaldes in Europa, Ostchina und im Osten Nordamerikas. Die Standortgunst des kühlgemäßigten immerfeuchten Klimas einerseits und der streßfähigen, relativ fruchtbaren Laubwaldböden andererseits hat wesentlich dazu beigetragen, daß seit frühgeschichtlicher Zeit in Mitteleuropa Ackerbau getrieben wird. Im Laufe der Zeit ist der natürliche Laubwald fast vollständig durch Ackerland, Wirtschaftsgrünland und Forste ersetzt worden. Es gibt in Europa nur noch wenige naturnahe Waldreservate, so z. B. das Urwaldgebiet am Kubany im Böhmerwald oder das von Białowieża in Ostpolen.

Bei den übrigen Wäldern Mitteleuropas handelt es sich um Nutzwälder, die als floristisch veränderte Laubmischwälder oder als Kunstforste mit Fichten-Kiefern-Reinbeständen das heutige Waldbild Mitteleuropas prägen. Sie sind zumeist auf Standorte abgedrängt worden, die für eine Landwirtschaftliche Nutzung ungeeignet sind (minderwertige Böden, kühlfeuchte NO-Hanglagen, sommerkühle Höhenlagen der Mittelgebirge, vernäßte Niederungen). Vorwiegend in den ozeanischen Klimaräumen NW-Mitteleuropas und der nordöstlichen USA ist aus der Rodung bodenfeuchter Wälder (Erlenbrüche, Auenwälder, Eichen-Hainbuchenwälder) Wiesen- und Weideland für die Milchwirtschaft entstanden.

Für die agrarische Inwertsetzung des biotischen Wuchspotentials ist in den relativ einheitlichen Klimaräumen Mitteleuropas die Bodendifferenzierung von ausschlaggebender Bedeutung. Auf den fruchtbaren Lößböden werden Zuckerrüben, Weizen, Obst- und Gemüsesonderkulturen angebaut; auch Jungmoränenmergel und Auenlehme stellen wertvolle Standortflächen für den Ackerbau dar. Dagegen bleiben die sandigen, kalkarmen Altmoränengebiete anspruchsloseren Anbaufrüchten vorbehalten: Hier gedeihen Kartoffeln, Roggen und Futterrüben. Weitere häufige Nutzpflanzen sind Gerste, Hafer und Futtermais, letzterer besonders in Verbindung mit der Schweine-

mast. Der Standortgunst ist es zu verdanken, daß die ökologische Leistungsfähigkeit der sommergrünen Laubwaldgebiete – im Gegensatz zu den Tropen
– trotz jahrhundertelanger agrarischer Nutzung kaum abgenommen hat,
wobei die Produktivität in jüngster Zeit durch neue Zuchtsorten, regelmäßige
Düngung und moderne Bewirtschaftungsmethoden um ein Vielfaches gestei-
gert werden konnte. Die die heutige Kulturlandschaft Mitteleuropas bestimmenden Ersatzformationen – Heiden, Wiesen, Forste, Ackerfluren – werden
nur solange bestehen bleiben, wie der Mensch sie durch seine Bewirtschaf-
tungsmaßnahmen fördert. Sobald sie sich selbst überlassen bleiben, verwan-
deln sie sich wieder in standortgerechte Laubwälder zurück.

5.4   Die Vegetationsformationen der kühlgemäßigten wechselfeuchten Zone

Innerhalb der kühlgemäßigten Klimazone erfolgt eine Differenzierung der
Hauptvegetationsformationen nach dem Niederschlagsregime: Der sommergrüne Laubwald als Ausdruck immerfeuchter Klimabedingungen und winterlicher Kälteruhe wird mit abnehmender Niederschlagshöhe und zunehmender sommerlicher Trockenzeit von Steppenformationen abgelöst (s. Abb.
14c). Hier wirkt nicht nur die winterliche Kälteperiode vegetationszeitver-
kürzend, sondern es muß die sommerliche Trockenruhe dazugerechnet werden, so daß den Steppenpflanzen nur noch wenige Monate im Frühling oder
im Herbst zum Durchlaufen ihres gesamten Entwicklungszyklus verbleiben.
Die Wälder der mediterranen Hartlaubformation dagegen werden nur durch
eine sommerliche Trockenperiode, nicht aber durch Winterruhe in ihrem
Wachstum eingeschränkt, so daß diese Formation bereits zur subtropischen
Klimazone gerechnet wird.

5.4.1   Steppen-, Hartpolster- und xeromorphe Strauchformationen

Trotz der großen physiognomischen Ähnlichkeit der Grasländer auf der Erde
wird der Terminus „Steppe" nur für die außertropischen wechselfeuchten
Grasfluren verwendet, weil sie sich ökologisch und floristisch sehr stark von
den tropischen Grasländern unterscheiden, die man als Savannen bezeichnet.
Durch die Winterkälte ist nicht nur die Steppenvegetation einem eigenen biologischen Jahresrhythmus unterworfen, sondern auch die Bodenbildungsprozesse laufen anders ab als in den ganzjährig warmen Subtropen.
    Am Beispiel Nordamerikas können wir in Abhängigkeit vom Nieder-
schlagsregime folgende meridional angeordneten Vegetationsformationen
unterscheiden (von O nach W):

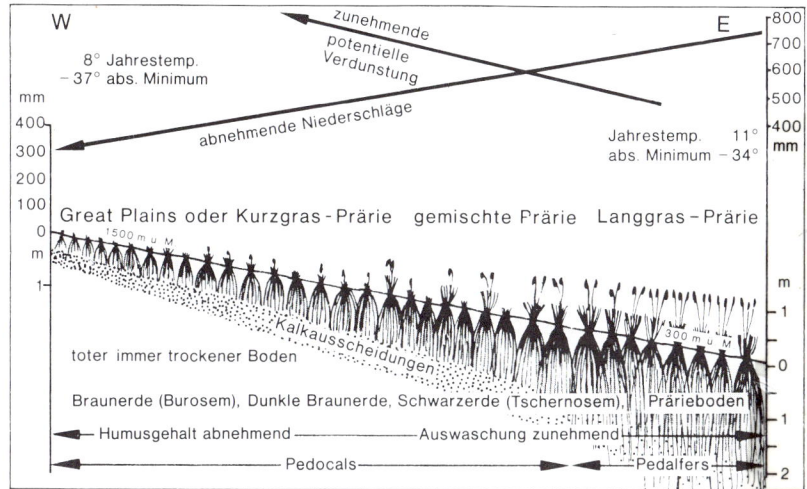

Abb. 43: Schematischer Schnitt durch das von 300 m ü. M. im Osten auf über 1500 m ü. M. im Westen ansteigende Präriengebiet mit Angaben über die Vegetationsverhältnisse in Abhängigkeit von den klimatischen Parametern und den Bodenverhältnissen (nach H. WALTER 1969)

1. Westlich an die sommergrüne Laubwaldzone schließen sich bei abnehmender Sommerfeuchte die Waldsteppen des Hickory-Gürtels an, in deren Bereich ein örtlicher Wechsel von Wald und Trockensteppe auf degradierten Schwarzerden oder verwandten Bodentypen stattfindet.

2. Im westlich anschließenden Bereich des winterkalten Feuchtsteppenklimas mit drei bis fünf Trockenmonaten stockt die Langgras-Prärie („tall-grass-prairie") auf tiefgründigen Schwarzerden. Charakteristisch für diese baumlose Feuchtsteppe sind ihre 50 bis 100 cm hohen Gräser (*Andropogon scoparius, Stipa sparta, Panicum virgatum*) und zahlreiche Stauden wie Goldrute (*Solidago*), Sonnenblume (*Helianthus*) und Tragant (*Astragalus*), deren Hauptblütezeit im Juni liegt (s. Abb. 43).

3. An der 500-mm-Jahresisohyete, die in der Nähe des 100. Längengrades ungefähr die Trockengrenze bildet, geht die Langgras- in die Mischgrasprärie über, die floristisch eine Übergangsform zur Kurzgrasprärie darstellt.

4. Bei höchstens fünf humiden Monaten im Jahr haben sich im Regenschatten der Rocky Mountains Trockensteppen und Hartpolsterformationen (Kurzgrasprärie) auf kastanienfarbenen Böden entwickelt, in die das Niederschlagswasser selten mehr als einen halben Meter tief eindringt. Die Vegetation aus niedrigwüchsigen harten Büschelgräsern (*Buchloe dactyloides, Bouteloua gracilis*), in der Stauden ganz zurücktreten, stirbt schon im Juni ab; den Pflanzen stehen nur ca. 60 Tage im April/Mai zwischen Schneeschmelze und einsetzender Trockenzeit für ihr Wachstum zur Verfügung.

5. Auf den intermontanen Hochebenen des Great Basin und des Colorado-Plateaus hat sich auf braunen Halbwüstenböden eine xeromorphe Strauchformation entwickelt, der Sagebrush. In ihm dominiert der 1,5 bis 2 m hohe Halbstrauch *Artemisia tridentata*, der durch seine 3 m tiefen Pfahlwurzeln an lange Trockenzeiten angepaßt ist. An den feuchteren Gebirgshängen wird der Sagebrush von dem Pinyon, das sind lichte Pinus-Juniperus-Baumfluren mit *Pinus cembroides* und *Juniperus monosperma*, abgelöst, der ab 2000 m Höhe dem eigentlichen Gebirgsnadelwald Platz macht. Im Süden von Arizona, New Mexico und Texas gehen die winterkalte xeromorphe Strauchformation und die Trockensteppe ohne scharfe Grenze in subtropische Dornstrauchformationen und Dornsavannen über.

Eine ähnliche Formationsabfolge entlang eines Feuchtegradienten, wie für Nordamerika beschrieben, gibt es auch im kontinentalen Osteuropa, nur daß hier das Niederschlagsregime nicht durch ein meridional verlaufendes Hochgebirge bestimmt wird, sondern durch eine nach Süden zunehmende Aridität gekennzeichnet ist (s. Abb. 14 c). Demzufolge verlaufen die Vegetationsformationen in Eurasien zonal: Südlich des borealen Nadelwald- bzw. des sommergrünen Laubwaldgürtels schließt sich die Waldsteppe an, daran mit abnehmender Feuchtigkeit die Wiesensteppe, Federgrassteppe, Kurzgrassteppe, Trockensteppe und schließlich die Halbwüste.

5.4.2 Die getreidebauliche Inwertsetzung des Steppen-Schwarzerdegürtels

Besonders wertvoll hinsichtlich ihres agrarischen Nutzungspotentials sind die Zonen der Schwarzerde- oder Feuchtsteppen (Langgrasprärie, Wiesensteppe). Wegen ihrer hohen Bodenfruchtbarkeit sind diese Räume heute fast vollständig in Ackerland umgewandelt worden, wobei der Weizen- und Maisanbau dominieren. Der Mittlere Westen der USA und die Steppenbereiche Eurasiens stellen die „Kornkammern der Erde" dar. Ihre agrarische Inwertsetzung wurde durch besondere klima- und vegetationsgesteuerte Bodenbildungsprozesse ermöglicht, die die fruchtbarsten Böden der Erde entstehen ließen: Schwarzerden (Tschernoseme) besitzen einen bis zu 1,5 m mächtigen humosen A_h-Horizont, der eine Vielzahl meist organischer Sorptionsträger enthält. Er entsteht unter subhumid-kontinentalen, winterkalten Klimabedingungen, wobei die im Sommer verdorrte Pflanzendecke mitsamt eines Teils ihrer biomassereichen Wurzelschicht durch Bodentiere in den Oberboden eingearbeitet wird und so zu einer beträchtlichen Humusanreicherung beiträgt. Aufgrund der Winterkälte werden die organischen Reste jedoch, im Gegensatz zu tropischen Grasländern, nur sehr langsam mineralisiert, so daß ein mächtiger Humushorizont entsteht. Wegen der geringen Niederschläge werden die Nährstoffe aus dem Oberboden nicht in tiefere Schichten ausgewaschen, so daß die Schwarzerden nur ein A-C-Profil ohne Anreicherungshorizont (B) zeigen. Das Ausgangsgestein (C-Horizont) besteht meist aus Löß.

Da unsere Kulturgetreidesorten aus Steppengräsern gezüchtet wurden, gedeihen sie unter den subhumiden Klimabedingungen ihrer natürlichen Umwelt besonders gut. Problematisch ist aber jeder Versuch, die Getreidebaugrenze über den natürlichen Standortraum der Feuchtsteppenformation hinaus auszudehnen, insbesondere in zu aride Zonen hinein. Die Auswirkungen solcher ökologisch verfehlter Nutzungen des Naturraumpotentials zeigt die lange Dürreperiode in den mittleren USA von 1934-1943, während der es in den umgepflügten und getreidebaulich genutzten Trockensteppen der Great Plains zu einer katastrophalen Bodenauswehung und -zerstörung mit gewaltigen Staubstürmen kam („dust bowl"). Ähnliche Vorgänge zeigten sich in der kultivierten Trockensteppe des östlichen Kasachstans. Da der Mensch die ökologischen Grenzen einer Nutzung dieser ariden Räume nicht erkannte bzw. glaubte, sie ignorieren zu können, löste er einen Prozeß fortschreitender Standortdegradierung aus. Solange die Trockensteppe in ihrem Naturzustand belassen und nur extensiv beweidet wurde, konnten ihr Dürreperioden wenig Schaden zufügen. Als der Mensch jedoch ackerbaulich in diesen Raum jenseits der ökologischen Trockengrenze vordrang und die schützende Vegetationsdecke umpflügte, trocknete der entblößte Boden tiefgründig aus und wurde sowohl durch Starkwinde als auch durch Flächenspülung nach Gewitterschauern abgetragen. Heute zeugen vielerorts die unfruchtbaren „badlands" mit tiefen Erosionsschluchten, wie sie sonst nur in Wüsten zu finden sind, von der anthropogenen Zerstörung dieses Naturraums.

5.5 Die Wüsten- und Halbwüstenformationen der Erde

Unter ariden Klimabedingungen mit über 10 Trockenmonaten, einem Jahresniederschlag von weniger als 250 mm und meist episodischen Starkregenfällen, die oft jahreszeitlich nicht gebunden sind, entwickeln sich Halbwüsten- und Wüstenformationen, die meist an feuchtere Trockensteppen (z. B. Zentralasien) oder Dornsavannen (z. B. Afrika) anschließen. Unter Halbwüste versteht man offene Pflanzenbestände, bei denen sich die Vegetation wegen der Wurzelkonkurrenz um das spärliche Bodenwasser so stark aufgelockert hat, daß der größte Teil der Bodenoberfläche unbedeckt ist. Bei den eigentlichen Vollwüsten ist der Boden über den größten Teil des Jahres völlig entblößt; nur kurzlebige Therophyten beherrschen das Bild. Sie überdauern die langen Trockenzeiten als Samen und erst dann, wenn günstige Umweltbedingungen auftreten, nach den seltenen, aber heftigen Regenfällen, innerhalb weniger Tage keimen, blühen und fruchten. Dagegen sind Geophyten,

xerophytische Gräser, Zwergsträucher und Sträucher in den niederschlags-
reicheren Halbwüsten verbreitet; Sukkulenten können in beiden Formationen
auftreten. Hinsichtlich der Ursachen der Wüstenbildung unterscheidet man
Wendekreiswüsten (Niederschlagsarmut durch trockene Passate, z. B.
Sahara, Große Arabische Wüste), Reliefwüsten (im Regenschatten von
Gebirgszügen gelegen, z. B. Großes Becken der USA) und Küstenwüsten (im
Einflußbereich kalter Meeresströmungen, z. B. Namib, Atacama). Wüsten
und Halbwüsten lassen sich nur mit Hilfe künstlicher Bewässerung agrarisch
nutzen.

5.6 Die Vegetationsformationen der wechselfeuchten und immerfeuchten Subtropen

Aus ökologischer Sicht umfaßt die Subtropenzone alle Klimaräume, in denen
einerseits die Vegetationsperiode nicht durch eine jahreszeitlich andauernde
Kälteruhe unterbrochen wird (Abgrenzung zur kühlgemäßigten Zone), aber
andererseits noch Fröste in Form episodischer Tagesminima unter 0 °C auftreten können (Abgrenzung zur Tropenzone). Somit wird die subtropische
Klimazone pol- bzw. höhenwärts von der + 5 °C-Isotherme und äquatorwärts
von der + 15 °C-Isotherme (absolute Frostgrenze) des kältesten Monatsmittels eingegrenzt. Immergrüne Vegetationsformationen herrschen daher vor,
sofern die Feuchtigkeitsverhältnisse eine ganzjährige Belaubung zulassen; es
fehlen jedoch alle frostempfindlichen tropischen Pflanzen. Bei einer Untergliederung der Subtropen nach dem Niederschlagsregime lassen sich folgende Klimatypen mit ihren vorherrschenden Vegetationsformationen unterscheiden:

1. Ganzjähriges Trockenklima mit subtropischen Wüsten- und Halbwü-
stenformationen.

2. Winterregenklima (mit sommerlicher Trockenzeit) an den Westseiten
der Kontinente mit Hartlaubformationen.

3. Immerfeuchtes Klima (mit sommerlichem Niederschlagsmaximum) an
den Ostseiten der Kontinente mit subtropischen Feucht- und Lorbeerwäldern.

5.6.1 Die Hartlaubformationen der subtropischen Winterregenklimate und ihre Ersatzformationen

Jahreszeitlich alternierend im Einflußbereich des subtropischen Hochdruck-
gürtels und der ektropischen Westwindzone gelegen, ist die Hartlaubvegetation der Winterregenklimate auf die winterfeuchten Westseiten der Kontinente zwischen 23° und 30° n. Br. bzw. 30° und 38° s. Br. beschränkt. Ihre

größte Ausdehnung besitzt die Hartlaubformation im europäisch-vorderasiatischen Mittelmeerraum, gefolgt von kleineren Gebieten in Südaustralien, Kalifornien, Südafrika und Mittelchile. Von der Hartlaubigkeit (*Sklerophyllie*) der wichtigsten bestandbildenden Baum- und Straucharten in den natürlichen Wäldern dieser Räume hat die Formation ihren Namen. Hartlaubige Blätter sind hydrostabil, d. h. sie können ihren Wasserhaushalt regulieren, indem sie ihre Transpiration während der sommerlichen Trockenzeit verringern und ihren Zellsaft so stark konzentrieren, daß aufgrund der erhöhten Saugspannung auch aus trockneren Böden noch Wasser aufgenommen werden kann. Die winterliche Bodenwasserbevorratung reicht aus, um Pflanzen mit tiefreichenden Wurzeln und hohen Saugkräften eine ganzjährige Belaubung und Assimilationstätigkeit zu ermöglichen. Immergrüne sklerophylle Holzgewächse haben daher in diesen Klimaräumen einen erheblichen Standortvorteil, was zu einer Konvergenz der Wuchsformen in den floristisch z. T. stark divergierenden Hartlaubgebieten der Erde geführt hat.

Besonders im Mittelmeerraum ist der natürliche Hartlaubwald im Laufe der Kulturgeschichte bis auf wenige Reste zerstört oder verändert worden. Gebüsch- und Zwergstrauchformationen, genannt Macchie oder Garrigue, sind als Ersatzformationen an die Stelle der durch Raubbau, Brand und Beweidung degradierten Wälder getreten. Vielerorts ist inzwischen der Boden abgetragen und der Wasserhaushalt so stark verändert worden, daß eine Wiederbewaldung nicht mehr möglich ist. Für eine nicht standortgerechte Nutzung in der Vergangenheit muß heute die Bevölkerung ein vermindertes ökologisches Raumpotential mit ungünstigerem Mikroklima, Bodenverarmung, Wasserverknappung durch versiegende Quellen sowie agrarwirtschaftliche Einbußen hinnehmen. Hauptformen der Landnutzung in den mediterranen Gebieten sind intensiver Bewässerungsfeldbau, ausgedehnter Getreideanbau in den Ebenen sowie Fruchtbaumkulturen in den Hügelländern, unter denen Ölbaum, Mandelbaum, Feigenbaum und der Weinstock sowie auch eine Reihe von Gewürzpflanzen wie Thymian, Rosmarin und Origano in diesem Raum ihren Ursprung haben.

5.6.2 *Der subtropische Feuchtwald an den Ostküsten der Kontinente*

Im Gegensatz zum wechselfeuchten Subtropenklima an den Westseiten der Kontinente lassen sommerliche Monsunregen an den Ostküsten keine Dürreperioden aufkommen, so daß hier zwischen 23° und 30° n. Br. bzw. 24° und 35° s. Br. auf allen Kontinenten subtropische Feucht- und Lorbeerwälder vorkommen. Lorbeerwälder stehen nach Aufbau und Gestalt zwischen Hartlaub- und Feuchtwäldern und bilden oft kleinräumige, topoklimatisch bedingte Mosaikkomplexe mit ihnen. Mit dem Hartlaubwald haben Lorbeerwälder die ökophysiologischen Anpassungsmerkmale an Trockenperioden gemeinsam. Der Lorbeer-Blattypus der vorherrschenden Bäume ist mit einem etwas weniger ausgeprägten xeromorphen Bau nur geringfügig vom Hartlaubtypus verschieden. In der Strauch- und Krautschicht sind oft mesomorphe Blätter vorherrschend. Dagegen leiten die subtropischen immergrünen Feuchtwälder bereits zu den tropischen Regenwaldformationen über. Ihr 20-50 m hohes Kronendach ist ebenfalls in zwei bis drei Schichten gegliedert, ihr Lianen- und Epiphytenreichtum sowie das gelegentliche Vorkommen von Brettwurzeln erhöhen die physiognomische Ähnlichkeit. Die subtropischen Feuchtwaldformationen unterscheiden sich jedoch durch das Auftreten hemikryptophytischer Lebensformen, eine Beteiligung von Nadelhölzern, geringeren Artenreichtum und Fehlen frostempfindlicher Tropenpflanzen von entsprechenden tropischen Formationen.

5.7 Die Vegetationsformationen der wechselfeuchten und immerfeuchten Tropen

Die ökologische Tropengrenze wird beiderseits des Äquators durch die absolute Frostgrenze markiert, d. h. die Mitteltemperaturen des kältesten Monats liegen im tropischen Tiefland über + 15 °C. Als weiteres klimatisches Merkmal ist das ausgesprochene Tageszeitenklima zwischen den Wendekreisen von Bedeutung, bei dem wegen der annähernd gleichen Tageslängen und Sonnenhöhen im Jahresverlauf die täglichen Temperaturamplituden größer als die jährlichen sind. Wie schon bei den kühlgemäßigten und subtropischen Zonen läßt sich auch innerhalb der Tropen eine Untergliederung und Charakterisierung der vorherrschenden Vegetationsformationen nach hygrischen Gesichtspunkten vornehmen. Ökologisch von großer Bedeutung für die Tropen ist neben der absoluten Höhe der Niederschläge die Dauer der feuchten bzw. trockenen Jahreszeit, ausgedrückt durch die Anzahl der humiden bzw. ariden Monate. Auffallend ist die regelhafte zonale Abfolge der Vegetationsgürtel von den immerfeuchten Innentropen zu den periodisch trockenen Randtropen entlang eines Gradienten abnehmender Niederschläge.

Vom Äquator zu den Wendekreisen lassen sich folgende Vegetationsformationsgürtel unterscheiden:
1. Der immergrüne tropische Regenwald im Bereich immerfeuchter Tropenklimate.
2. Der halbimmergrüne tropische Feucht- und regengrüne Monsunwald im Bereich wechselfeuchter Tropenklimate mit 2-3 Trockenmonaten, vorwiegend im Winter.

3. Tropische Trockenwälder im Bereich wechselfeuchter Tropenklimate mit winterlicher Trockenzeit zwischen 5 und 7 Monaten.

4. Die Feucht-, Trocken- und Dornsavannen im Bereich wechselfeuchter Tropenklimate mit 3-10 Trockenmonaten, vorwiegend im Winter.

5. Halbwüsten und Wüsten im Bereich randtropischer Trockenklimate.

Die Formationen von 2, 3 und 4 können unter bestimmten ökologischen Voraussetzungen engräumig miteinander vergesellschaftet sein und ein komplexes Vegetationsmosaik bilden.

5.7.1 Die Savannen

Äquatorwärts schließt sich an den vollariden Gürtel der subtropisch-tropischen Wendekreiswüsten einer Übergangszone regengrüner Wälder und von Bäumen durchsetzter Grasfluren (Savannen) an, die mit zunehmender Anzahl humider Monate vom immergrünen tropischen Regenwald abgelöst werden. Trotz physiognomischer Ähnlichkeiten werden die Grasländer der wechselfeuchten Tropen als Savannen von den winterkalt-sommertrockenen Steppen der Außertropen abgegrenzt, weil sie ökologisch verschieden sind. Für die Savannen gibt es nur eine hygrische Vegetationszeiteinschränkung, nicht aber eine zusätzliche, den Steppenklimaten ähnliche thermische Kälteruhe. Außerdem verläuft die Bodenbildung anders (Schwarzerden in den Feuchtsteppen, nährstoffarme ausgewaschene Rotlehme in den Tropen). Im Gegensatz zur baumfreien, einheitlich ausgebildeten Steppenzone besteht der „Savannengürtel" aus einem komplexen Mosaik regengrüner Feucht- und Trockenwälder sowie baumdurchsetzter Grasfluren, so daß man diesen Raum nur nach großklimatisch bedingten Leitformationen untergliedern kann: Die Langgrasflur der Feuchtsavanne mit durchschnittlich 2 bis 3 m hohen Gräsern benötigt 7-9 humide Monate im Jahr, daran schließt sich die Trockensavanne mit 0,5 bis 1,5 m Grashöhe bei 5-6 humiden Monaten und die Dornsavanne mit 30 bis 50 cm hohen Gräsern und einer humiden Jahreszeit von nur noch 2-4 Monaten an. Weit auseinanderstehende Büschelgrasinseln auf sonst vegetationslosem Boden markieren den Übergang zur Halbwüste . Es wird jedoch vermutet, daß nur die Dornsavannen in ihrer heutigen Ausdehnung Primärsavannen sind, während die Feucht- und vielleicht auch die Trockensavannen in vielen Gebieten Sekundärformationen darstellen, die sich nach menschlichen Eingriffen (Brandrodungsfeldbau, Überweidung) anstelle von Wäldern gebildet haben. Ebenfalls kann heute beobachtet werden, daß die Wüsten- und Savannengürtel – anthropogen bedingt – immer weiter gegen den tropischen Regenwald vorrücken.

In der Baumschicht der Dorn- und Trockensavannen dominieren laubabwerfende, fiederblättrige Holzgewächse, die als Anpassung an den vertikalen

Lichteinfall in den Tropen eine schirmförmige Krone ausgebildet haben, wie z. B. Akazien in Afrika und *Prosopis*-Arten in Amerika. Weiterhin beherrschen Kandelaber- und Säulensukkulenten (*Euphorbiaceen* in der Paläotropis, *Cactaceen* in der Neotropis) sowie in Afrika stammsukkulente Flaschenbäume (*Adenia globosa*) und Affenbrotbäume (*Adansonia digitata*) das Bild der Kurzgrasfluren (s. Abb. 12a-d).

5.7.2 Die tropischen Trockenwälder

Die tropischen Trockenwälder bilden im Bereich der wechselfeuchten Trockensavannenklimate (5 bis 7 Trockenmonate im Jahr) ein edaphisch bedingtes und anthropogen beeinflußtes Formationsmosaik mit den entsprechenden Grasfluren dieser Subzone. Der lichte regengrüne Wald aus 10 bis 20 m hohen Bäumen mit weitausladenden Schirmkronen ist nur aus wenigen Arten zusammengesetzt, So herrschen in den Miombo-Wäldern Ostafrikas Leguminosenbäume (*Brachystegia, Berlinia*) vor sowie in den westlich anschließenden Mopane-Wäldern die Charakterart *Copaifera mopane*. In den Zebil- und Tipa-Wäldern Südamerikas dominieren *Piptadenia zebil* bzw. *Tipuana speciosa* und in den Trockenwäldern Australiens mehrere Eucalyptus-Arten. Eine Übergangsformation zur Feuchtsavanne stellt das lichte Savannengehölz des Campo cerrado dar, das in Brasilien besonders verbreitet ist. Es besteht aus vereinzelten 4 bis 8 m hohen dickborkigen Bäumen (z. B. *Curatella americana*) mit regengrünem großblättrigem, ledrigem Laub. Als Folgen der Brandrodung und Weidewirtschaft sind daraus zum großen Teil das Campo sujo und Campo limpo als baumarme bzw. baumlose Sekundärsavannen entstanden.

5.7.3 Der halbimmergrüne tropische Feucht- und regengrüne Monsunwald

In der humidesten Subzone der Feuchtsavannenklimate mit nur 2 bis 3 Trockenmonaten und mindestens 1500 mm Niederschlägen im Jahr gedeihen wechselgrüne Feuchtwaldformationen, die teilweise die Fähigkeit haben, je nach den hygrischen Verhältnissen ihr Laub fakultativ abzuwerfen oder ganzjährig zu behalten. Im Übergangsbereich zum immerfeuchten Regenwald mischen sich in die untere der zweistöckigen Kronenschicht zahlreiche Arten des immergrünen Regenwaldes, so daß nur die obere Baumschicht ihr Laub während der kurzen Trockenzeiten verliert. Man nennt diese Formation daher den „halbimmergrünen tropischen Feuchtwald". Insbesondere an den Ostseiten der Kontinente findet man im Bereich der niederschlagsreichen Sommermonsune einen regengrünen Monsunwald, der seine größte Verbreitung in Vorder- und Hinterindien sowie Lateinamerika hat. Er setzt sich als artenärmerer mesothermer Lorbeer- und Feuchtwald in die subtropischen Breiten Floridas, Südbrasiliens, Südostchinas und Südostaustraliens fort. Bekannte Monsunwaldtypen sind die südasiatischen Sal- und Teakholzwälder mit Reinbeständen von *Shorea robusta* bzw. *Tectona grandis* sowie die Bambuswälder Ostjavas und Indiens mit baumförmigen Bambusgräsern. Insbesondere Teakbäume rechnen zu den wertvollen tropischen Nutzhölzern und werden wie die ursprünglich in Australien heimischen Eucalyptusarten forstlich angepflanzt.

5.7.4 *Der immergrüne tropische Regenwald*

Der immergrüne Regenwald der ständig feuchten, gleichmäßig warmen tropischen Tiefländer ist die nach Artenzahl und Wuchsleistung üppigste Vegetationsformation der Erde. Die Pflanzenwelt konnte sich hier seit dem Tertiär unter optimalen Klimabedingungen – ohne Frost- oder Trockenheitsbeschränkungen – zu einer unvergleichlich großen Artenfülle entwickeln. Allein die Flora Indonesiens zählt 45 000 Arten gegenüber 5000-6000 Arten der eiszeitlich verarmten Flora Mitteleuropas. Die Artenvielfalt laßt im tropischen Regenwald keine Dominanz einzelner Arten aufkommen, so daß es hier keine Reinbestände für eine rationale Holznutzung gibt; nur wertvolle Edelhölzer unterliegen der tropischen Raubbauwirtschaft und sind heute weitgehend aus den tropischen Wäldern herausgeschlagen worden. Im allgemeinen stocken nur 1 bis 3 Exemplare ein und derselben Baumart auf einem Hektar Urwald.

Unter den optimalen Klimabedingungen mit gleichmäßig über das Jahr verteilten Niederschlägen von über 1500 mm und ganzjährig hohen Temperaturen zwischen 22 °C und 28 °C im Tiefland hat der tropische Regenwald normalerweise drei Kronenstockwerke sowie eine Strauch- und eine Krautschicht ausgebildet. Baumriesen von 40 bis über 60 m Höhe, deren Stämme sich erst im oberen Drittel verzweigen und durch mächtige Brettwurzeln am Boden gestützt werden, ragen über den 30 bis 40 m hohen geschlossenen Kronenraum der mittleren Baumschicht. Holzige Phanerophyten machen den größten Teil des Artenbestandes aus, wobei neben hygro- und mesomorphen immergrünen Kronenbäumen auch verholzte Lianen, Baumgräser und *Epiphyten* häufig sind. *Chamaephyten, Hemikryptophyten, Geophyten* und *Therophyten* als kälte- und trockenheitsangepaßte Lebensformen sind dagegen nur zu einem geringen Prozentsatz vertreten. Auffallende morphologische Merkmale zahlreicher Tropenbäume sind die *Kauliflorie* (Stammblütigkeit), die Ausbildung von Träufelspitzen an den großen, immergrünen Blättern, das weitgehende Fehlen von Knospenschuppen, Jahresringen und dicken Borkenbildungen (auf das Fehlen der Jahreszeiten zurückzuführen) sowie die flachstreichenden Wurzelteller, mit denen die Nährstoffe der organischen Substanz über dem ausgelaugten Mineralboden oberflächennah entnommen und den lebenden Pflanzen wieder zugeführt werden.

Das gesamte Nährstoffkapital des tropischen Regenwald-Ökosystems liegt in seiner Phytomasse und befindet sich in einem stetigen direkten Kreislauf zwischen Auf- und Abbau. Dagegen ist der Mineralsalzgehalt der tropischen Lateritböden (Latosole) selber sehr gering. Wird das Nährstoffkapital durch Abholzen des Waldes entfernt oder durch Abbrennen mineralisiert und mit nachfolgenden Starkregen ausgewaschen, so verringert sich das ökologische Naturpotential drastisch; denn nur die natürliche Vegetation selber bedingt die Fruchtbarkeit dieses Raumes. Landnutzungsformen wie die herkömmliche Brandrodungswirtschaft, bei der die verarmten Ackerflächen nach 2 bis 3 Ernten wieder aufgegeben und weitere Urwaldgebiete zum kurzfristigen Feldbau gerodet werden müssen, haben bereits große Teile des ursprünglichen Regenwaldes in artenarme Sekundärwälder verwandelt. Nach wiederholter Nutzung kommen auf den degradierten Flächen nur noch Adlerfarn (*Pteridium aquilinum*) oder hartblättriges Alang-Alang-Gras (*Imperata cylindrica*) auf, die bereits den Übergang zur edaphischen Wüstenbildung markieren. Diese Gefahren drohen heute allen tropischen Regenwaldgebieten der Erde. Sowohl das flächengrößte, die südamerikanische Hylaea (Amazonasbecken und angrenzende Räume) als auch das afrikanische (Kongobecken, Oberguinea) und das asiatische Regenwaldgebiet (Hinter- und Inselindien) sind heute durch wachsenden Bevölkerungsdruck, durch den Einsatz moderner Rodungs- und Kultivierungstechniken sowie durch großflächige Plantagenwirtschaft in ihrem Bestand unmittelbar bedroht. Sollte die Vernichtung des tropischen Regenwaldes in dem heutigen Tempo weitergehen (und alle Anzeichen sprechen zur Zeit dafür), so werden in ca. 10 bis 15 Jahren sämtliche tropischen Urwälder verschwunden sein. Bereits jetzt sind in den dichter bevölkerten und intensiv bewirtschafteten Randgebieten des Regenwaldes in Oberguinea, Vorder- und Hinterindien, den Großen Sunda-Inseln Sumatra und Java, in Süd- und Ostbrasilien sowie in Mittelamerika bis zum Fuß der mexikanischen Sierra Madre Oriental nur noch wenige Restbestände des ursprünglichen Waldes verblieben, während der weitaus größte Teil von Nutzflächen und Sekundärwäldern eingenommen wird.

Literatur

Literaturzitate aus d. 19. Jh. s. SCHMITHÜSEN, J. (1985): Vor- und Frühgeschichte der Biogeographie. Biographica, Bd. 20, Saarbrücken, 166 S.

ALETSEE, L. (1967): Begriffliche und floristische Grundlagen zu einer pflanzengeographischen Analyse der europäischen Regenwassermoorstandorte. Beiträge u. Biol. Pflanzen 43, S. 117-283.

AXELROD, D. I. (1958): Evolution of the Madro-Tertiäry Geoflora. In: Botanical Review 24. S. 434-509.

BAYERISCHE AKADEMIE FÜR NATURSCHUTZ UND LANDSCHAFTSPFLEGE ANL (Hrsg.) (1994): Begriffe aus Ökologie, Umweltschutz und Landnutzung. 3. Aufl., Frankfurt/Main, Laufen/Salzach, 139 S.

BESLER, H. (1980): Die Dünen-Namib: Entstehung und Dynamik eines Ergs. Stuttgarter Geographische Studien, Bd. 96. Stuttgart, 208 S.

BICK, H. (1993): Ökologie. Grundlagen. 2. Aufl., Stuttgart, Jena, New York, 335 S.

BOHN, U. (1981): Vegetationskarte der Bundesrepublik Deutschland 1 : 200 000 - Potentielle natürliche Vegetation - Blatt CC 5518 Fulda. Bonn-Bad Godesberg. 330 S.

BRAUN-BLANQUET, J. (1964): Pflanzensoziologie. Grundzüge der Vegetationskunde. 3. Aufl., Wien, Berlin, New York. 865 S.

BUDYKO, M. (1974): Climate and Life (übers. aus dem Russ. v. D. Miller). New York.

BUNDESANSTALT FÜR GEOWISSENSCHAFTEN UND ROHSTOFFE UND GEOLOGISCHE LANDESÄMTER IN DER BUNDESREPUBLIK DEUTSCHLAND (Hrsg.) (1994): Bodenkundliche Kartieranleitung. 4. Aufl., Hannover, 392 S.

BUNDESFORSCHUNGSANSTALT FÜR NATURSCHUTZ UND LANDSCHAFTSÖKOLOGIE (Hrsg.) (1991): Naturwaldreservate. Schriftenreihe für Vegetationskunde. H.21. Bonn-Bad Godesberg. 247 S.

BUNDESFORSCHUNGSANSTALT FÜR NATURSCHUTZ UND LANDSCHAFTSÖKOLOGIE (Hrsg.) (1992): Rote Listen gefährdeter Pflanzen in der Bundesrepublik Deutschland. Referate und Ergebnisse eines Arbeitstreffens in der Internationalen Naturschutzakademie. Insel Vilm, vom 25.-28. 11. 1991. Bonn-Bad Godesberg. 245 S.

CANDOLLE, A. DE (1855): Géographie botanique raisonnée ou expositon des faits principaux et des lois concernantes la distribution géographique des plantes de l' epoque actuelle. 2. Bde. Paris.

DAHMEN, F. W., DAHMEN, G. und HEISS, W. (1976): Neue Wege der graphischen und kartographischen Veranschaulichung von Vielfaktorenkomplexen. In: Decheniana 129, S. 145-178.

DARWIN, C. R. (1859): On the Origin of Species by Means of Natural Selection. London, Murray.

DICKEL, H. (1966): Probleme phänologischer Methodik am Beispiel einer naturräumlichen Gliederung des Kreises Marburg/Lahn. Marburger Geographische Schriften, H. 31. Marburg, 150 S.

DIELS, L. (1958): Pflanzengeographie. Sammlung Göschen; Leipzig 1908. 5. verbesserte Aufl. von F. Mattick, Berlin 1958.

DIEMONT, W. H. (1938): Zur Soziologie und Synoekologie der Buchen- und Buchenmischwälder der nordwestdeutschen Mittelgebirge. Mitt. d. Florist.-soz. Arbeitsgem. in Nds. 4., Hannover.

DIERCKE WELTATLAS (1996): Westermann Verlag. 4. Aufl. der Neubearbeitung 1988. Braunschweig.

DIERSCHKE, H. (1984): Natürlichkeitsgrade von Pflanzengesellschaften unter besonderer Berücksichtigung der Vegetation Mitteleuropas. In: Phytocoenologia 12, 2/3, Stuttgart, Braunschweig, S. 173-184.

DIERSCHKE, H. (1989): Artenreiche Buchenwald-Gesellschaften Nordwest-Deutschlands. In: Ber. Reinhold Tüxen Ges. 1, Hannover S. 107-147.

DIERSCHKE, H. (1992): Zur Begrenzung des Gültigkeitsbereiches von Charakterarten. - Neue Vorschläge und Konsequenzen für die Syntaxonomie. Tuexemia 12, Göttingen S. 3 - 11.

DIERSCHKE, H. (1994): Pflanzensoziologie. UTB Große Reihe, Stuttgart, 683 S.

DIERSSEN, B. u. K. (1984): Vegetation und Flora der Schwarzwaldmoore. Beih. Naturschutz Lanschaftspflege Baden-Würtemberg 39. Karlsruhe.

DIERSSEN, K. (1982): Die wichtigsten Pflanzengesellschaften der Moore Nordwest-Europas. Genf.

DIERSSEN, K. (1990): Einführung in die Pflanzensoziologie: Vegetationskunde. Darmstadt, 241 S.

DRUDE, O. (1913): Ökologie der Pflanzen. Braunschweig.

DU RIETZ (1921): Zur methodischen Grundlage der modernen Pflanzensoziologie. Upsala.

DU RIETZ (1931): Life-forms of terrestrial flowering plants. In: Acta Phytogeographica Suecica. Bd. 3, H. 1. Upsala.

DÜLL, R. und H. KUTZELNIGG (1994): Botanisch-ökologisches Exkursionstaschenbuch. 5. Aufl. Heidelberg, Wiesbaden.

EHRENDORFER, F. (1978): Geobotanik. In: E. Strasburger (Begr.): Lehrbuch der Botanik. 33. Neubearb. Auflage. Stuttgart; Jena; New York: Fischer 1991.

ELLENBERG, H. (1956): Aufgaben und Methoden der Vegetationskunde. In: Einführung in die Phytologie, hrsg. v. Walter, H., Band IV: Grundlagen der Vegetationsgliederung, 1. Teil.

ELLENBERG, H. (1956): Wuchsklimakarte von Südwestdeutschland 1 200 000, nördlicher und südlicher Teil. Stuttgart.

ELLENBERG, H. (Hrsg.) (1973): Ökosystemforschung. Berlin.

ELLENBERG, H. (1986): Vegetation Mitteleuropas mit den Alpen in ökologischer Sicht. 4. Aufl., Stuttgart, 989 S.

ELLENBERG, H. et al. (1992): Zeigerwerte von Pflanzen in Mitteleuropa. In: Scripta Geobotanica. XVIII. Göttingen. 2. Aufl., 258 S.

ELLENBERG, H. und D. MUELLER-DOMBOIS (1967a): Tentative physiognomic-ecological classification of plant formations of the earth. In: Bericht des Geobotanischen Instituts der ETH Zürich, Stiftung Rübel. 37. S. 21-55. Zürich.

ELLENBERG, H. und D. MUELLER-DOMBOIS (1967b): A key to Raunkiaer plant life forms with revised subdivisions. In: Bericht des Geobotanischen Instituts der ETH Zürich, Stiftung Rübel, Bd. 37. S. 56-73. Zürich.

ENDLICHER, W. (1991): Grundlagen der Physischen Geographie II: Klima, Wasserhaushalt, Vegetation. Darmstadt, 187 S.

ERN, H. (1974): Zur Ökologie und Verbreitung der Koniferen im östlichen Zentralmexiko. In: Mitt. Dt. Dendrol. Ges. 67, S. 164-198.

ERN, H. (1976): Descripción de la vegetación montañosa en los estados mexicanos de Puebla y Tlaxcala. Willdenovia Beih. 10. Berlin-Dahlem.

ESCHRICH, W. (1992): Gehölze im Winter: Zweige und Knospen. 2. Aufl., Stuttgart.

FINK, H., VIBRANS, H. und VOLLMER, I. (1992): Synopse der Roten Listen Gefässpflanzen. Schriftenr. f. Vegetationskde H. 22. Bonn-Bad Godesberg, 262 S.

FINKE, L. (1994): Landschaftsökologie. Das geographische Seminar. 2. Aufl., Braunschweig, 232 S.

FINKE, L. (1995): Landschaftsökologie. In: Handwörterbuch der Raumordnung. Akademie für Raumforschung und Landesplanung. Hannover, S. 602-609.

FIRBAS, F. (1949-1952): Spät- und nacheiszeitliche Waldgeschichte Mitteleuropas nördlich der Alpen. 2 Bde. Band I: Allgemeine Waldgeschichte. Band II: Waldgeschichte der einzelnen Landschaften. Jena.

FITSCHEN, J. (1987): Gehölzflora. Ein Buch zur Bestimmung der in Mitteleuropa wildwachsenden und angepflanzten Bäume und Sträucher. 8. Aufl., Heidelberg, Wiesbaden.

FLAHAULT, CH. und SCHRÖDER, C. (1910): Phytogeographische Nomenklatur. 3. Congr. Int. Botan., Bruxelles 1910.

FLOHN, H. (1968): Vom Regenmacher zum Wettersatelliten. Klima und Wetter. München, 254 S.

FUKAREK, F. et al. (1980): Pflanzenwelt der Erde. Köln, 290 S.

GAMS, H. (1918): Prinzipienfragen der Vegetationsforschung. Vierteljahrsschr. Naturforsch. Ges. 63, Zürich.

GANSSEN, R. und F. HÄDRICH (Hrsg.) (1965): Atlas zur Bodenkunde. Meyers Großer Physischer Weltatlas, Bd. 1. Mannheim.

GEIGER, R. (1961): Das Klima der bodennahen Luftschicht. 4. Aufl., Braunschweig.

GLAWION, R (1985): Die natürliche Vegetation Islands als Ausdruck des ökologischen Raumpotentials. In: Bochumer Geographische Arbeiten, H. 14. Paderborn, 207 S.

GLAWION, R (1986): Rezente Klimaschwankungen und Vegetationsveränderungen in Island. In: Geowissenschaften in unserer Zeit 4. H. 5, S. 141-153.

GLAWION, R. (1989): Einsatzmöglichkeiten biotischer Faktoren und Bioindikatoren in der groß- und kleinmaßstäbigen ökologischen Raumgliederung. In: Geomethodica 14, A. 47-83. Basel.

GLAWION, R. (1993): Waldökosysteme in den Olympic Mountains und im pazifischen Nordwesten Nordamerikas. Geoökologisch-vegetationsgeographische Analysen und Bewertungen. Bochumer Geographische Arbeiten, H. 56. Paderborn, 133 S.

GOOD, R. (1964): Geography of the Flowering Plants. 3. Aufl., London, Harlow. XVI + 518 S.

GÖTTLICH, K. (Hrsg.) (1980): Moor- und Torfkunde. 2. Aufl., Stuttgart, 338 S.

GRADMANN, R. (1898): Das Pflanzenleben der Schwäbischen Alb. 1. Auflage Tübingen, 1889, 4. Aufl., Stuttgart, 1950.

GRISEBACH, A. (1838): Über den Einfluß des Klimas auf die Begrenzung der natürlichen Floren. Linnaea 12.

GRISEBACH, A. (1866): Die Vegetationsgebiete der Erde. Pet. Geogr. Mittg. 11. Gotha, Leipzig.

GRISEBACH, A. (1872): Die Vegetation der Erde nach ihrer klimatischen Anordnung. Ein Abriß der vergleichenden Geographie der Pflanzen (2 Bde.).2. Aufl., Leipzig 1884.

HABER, W. (1995): Artikel: Nachhaltigkeit. Natur. Naturhaushalt. Natürliche Ressourcen. Ökologie. In: Handwörterbuch der Raumordnung. Akademie für Raumforschung und Landesplanung. Hannover.

HÄCKEL, H. (1993): Meteorologie. UTB 1338, 3. Aufl., Stuttgart, 402 S.

HAEUPLER, H. (1970): Vorschläge zur Abgrenzung der Höhenstufen der Vegetation im Rahmen der Mitteleuropakartierung. In: Göttinger floristische Rundbriefe. 4. Jg., S. 3-15, 54-62. Göttingen.

HAEUPLER, H. und P. SCHÖNFELDER (1988): Atlas der Farn- und Blütenpflanzen der Bundesrepublik Deutschland. Stuttgart.

HAVLIK, D. (1969): Die Höhenstufen maximaler Niederschlagssummen in den Westalpen. Freiburger Geogr. Hefte 7. Freiburg i. Br., 76 S.

HAYEK, A. von (1926): Allgemeine Pflanzengeographie. Berlin.

HENDL, M. MARCINEK, J., JÄGER, E. J. (1988): Allgemeine Klima-, Hydro- und Vegetationsgeographie. 3. Aufl. Gotha, 212 S.

HENNING, J. (1975): Die La Sal Mountains, Utha. Akad. Wiss. u. Lit. Mainz. Abh. math. naturwiss. Kl. Jg. 1975, Nr. 2. Wiesbaden, 88 S.

HENNING, J. (1994): Hydroklima und Klimavegetation der Kontinente. Münstersche Geogr. Arb. H. 37, Paderborn, 137 S.

HETTNER (1935): Die Pflanzenwelt. Die Tierwelt. Die Menschheit. Die Erdräume. In: Vergleichende Länderkunde. Bd. 4. Leipzig.

HOFMANN, M. (1985): Biogeographie und Landschaftsökologie. Grundriß Allgemeine Geographie. Paderborn, 96 S.

HOLTMEIER, F.K. (1974): Geoökologische Beobachtungen und Studien an der subarktischen und alpinen Waldgrenze in vergleichender Sicht. In: Erdwiss. Forsch. 8. Wiesbaden.

HOLTMEIER, F.K. (1986): Die obere Waldgrenze unter dem Einfluß von Klima und Mensch. In: Abh. Westf. Mus. Naturkde. 48, 2/3, S. 395-412.

HOLTMEIER, F.K. (1989): Ökologie und Geographie der oberen Waldgrenze. In: Ber. Reinhold Tüxen-Ges. 1, S. 15-45.

HUMBOLT, A. von (1807): Ideen zu einer Geographie der Pflanzen. Tübingen, 182 S.

HUMBOLT, A. von (1849): Ansichten der Natur. 2 Bde., (1. Aufl. 1808), 3. Aufl., Stuttgart, Tübingen.

JEDICKE, E. (1994): Biotopverbund: Grundlagen und Maßnahmen einer neuen Naturschutzstrategie. Stuttgart.

KAULE, G. (1991): Arten-und Biotopschutz. 2 Aufl. Stuttgart, 519 S.KERNER VON MARILAUN, A. (1863): Das Pflanzenleben der Donauländer. Innsbruck.

KINZEL (1982): Pflanzenökologie und Mineralstoffwechsel. Stuttgart.

KLINK, H.-J. (1966): Naturräumliche Gliederung des Ith-Hils-Berglandes. Art und Anordnung der Physiotope und Ökotope. Forsch. z. dt. Ldk. H. 159. Bad Godesberg, 257 S. - Ders. (1969): Das Naturräumliche Gefüge des Ith-Hils-Berglandes. Forsch. z. dt. Ldk. H. 187. Bad Godesberg, 57 S.

KLINK, H.-J. (1973): Die natürliche Vegetation und ihre räumliche Ordnung im Puebla-Tlaxcala-Gebiet (Mexiko). In: Erdkunde 27, S. 213-225.

KLINK, H.-J. (1981): Das Tehuacántal - ein Trockengebiet im südlichen Mexiko. In: Aachener Geogr. Arb. H. 14, 1. Teil (Festschrift für Felix Monheim). Aachen, S.193-241.

KLINK, H.-J. (1994): Neue Wege der geoökologischen Erhebung und Kartierung. In: Akad. Wiss. Lit., Mainz, Jg. 1994, 2, Stuttgart, S. 171-195.

KLINK, H.-J. und LAUER, W. (1978): Die räumliche Anordung der Vegetation im östlichen Hochland von Zentralmexiko. In: W. Lauer und H.-J. Klink (Hrsg.), Pflanzengeographie. Wege der Forschung Bd. 130. Darmstadt, S. 472-506.

KLINK, H.-J. und S. SLOBODDA (1995): Vegetation. In: LIEDTKE, H. und J. MARCINEK (Hrsg.): Physische Geographie Deutschlands. 2. Aufl., Gotha, S. 157-196.

KLINK, H.-J. UND MAYER, E. (1983): Vegetationsgeographie. Das geographische Seminar. Braunschweig, 278 S.

KORNECK, D. und H. SUKOPP (1988): Rote Liste der in der Bundesrepublik Deutschland ausgestorbenen, verschollenen und gefährdeten Farn- und Blütenpflanzen und ihre Auswertung für den Arten- und Biotopschutz. Bonn-Bad Godesberg, 210 S.

KOWARIK, I. (1987): Kritische Anmerkungen zum theoretischen Konzept der potentiellen natürlichen Vegetation mit Anregungen zu einer zeitgemäßen Modifikation. In: Tuexenia Nr. 7, Göttingen, S. 53-67.

KRAUSE, A. und SCHRÖDER, L. (1979): Vegetationskarte der Bundesrepublik Deutschland 1 : 200 000 - Potentielle natürliche Vegetation - Blatt CC 3118 Hamburg-West. Bonn-Bad Godesberg, 138 S.

KRAUSE, A., LOHMEYER, W. und RODI, D. (1975): Vegetation des bayerischen Tertiärhügellandes (mit mehrfarbiger Vegetationskarte), Bonn-Bad Godesberg, 138 S.

KREEB, K.-H. (1983): Vegetationskunde. Methoden und Vegetationsformen unter Berücksichtigung ökosystemischer Aspekte. UTB Große Reihe. Stuttgart, 331 S.

KUECHLER, A.W. (1964): Potential Natural Vegetation of Conterminous United States (Map and Manual). American Geographical Society, Spec. Publ. No. 36. New York.

KUECHLER, A.W., J. S. ZONNEVELD (eds.) (1988): Vegetation mapping. Handbook Vegetation Science 10, 635 P. Dordrecht.

KUNTZE, H., G. ROESCHMANN, G. SCHWERTFEGER (1994): Bodenkunde. UTB Große Reihe, Stuttgart, 424 S.

LARCHER, W. (1984): Ökologie der Pflanzen auf physiologischer Grundlage. UTB, 4. Aufl., Stuttgart, 403 S.

LARCHER, W. (1994): Ökophysiologie der Pflanzen. UTB Große Reihe, 5. Aufl., Stuttgart, 394 S.

LAUER, W. (1976): Klimatische Grundzüge der Höhenstufung tropischer Gebirge. In: Dt. Geogr.-Tag Innsbruck 1975. Tagungsber. u. wiss. Abh., Wiesbaden, S. 76-90.

LAUER, W. (1993): Das Klimatabellenbuch. 2. Aufl. Westermann.

LAUER, W. (1995): Klimatologie. 2. Aufl., Braunschweig.

LAUER, W. und H.-J. KLINK (Hrsg.) (1978): Pflanzengeographie. Wege der Forschung, Darmstadt, 573 S.

LERCH, G. (1980): Pflanzenökologie. 2 Bde. 3. Aufl., Berlin. Teil I: 205 S., Teil II: 216 S.

LESER, H. (1991): Landschaftsökologie. 3. Aufl., Stuttgart, 647 S.

LESER, H. und H.-J. KLINK (1988): Handbuch und Kartieranleitung Geoökologische Karte 1 : 25 000 (KA GÖK 25). Zentralausschuß f. dt. Landesk. Trier, 349 S.

LIEDTKE, H., MARCINEK, J. (1995): Physische Geographie Deutschlands. 2. Aufl. Gotha, 559 S.

LIETH, H. und WHITTAKER, R. H. (Hrsg.): Primary Productivity of the Biosphere. Ecological Studies 14, Berlin, Heidelberg, New York 1975.

LOBIN, W. (1982, 1984, 1986, 1987): Beiträge zu "Fauna und Flora der Kapverdischen Inseln". (Symposiums-Berichte). Cour. Forsch.-Inst. Senckenberg 52, 68, 71, 81, 95.

LOBIN, W. (1982a): Untersuchung über Flora, Vegetation und biogeographische Beziehungen der Kapverdischen Inseln. Cour. Forsch.-Inst. Senckenberg 53, 112 S.

MATUSKIEWICZ, W. (1984): Die Karte der potentiellen natürlichen Vegetation von Polen. In: Braun-Blanquetia 1: Camerino, Bailleul, S. 1-99.

MAYER, H. (1974): Wälder des Ostalpenraumes. - Ökologie der Wälder und Landschaften 3. Stuttgart.

MAYER, H. (1983): Waldgebiete der Alpen. In: Tuexenia 3, S. 307-318. Göttingen.

MAYER, H. (1984): Wälder Europas. Stuttgart, 691 S.

MAYER, H. ZUKRIGL, K., SCHREMPF, W. UND SCHLAGER, G. (1987): Urwaldreste, Naturwaldreste und schützenswerte Naturwälder in Österreich. Inst. f. Waldbau u. Bodenkultur, Wien, 971 S.

MENGEL, K. (1991): Ernährung und Stoffwechsel der Pflanze. 7. Aufl. Stuttgart.

MEUSEL, H. (1943): Vergleichende Arealkunde. Einführung in die Lehre von der Verbreitung der Gewächse mit besonderer Berücksichtung der mitteleuropäischen Flora. Bd. 1: Textteil; Bd. 2: Listen- und Kartenteil. Bornträger: Berlin.

MEUSEL, H. et al. (1965): Vergleichende Chorologie der zentraleuropäischen Flora. Hrsg. Meusel, H., Jäger, E. und Weinert, E. Bd. I: Textbd. 583 S., Kartenbd. 258 S. Jena.

MEUSEL, H. et al. (1978): Vergleichende Chorologie der zentraleuropäischen Flora. Hrsg. Meusel, H., Jäger, E., Rauschert, S. und Weinert, E. Bd. II: Textbd. S. 1-418, Kartenbd. S. 259-421, Jena.

MIEHE, G. (1982): Vegetationsgeographische Untersuchungen im Dhaulagiri- und Annapurna-Himalaya. Dissertationes Botanicae 66, 1, 2. Vaduz.

MIEHE, G. (1990a): Khumbu Himal (Mt. Everest-Südabdachung, Nepal). Vegetationskarte 1 : 50 000 und Kommentar. In: Mitt. Bundesforschungsanstalt f. Forst- und Holzwirtschaft. 180, Hamburg, S. 1- 137.

MIEHE, G. (1990b): Flora und Vegetation als Klimazeiger und -zeugen im Himalaya. A prodromus of the vegetation ecology in the Himalayas (mit einer kommentierten Flechtenliste von J. POELT). In: Dissertationes Botanicae, Bd. 158. Berlin, Stuttgart, 529 S.

MIEHE, G. (1995): Höhenstufen und Landschaftsgürtel in vergleichender Sicht. In: Jahrbuch 1994. Marburger Geographische Gesellschaft. Marburg.

MIEHE, G. und S. (1996): Die obere Waldgrenze in tropischen Gebirgen. In: Geographische Rundschau Jg. 48, H. 11. Braunschweig.

MOHR, R. (1990): Untersuchungen zur nacheiszeitlichen Vegetations- und Moorentwicklung im nordwestlichen Niedersachsen mit besonderer Berücksichtigung von Myrica gale L. Vechtaer Arb. zur Geogr. und Regionalwissenschaft. Bd. 12, Vechta, 141 S.

MONHEIM, F. (1951): Beobachtungen über die Getreidegrenze und Feldsysteme der französischen und Schweizer Hochalpen. In: Erdkunde 5, H. 2, S. 157-165.

MÜLLER, P. (1981): Arealsysteme und Biogeographie. Stuttgart, 704 S.

MÜLLER-HOHENSTEIN, K. (1979): Die Landschaftsgürtel der Erde. Teubner Studienbücher der Geogr., 2. Aufl. Stuttgart., 204 S.

MÜLLER, TH., OBERDORFER, E. UND PHILIPPI, E. (1974): Die potentiell natürliche Vegetation von Baden-Württemberg. Beih. z.d. Veröff. d. Landesstelle f. Naturschutz u. Landschaftspflege Baden-Württemberg 6, Ludwigsburg 4/5, m. 1 Karte 1:900000; Nachdruck mit Naturräumlicher Gliederung 1992.

NEEF, E., SCHMIDT, G. und M. LAUCKNER (1961): Landschaftsökologische Untersuchungen an verschiedenen Physiotopen in Nordwestsachsen. In: Abh. Sächs. Akad. Wiss. Leipzig, Math.-Nat. Kl., Bd. 47, H. 1, Leipzig.

NULTSCH, W. (1977): Allgemeine Botanik. 6. Aufl. Stuttgart, New York 8. Aufl., 1986.

OBERDORFER, E. (1957): Süddeutsche Pflanzengesellschaften. Pflanzensoziologie, 10, Jena, 564 S.

OBERDORFER, E. (1992): Süddeutsche Pflanzengesellschaften. Teil IV: Wälder und Gebüsche, 2 Aufl. Stuttgart.

OBERDORFER, E. (1994): Pflanzensoziologische Exkursionsflora. 7. Auflage, Stuttgart.

ODUM, E. P. (1983): Grundlagen der Ökologie. 2 Bde. Bd. I S. 1-476, Bd. II S. 477-836, 2. Aufl. Stuttgart.

OVERBECK, F. (1975): Botanisch-geologische Moorkunde. Neumünster.

PATZELT, G. (1977): Der zeitliche Ablauf und das Ausmaß postglazialer Klimaschwankungen in den Alpen. In: Erdwiss. Forsch. 13, Dendrochronologie und postglaz. Klimaschwankungen in Europa. (Hrsg. v. B. Frenzel). Wiesbaden.

PFADENHAUER, J. (1993): Vegetationsökologie: ein Skriptum. IHW-Verlag. Eching, 301 S.

PLACHTER, H. (1991): Naturschutz. Stuttgart, 463 S.

POTT, R. (1993): Farbatlas Waldlandschaften. Stuttgart, 224 S.

POTT, R. (1995): Die Pflanzengesellschaften Deutschlands. UTB für Wissenschaft, 8067, 2. Aufl., Stuttgart, 427 S.

POTT, R. (1995): Farbatlas Nordseeküste und Nordseeinseln. Stuttgart, 288 S.

PRENZEL, J. (1979): Mass Flow to the Root System and Mineral Uptake of a Beech Stand calculated from 3-Year Field Data. In: Plant and Soil, 51, S. 39-49.

RAUNKIAER, C. (1908): Statistik der Lebensformen als Grundlage für die biolog. Pflanzengeographie. In: Beihefte zum Biolog. Centralblatt, Bd. 26. Dresden.

RAUNKIAER, C. (1910): Statistik der Lebensformen als Grundlage für die biologische Pflanzengeographie. In: Beihefte z. Biologischen Centralblatt, Bd. 27,2. Dresden.

RAUNKIAER, C. (1934): The Life Forms of Plants and Statistical Plant Geography. Oxford.

RAUSCHERT, S. (1978): Liste der in der Deutschen Demokratische Republik erloschen und gefährdeten Farn- und Blütenpflanzen. - Hrsg: Kulturbund der DDR. Zentraler Fachausschuß Botanik, 56 S.

REHM, S. und ESPIG, G. (1996): Die Kulturpflanzen der Tropen und Subtropen. 3. Aufl. Stuttgart, 528 S.

REICHELT, G. und O. WILMANNS (1973): Praktische Arbeitsweisen Vegetationskunde. Das Geographische Seminar. Braunschweig, 210 S.

REMMERT, H. (1992): Ökologie: Ein Lehrbuch. 5. Aufl., Berlin, Heidelberg, New York, 363 S.

RIECKEN, U., RIES, U., und A. SSYMAUK (1994): Rote Liste der gefährdeten Biotoptypen der Bundesrepublik Deutschland. In: Schriftenreihe für Landschaftspflege und Naturschutz. H. 41. Bonn-Bad Godesberg, 184 S.

ROTHMALER, W. (1994): (Hrsg. von R. Schubert, K. Werner, H, Meusel) Grundband: Exkursionsflora von Deutschland. Gefäßpflanzen. 15. Aufl., Stuttgart.

ROTHMALER, W. (1995): Atlasband: Exkursionsflora von Deutschland. 9. Aufl. Stuttgart.

RUNGE, F. (1986): Die Pflanzengesellschaften Mitteleuropas. 8., 9 Aufl. Münster, 291 S.

SCHARFETTER, R. (1938): Das Pflanzenleben der Ostalpen. Wien

SCHEFFER, F. SCHACHTSCHABEL, P. et al. (1992): Lehrbuch der Bodenkunde. 13. Aufl., Stuttgart, 491 S.

SCHEFFER, F. und ULRICH, B. (1960): Humus und Humusdüngung. Bd. I Morphologie, Biologie, Chemie und Dynamik des Humus. 2. Aufl., Stuttgart 1960.

SCHIMPER, A. F.W. (1898): Pflanzengeographie auf physiologischer Grundlage. Jena.1898. 3. Aufl., Hrsg. Von F. C. Faber, 2 Bde., Jena 1935.

SCHLICHTING, E., BLUME, H.-P. und K. STAHR (1995): Bodenkundliches Praktikum, 2. Aufl. Berlin, Wien, 295 S.

SCHMEIL, O. (1993): Flora von Deutschland und angrenzender Länder: Schmeil/Fitschen. 89. Aufl., Heidelberg, Wiesbaden.

SCHMIDT, G. (1969): Vegetationsgeographie auf ökologischsoziologischer Grundlage. Leipzig.

SCHMITHÜSEN, J. (1968): Allgemeine Vegetationsgeographie. 3. neu bearb. und erw. Aufl., Berlin, 463 S.

SCHMITHÜSEN, J. (Hrsg.) (1976): Atlas für Biogeographie. Mannheim, Wien, Zürich.

SCHREIBER, K.-F. (1977): Wärmegliederung der Schweiz 1 : 200 000 mit Erläuterungen. Grundlagen der Raumplanung. Bern. 69 S. und Karten.

SCHREIBER, K.-F. (1987): Beiträge der Landschaftsökologie zur Ökosystemforschung und ihre Anwendung. In: Verh. 45. Deutscher Geographentag Berlin 1995. Stuttgart, S. 134-145.

SCHREIBER, K.-F. et al. (1985): Wuchsklimakarte des Ruhrgebiets und angrenzende Bereiche. Arbeitshefte Ruhrgebiet. Kommunalverband Ruhrgebiet. Essen.

SCHROEDER, D., BLUM, W. (1992): Bodenkunde in Stichworten. 5. Aufl., Berlin, 175 S.

SCHROETER, C. (1926): Das Pflanzenleben der Alpen. 2 Aufl., Zürich.

SCHUBERT, R. (1979): Pflanzengeographie. 2. Aufl., Akademie-Verlag: Wissenschaftliche Taschenbücher, Bd. 35. Berlin.

SCHUBERT, R. [Hrsg.] (1991): Lehrbuch der Ökologie. 3 Aufl. Jena, 657 S.

SCHUBERT, R. (1995): Zur Gliederung der Pflanzengesellschaften. In: Tuexenia Nr. 15, Göttingen, S. 3-9.

SCHULTE, W. et al. (1986): Flächendeckende Biotopkartierung im besiedelten Bereich als Grundlage einer ökologisch bzw. am Naturschutz orientierten Planung. In: Natur und Landschaft, Jg. 61, H. 10. Bonn, S. 371-389.

SCHULZ, J. (1995): Die Ökozonen der Erde. 2. Aufl., UTB 1514. Stuttgart, 488 S.

SCHWICKERATH, M. (1954): Die Landschaft und ihre Wandlung, auf geobotanischer und geographischer Grundlage entwickelt und erläutert im Bereich des Meßtischblattes Stolberg. R. Georgi: Aachen.

SCHWOERBEL, J. (1993): Einführung in die Limnologie. 7., vollst. überarb. Aufl., Stuttgart, Jena, 387 S.

SEIBERT, P. (1968): Übersichtskarte der natürlichen Vegetationsgebiete von Bayern 1 : 500 000 mit Erläuterungen. Bad Godesberg, 84 S.

SEMMEL, A (1993): Grundzüge der Bodengeographie. Teubner Studienbücher Geographie. Stuttgart. 127 S.

SLOBODDA, S. (1982): Pflanzengesellschaften als Kriterien zur ökologischen Kennzeichnung der Standortmosaike. In: Arch. Naturschutz und Landschaftsforsch. 27, S. 79-101.

SLOBODDA, S. (1985): Pflanzengemeinschaften und ihre Umwelt. Leipzig, Jena, Berlin, 254 S.

STOCKER, O. (1952): Grundriß der Botanik. Berlin, Göttingen, Heidelberg.

STRAKA, H. (1966): Fünfzig Jahre Pollenanalyse. In: Umschau 66, S. 426-430.

STRASBURGER, E., u. a. (1978): Lehrbuch der Botanik. 32. Neubearb. Auflage. G. Fischer. Stuttgart; Jena; New York.

STRASBURGER, E., u. a. (1991): Lehrbuch der Botanik. 33. Neubearb. Auflage. G. Fischer. Stuttgart; Jena; New York, 1030 S.

SUCCOW, M. (1988): Landschaftsökologische Moorkunde. Jena.

SUCCOW, M. und L. JESCHKE (1990): Moore in der Landschaft. 2. Aufl., Thun und Frankfurt/Main, 268 S.

SUKOPP, H. (Hrsg.) (1990): Stadtökologie, das Beispiel Berlin. Berlin, 455 S.

TAKHTAJAN, A. (1986): Floristic Regions of the World. Berkley, Los Angeles, London. XXII + 522 S.

THANNHEISER, D. (1975): Vegetationsgeographische Untersuchungen auf der Finnmarksvidda im Gebiet von Masi, Norwegen. Westfäl. Geogr. Studien, 31, Münster VIII, 178 S.

THANNHEISER, D. (1980): Die Küstenvegetation Ostkanadas. Münstersche Geogr. Arb. 10, Paderborn, 201 S.

THANNHEISER, D. und Th. WILLERS (1988): Die Pflanzengesellschaften der Salzwiesen in der westlichen kanadischen Arktis. In: Neue Ergebnisse der Küstenforschung (Hrsg. K. Schipull und D. Thannheiser). Hamburger Geographische Studien, H. 44, S. 207 - 222.

THIENEMANN, A. F. (1941): Leben und Umwelt. Leipzig.

TRAUTMANN, W. (1966): Erläuterungen zur Karte der potentiellen natürlichen Vegetation der Bundesrepublik Deutschland 1 : 200 000 Blatt 85 Minden, mit einer Einführung in die Grundlagen und Methoden der Kartierung der potentiellen Vegetation. Beilage: eine mehrfarbige Vegetationskarte 1 : 200 000. Bad Godesberg, 137 S.

TRAUTMANN, W., KRAUSE, A., LOHMEYER, W., MEISEL, K. und G. WOLF (1973): Vegetationskarte der Bundesrepublik Deutschland 1 : 200 000 - Potentielle natürliche Vegetation - Blatt CC 5502 Köln. Unveränderter Nachdruck 1991. Bad Godesberg, 172 S.

TROLL, C. (1959): Die tropischen Gebirge. Ihrer dreidimensionale klimatische und pflanzengeographische Zonierung. Bonner Geogr. Abh. H. 25. Bonn.

TROLL, C. (1961): Klima und Pflanzenkleid der Erde in dreidimensionaler Sicht. In: Die Naturwissenschaften 48, S. 332-348.

TROLL, C. (1967): Die klimatische und vegetationsgeographische Gliederung des Himalaya-Systems. Ergebnisse des Forschungsunternehmens Nepal Himalaya 1,5. Berlin, S. 353-388. Abgedruckt in: Lauer/Klink (Hrsg.): Pflanzengeographie. Darmstadt 1978, S. 507-542.

TROLL, C. (1969): Die Lebensformen der Pflanzen.- A. von Humboldts Ideen in der ökologischen Sicht von heute. In:

Alexander von Humboldt, Werk und Weltgeltung. Hrsg. v. H. Pfeiffer. München, S. 197-246.

TROLL, C. (1972): The Three-dimensional Zonation of the Himalaya-System. In: C. Troll (Hrsg.) Lanschaftsökologie der Hochgebirge Eurasiens. Erdwiss. Forsch. 4; Wiesbaden, S. 264-275.

TROLL, C. (1973): The upper Timberlindes in different climatic Zones. In: Arctic and Alpine Research, Vol. 5, No. 3, 1973, S. A3-A18.

TROLL, C. (1975): Vergleichende Geographie der Hochgebirge der Erde in landschaftsökologischer Sicht. In: Geogr. Rundschau 27, H. 5, S., 1975, S. 185-198.

TROLL, C. und K. H. PFAFFEN (1964): Karte der Jahreszeiten-Klimate der Erde. In: Erdkunde 18, 1. S. 5-28.

TÜXEN, R. (1955): Das System der nordwestdeutschen Pflanzengesellschaften. In: Mitt. florist.-soz. Arbeitsgem. N.F. 5, Stolzenau, S. 155-176.

TÜXEN, R. (1956): Die heutige potentielle natürliche Vegetation als Gegenstand der Vegetationskartierung. Angewandte Pflanzensoziologie 13, Stolzenau, S. 5-42.

TÜXEN, R. (1957): Entwurf einer Definition der Pflanzengesellschaft (Lebensgemeinschaft). In: Mitt. florist. soz.-Arbeitsgem. N.F. 6/7, Stolzenau/Weser, S. 151.

TÜXEN, R. (1979): Die Pflanzengesellschaften Nordwestdeutschlands. 2. völlig neu bearb. Aufl., Vaduz, 212 S.

TÜXEN, R. (1986): Unser Buchenwald im Jahreslauf. Beih. Veröff. Naturschutz und Landschaftspflege 47, Karlsruhe, 128 S.

UNGER, F. (1836): Über den Einfluß des Bodens auf die Verteilung der Gewächse, nachgewiesen an der Vegetation des nordöstlichen Tirols. Wien.

WAGNER, H. (1985): Die natürliche Pflanzendecke Österreichs. Österreichische Akademie der Wissenschaften, Kom. f. Raumforsch., Beiträge zur Regionalforschung, Bd. 6., Wien, 63 S., 1 Kte 1:1 Million.

WALTER, H. (1954): Arealkunde (floristisch-historische Geobotanik). Stuttgart.

WALTER, H. (1973 bzw. 1968): Die Vegetation der Erde in ökophysiologischer Betrachtung. Bd. 1: Die tropischen und subtropischen Zonen. 3. Aufl., Jena, 1973, 743 S. - Bd. II: Die gemäßigten und arktischen Zonen. Jena-Stuttgart 1968, 1001 S.

WALTER, H. (1979): Vegetation und Klimazonen. UTB 14. 4. Aufl., Stuttgart, 382 S., 6. Aufl. 1990.

WALTER, H. und S.-W. BRECKLE (1983): Ökologie der Erde, Bd 1: Ökologische Grundlagen in globaler Sicht. Fischer: Stuttgart (2. Aufl.: 1991). Bd. 2: Spezielle Ökologie der Tropischen und Subtropischen Zonen. Stuttgart 1984. Bd. 3: Spezielle Ökologie der Gemäßigten und Arktischen Zonen Euro- Nordasiens. Stuttgart 1986 (2. Aufl.: 1994). Bd. 4: Spezielle Ökologie der Gemäßigten und Arktischen Zonen außerhalb Nord-Eurasiens. Stuttgart 1991.

WALTER, H. und LIETH, H. (1960): Klimadiagramm - Weltatlas. Jena 1960-1967.

WALTER, H. UND STRAKA, H. (1970): Arealkunde (Floristischhistorische Geobotanik). 2. Aufl., Stuttgart, 478 S.

WANGERIN, W. (1932): Florenelemente und Arealtypen. Beiträge zur Arealgeographie der deutschen Flora. In: Beihefte zum Botanischen Zentralblatt, Heft 49, S. 515-566.

WARMING, E. (1896): Lehrbuch der ökologischen Pflanzengeographie. Berlin.

WARMING, E. (1933): Lehrbuch der ökologischen Pflanzengeographie. 1. Aufl. Kopenhagen 1895. 4. Aufl., Bearbeitet von P. Graebner. Berlin.

WEBERLING, F. und H. O. SCHWANTES (⁶1992): Pflanzensystematik. Stuttgart, S. 431.

WEISCHET, W. (1965): Der tropisch-konvektive und der außertropisch-advektive Typ der vertikalen Niederschlagsverteilung. In: Erdkunde 19, H. 1, Bonn, S. 6-14.

WEISCHET, W. (1977): Die ökologische Benachteiligung der Tropen. Teubner Studienbücher der Geographie, Stuttgart, 431 S.

WEISCHET, W. (1995): Einführung in die Allgemeine Klimatologie. 6. Aufl., Stuttgart, 276 S.

WERNER, D. (1987): Pflanzliche und mikrobielle Symbiosen. Stuttgart, New-York, 241 S.

WILMANNS, O. (1993): Ökologische Pflanzensoziologie. 5. Aufl., UTB 269. Heidelberg, 479 S.

Register